ÉLÉMENS

DE PHYSIQUE

EXPÉRIMENTALE

ET

DE MÉTÉOROLOGIE.

TOME I.

DEUXIÈME PARTIE.

SE TROUVE AUSSI CHEZ LES LIBRAIRES CI-APRÈS :

A BRUXELLES, chez M. Tircher;

A GAND, chez M. Dujardin;

A LIÉGE, chez M. Desoer;

A MONS, chez M. Leroux.

PARIS. — IMPRIMERIE DE COSSON,
RUE SAINT-GERMAIN-DES-PRÈS, N° 9.

ÉLÉMENS
DE
PHYSIQUE
EXPÉRIMENTALE
ET DE
MÉTÉOROLOGIE,

PAR M. POUILLET,

Professeur de Physique à la Faculté des Sciences et à l'École Polytechnique; Membre de la Société philomatique, du Conseil de la Société d'Encouragement, etc.

OUVRAGE ADOPTÉ PAR LE CONSEIL ROYAL DE L'INSTRUCTION PUBLIQUE POUR L'ENSEIGNEMENT DANS LES ÉTABLISSEMENS DE L'UNIVERSITÉ.

SECONDE ÉDITION, REVUE, CORRIGÉE ET AUGMENTÉE.

Verus experientiæ ordo primo lumen accendit,
deinde per lumen iter demonstrat.

BACON, *Nov. Org.*

TOME PREMIER.

DEUXIÈME PARTIE.

A PARIS,

CHEZ BÉCHET JEUNE,

LIBRAIRE DE LA FACULTÉ DE MÉDECINE,

PLACE DE L'ÉCOLE DE MÉDECINE, N° 4.

1832.

LIVRE TROISIÈME.

DU MAGNÉTISME.

CHAPITRE PREMIER.

De l'action des Aimans sur eux-mêmes et sur les substances magnétiques.

290. On trouve dans la nature, et presque dans toutes les contrées de la terre, des substances minérales qui ont la propriété d'attirer le fer. Ces substances, quelle que soit leur forme ou leur composition, s'appellent des *aimans naturels*; autrefois on les appelait *pierres d'aimant*, parce qu'en effet elles offrent dans leur structure une apparence pierreuse plutôt qu'une apparence métallique. Il y a des aimans très-*faibles*, c'est-à-dire que, sous un grand volume, ils n'exercent sur le fer qu'une attraction peu sensible; mis en contact avec de la fine limaille, ils peuvent à peine en soulever quelques parcelles : mais il s'en trouve quelquefois de très-*puissans*, c'est-à-dire que, sous un volume de quelques pouces cubes, ils sont capables de tenir suspendues des masses de plus de cinquante ou même de plus de cent kilogrammes. Ces divers degrés dans l'énergie des aimans dépendent, comme nous le verrons plus tard, de quelque arrangement particulier de leurs molécules. Si la force était proportionnelle à la masse, on pourrait produire des phénomènes d'une intensité prodigieuse, puisqu'il y a des aimans qui n'ont pas seulement quelques pieds

cubes en volume, ou quelques quintaux en poids, mais qui composent d'immenses montagnes à la surface de la terre.

Pour étudier la force attractive qui s'exerce entre le fer et l'aimant, on peut plonger un aimant, par une de ses extrémités, dans de la limaille ou dans de la tournure de fer; alors s'il est un peu énergique, on voit les parcelles de métal s'attacher à sa surface, et s'attacher les unes aux autres en formant une sorte de chevelure de plusieurs lignes de longueur. Cette adhérence des particules entre elles et leur arrangement est un phénomène digne de remarque, sur lequel nous reviendrons dans la suite; pour le moment nous nous contenterons de le regarder comme une simple preuve d'attraction. L'on peut aussi présenter à l'aimant, suivant son degré de force, des morceaux de fer plus ou moins volumineux; à peine en sont-ils approchés à quelques millimètres de distance qu'on les sent devenir plus légers; ils sont vivement entraînés, et se précipitent sur la surface pour y rester suspendus; il faut ensuite un effort plus ou moins considérable pour les en arracher. On peut encore suspendre une petite balle de fer à un fil flexible, et en approcher peu à peu la surface de l'aimant: de cette manière on reconnaît quelques caractères essentiels de sa force attactive; il est facile de constater, 1° qu'elle s'exerce à distance; 2° qu'elle s'exerce au travers de l'air, au travers du vide et au travers de tous les corps quels qu'ils soient, pourvu qu'ils ne soient pas du fer; 3° qu'elle diminue à mesure que la distance augmente.

Toutes les attractions étant réciproques, on doit conclure que si l'aimant attire le fer, il est attiré par lui avec la même énergie et suivant les mêmes lois. Cette vérité nécessaire peut, au reste, se vérifier directement par des expériences inverses des précédentes, en suspendant l'aimant pour le rendre mobile, et en faisant agir sur lui des morceaux de fer à diverses distances.

Cette force attractive étant distincte de toutes les autres forces naturelles, on lui donne un nom particulier, on l'appelle *force magnétique*, du mot μάγνης, qui était chez les Grecs le nom de la pierre d'aimant; car les anciens avaient quelque connaissance de ses propriétés; Platon en parle dans plusieurs de ses dialogues, et il faut remonter jusqu'au temps de Pythagore pour recueillir les premières notions qui nous aient été transmises sur se sujet. Nous verrons bientôt que la force magnétique peut être attribuée à une substance analogue à celle du calorique, ou à un fluide particulier existant comme le calorique dans les intervalles qui séparent les molécules de la matière pondérable; ce fluide est ce que nous appelons le *fluide magnétique*, ou simplement le *magnétisme*, en désignant ainsi par le même mot et l'agent qui produit les phénomènes et la science qui a pour objet de les découvrir, de les comparer et de les expliquer ou de les rapporter à une même principe.

Toute force attractive ayant deux siéges ou deux termes, le corps attirant et le corps attiré, nous allons d'abord étudier la force magnétique dans l'aimant où elle réside et d'où elle semble tirer sa première origine.

291. *Tout aimant a une ligne moyenne et deux pôles.* — Le fer semble être à l'égard de l'aimant ce que sont les corps pesans par rapport au globe de la terre: la masse du globe attire les corps dans tous les sens et les presse sur sa surface; essayons de voir s'il en est de même de l'aimant, et si de tous les points de son contour il exerce une action pareille pour solliciter les parcelles de fer et pour les attirer vers son centre. Reprenons pour cela le *pendule magnétique*, c'est à-dire la petite balle ou le petit fil de fer suspendue à un fil flexible. En tenant l'aimant à la même distance du pendule, on reconnaît bientôt que certains points de sa surface lui impriment une grande déviation, tandis que d'autres points ne produisent qu'une déviation nulle ou insensible; il y a surtout deux régions opposées

qui montrent une action très-vive, et c'est sur l'intervalle qui les sépare que l'on aperçoit le moindre effet. On est conduit au même résultat, soit qu'on emploie pour cette expérience un aimant naturel avec sa forme irrégulière, ou un aimant artificiel ayant la forme d'un cylindre ou d'un prisme allongé. Dans ce dernier cas la différence est plus frappante, et l'on voit sans peine que les sections transversales qui avoisinent le milieu de l'aimant n'agissent point sur le pendule, tandis que les parties extrêmes agissent avec une grande force. On peut donc sur la surface d'un aimant, et vers le milieu de sa longueur, tracer une ligne dont les points n'exercent aucune action attractive; c'est cette ligne que nous appelons *ligne neutre* ou *ligne moyenne*. Elle partage l'aimant en deux parties, que nous appelons les deux *pôles* de l'aimant. Ce même mot *pôle* sera pris encore dans deux autres acceptions différentes; nous nous en servirons pour désigner seulement les parties de la surface les plus éloignées de la ligne moyenne, et sur lesquelles l'attraction est la plus forte; et nous nous en servirons aussi pour désigner un point idéal qui sera conçu dans l'intérieur de l'aimant, à peu près comme le centre de gravité est conçu dans l'intérieur des corps, ou dans la masse du globe terrestre qui les attire; car une parcelle de fer n'est pas sollicitée seulement par le point de l'aimant auquel elle vient s'attacher, elle est sollicitée par toute la portion qui est d'un même côté de la ligne moyenne, et la résultante de toutes ces attractions est appliquée en un certain point que nous appellerons le pôle de cette portion de l'aimant. Il sera toujours facile de distinguer celle de ces trois acceptions dans laquelle nous entendrons que le mot pôle est employé. Dans tous les cas, on voit qu'un aimant a une ligne moyenne et deux pôles.

Cette proposition fondamentale peut encore être démontrée par d'autres expériences plus faciles et plus décisives. Si l'on roule un aimant dans de la limaille de fer, il se couvre de filamens plus ou moins allongés, qui montrent à l'œil l'inégale attraction des différens points de sa surface. Cet arrangement est représenté (*Fig.* 1) pour un aimant naturel, et (*Fig.* 2) pour un aimant artificiel. Aux extrémités E et E′ les filamens de limaille sont très-longs et dressés perpendiculairement à la surface; sur les sections moins extrêmes ils deviennent plus courts, et commencent à s'incliner, comme s'ils fuyaient les extrémités pour se rapprocher du milieu; enfin sur la section moyenne *mm*′ aucune parcelle de limaille ne reste attachée: les filamens qu'on y voit prennent naissance de part et d'autre de cette ligne, et semblent la franchir pour se joindre et s'appliquer sur la surface de l'aimant. *mm*′ est la ligne moyenne, les deux moitiés P et P′ sont les *pôles* de l'aimant, cette dénomination, comme nous venons de le dire, s'appliquant quelquefois aux deux extrémités E et E′, où l'action est la plus forte, et d'autres fois aux deux points *p* et *p*′, que l'on peut regarder comme les centres de l'attraction.

On reproduit des effets analogues, en mettant sur un aimant une feuille de carton lisse, sur laquelle on laisse tomber de la fine limaille avec un petit tamis par des chocs légers que l'on imprime au carton, la limaille s'arrange en courbes régulières qui sont représentées *Fig.* 5. L'aimant et indiqué par des lignes ponctuées; la ligne moyenne est en *mm*′. Cette expérience fait voir, mieux encore que les précédentes, comment les filets de limaille, partant des deux côtés de la ligne moyenne, passent sur cette ligne pour se rejoindre; elle offre aussi une preuve que l'attraction de l'aimant s'exerce au travers de la substance du carton.

Les aimans pouvant être brisés ou coupés suivant la ligne moyenne, il semble, au premier coup d'œil, que les deux portions qui en résultent doivent nécessairement échapper à la proposition dont il s'agit. On pourrait bien supposer que, séparées l'une de l'autre, elles perdent leur propriété magnétique; mais on n'imagine pas que, si elles en conservent quelque chose, elles puissent avoir une ligne moyenne et deux pôles. L'expérience en est facile à faire : nous verrons plus loin qu'avec de l'acier trempé très-dur on peut faire des aimans qui cassent comme du verre. Prenons un aimant de cette espèce; brisons-le suivant la ligne moyenne; et plongeons dans la limaille chacune de ses moitiés pour observer les modifications qu'elles ont éprouvées. Nous trouverons, avec quelque surprise, que chacune d'elles est un aimant tout entier ayant ses deux pôles, et sa ligne moyenne au milieu. En les brisant de nouveau, les moitiés de ces moitiés présenteront les mêmes phénomènes, et l'on pourra pousser ces subdivisions aussi loin que l'on voudra, sans jamais trouver de limite à cette propriété : les derniers fragmens seront des aimans entiers, offrant, comme l'aimant primitif, une ligne moyenne et deux pôles. Nous verrons plus tard la raison de ce fait; mais il est bon de l'indiquer ici pour faire comprendre toute la généralité du principe dont il s'agit, et pour montrer ainsi l'impossibilité absolue où nos sommes de former un aimant qui n'ait qu'un seul pôle.

292. *Les pôles de même nom se repoussent, et ceux de noms contraires s'attirent.* — La *Figure* 6 représente un aimant suspendu horizontalement, au moyen d'une chape de papier ou de métal et d'un fil sans torsion; à chacun de ses pôles A et B on présente successivement le même pôle d'un autre aimant pareil; le pôle A est attiré, le pôle B repoussé; et l'on dit que ces deux pôles A et B sont de *noms contraires*, parce qu'ils agissent en sens contraire sur le même pôle qui leur est présenté. Si les deux pôles de ce premier aimant sont de noms contraires, il est naturel de supposer que ceux du deuxième aimant sont pareillement de noms contraires, et qu'il en est de même de tous les aimans possibles. En effet, si l'on retourne ce deuxième aimant pour le faire agir par son autre pôle sur l'aimant suspendu, on reconnaît de suite que les pôles A et B éprouvent maintenant

des effets contraires : A est repoussé et B attiré ; donc les deux pôles de l'aimant libre que l'on tient à la main sont aussi des noms contraires, puisque l'un attire ce que l'autre repousse, *et vice versâ*. Tout aimant libre présente le même phénomène. Nous appellerons *pôles de même nom* les pôles de différens aimans qui agissent de la même manière, soit sur le pôle A, soit sur le pôle B de l'aimant suspendu. Ces pôles une fois marqués sur plusieurs aimans afin de les bien reconnaître, que l'on suspende l'un de ces aimans pour faire agir les autres sur lui, et l'on verra que tous les pôles de même nom se repoussent, tandis que tous les autres qui sont de noms contraires s'attirent.

Ainsi de part et d'autre de la ligne moyenne dans les deux moitiés d'un aimant résident deux forces, qui d'abord nous semblaient identiques, parce qu'elles agissaient de la même manière sur le fer, et qui sont en réalité deux forces opposées, puisqu'elles agissent en sens contraire sur les aimans, l'une attirant ce que l'autre repousse. La ligne moyenne est la limite de ces deux forces antagonistes ; elle est le passage de l'une à l'autre, et c'est là ce qui rend raison de la neutralité qu'elle conserve. Ces deux forces tendent sans cesse à se neutraliser ou à se détruire, et si l'on pouvait, par exemple, dans un aimant donné, incorporer un autre aimant de mêmes dimensions et de même force, de manière que les pôles de noms contraires se correspondissent ; au lieu de deux aimans égaux l'on n'aurait plus qu'une masse inerte entièrement dépouillée de ses facultés magnétiques. Par la simple superposition la destruction n'est pas complète, parce que les diverses parties de l'un des aimans n'agissent pas à la même distance que les parties homologues de l'autre ; mais du moins il y a dans ce cas une réduction très-sensible dans l'intensité de la force ; c'est ce que l'on démontre par l'expérience suivante. Un aimant horizontal AB (*Fig.* 8) porte vers son extrémité une masse de fer F dont le poids est à peu près tout ce qu'il peut porter ;

on approche un autre aimant de même force, de manière que le pôle A corresponde au pôle de nom contraire B; dès que la distance est assez petite la masse F se détache et tombe; le système des deux aimans ne peut plus porter ce que l'un d'eux portait facilement, parce que les actions des deux pôles contraires tendent à se neutraliser. Il est inutile de remarquer que si les pôles du second aimant correspondaient aux pôles de même nom du premier, non seulement la masse F ne se détacherait pas, mais on pourrait en augmenter le poids, et *presque* le doubler sans qu'elle tombât, parce qu'alors les pôles de même nom exerçant des actions conspirantes, leur effet total est, à quelques modifications près, la somme de leurs effets particuliers.

293. *Les actions magnétiques peuvent être attribuées à un fluide particulier.*—Lorsqu'on cherche à remonter à l'origine des forces qui produisent les phénomènes magnétiques, on reconnaît bientôt qu'elles ne sont pas, comme la pesanteur, une propriété inhérente à la matièree pondérable. L'analyse chimique a démontré que les aimans naturels ne sont que des oxides de fer ou des mélanges d'oxides de fer à différens degrés de saturation; l'oxigène et le fer sont donc les seuls élémens pondérables qui entrent dans la composition de ces corps singuliers. Or, ni l'un ni l'autre de ces élémens n'ayant la propriété permanente d'exercer des actions pareilles aux actions magnétiques, il est peu probable que leurs molécules prennent en se combinant des propriétés essentielles qu'elles n'avaient pas avant leur combinaison; car dans la matière pondérable on n'observe jamais que la forme, l'arrangement ou la disposition des molécules donne naissance à des forces nouvelles qui puissent s'exercer à des distances sensibles. D'une autre part, les forces inhérentes à la matière pondérable peuvent bien être augmentées ou diminuées, ou modifiées de mille manières, mais elles ne peuvent jamais se détruire ou disparaître; tandis que dans les aimans les forces magnétiques ne paraissent qu'acciden-

tellement. On en donne la preuve en faisant chauffer un aimant jusqu'à la température rouge; par cette opération il ne perd rien de ses élémens matériels, et cependant il perd toutes ses propriétés magnétiques. Après le refroidissement, il est, en ce qui tient à la matière, tout-à-fait ce qu'il était auparavant; mais en ce qui tient au magnétisme, il n'est plus rien absolument, car il n'exerce plus aucune action sur le fer. Il y a même plus, on peut lui rendre ses propriétés magnétiques sans rien lui donner et sans rien lui ôter de pondérable. C'est par ces raisons, et par d'autres encore, résultant de l'ensemble des phénomènes, que l'on est conduit à regarder le magnétisme comme un fluide d'une espèce particulière, répandu dans la masse pesante de l'oxide de fer qui constitue l'aimant. Et puisque nous avons reconnu qu'il y a deux forces magnétiques opposées, nous devons conclure aussi qu'il y a deux fluides contraires, l'un qui *prédomine* dans l'un des pôles, et l'autre qui *prédomine* dans l'autre pôle. Dans tous les aimans, les pôles de même nom auront le même fluide prédominant; et comme ils se repoussent, nous en conclurons que chaque fluide se repousse lui-même : les pôles de nom contraire auront des fluides différens; et comme ils s'attirent, nous en conclurons que l'un des fluides attire l'autre. Ainsi nous sommes conduits à ce résultat définitif qu'il existe deux fluides magnétiques, dont chacun se repousse et attire l'autre.

Ces fluides doivent pareillement exister dans le fer; car s'ils sont distincts de la matière pondérable, on peut présumer que l'action qui s'exerce sur le fer ne s'exerce pas sur les molécules matérielles du fer, mais bien sur les fluides magnétiques contenus dans les intervalles de ces molécules. Nous avons donc quelque raison de chercher le fluide magnétique dans le fer, et de tenter les expériences qui peuvent nous faire découvrir son mode d'existence.

294. *Sous l'influence de l'aimant le fer devient lui-même un aimant.* — Pour démontrer cette propriété du fer, on

peut disposer l'expérience comme elle est indiquée dans la *figure* 9. F est un cylindre de fer soutenu par un aimant AB; à son extrémité inférieure on présente de la limaille, qui s'y attache en forme de houppe, et qui reste suspendue aussi long-temps que le petit cylindre est lui-même suspendu à l'aimant; mais si on l'en détache, à l'instant toute la limaille tombe, et l'on n'observe plus aucune force attractive. Ce n'est pas la force de l'aimant qui agit à distance sur la limaille et la maintient suspendue; car si le petit cylindre n'était pas de fer, le phénomène ne se produirait pas, et l'on peut encore bien mieux s'en convaincre, en observant 1° que les filets de limaille diminuent de longueur, à partir de l'extrémité du petit cylindre; 2° qu'il y a un point vers la partie supérieure où ils ne peuvent plus s'attacher, ce qui forme la ligne moyenne; 3° qu'au dessus de ce point ils s'attachent de nouveau, en se dirigeant en sens contraire. Ainsi le petit cylindre est bien véritablement un aimant, puisqu'il attire la limaille, et qu'il a une ligne moyenne et deux pôles; seulement sa ligne moyenne n'est pas au milieu.

Au lieu d'offrir de la limaille au cylindre suspendu, on lui donne un autre cylindre pareil, et il le peut porter (*Fig.* 10); à celui-ci on en donne un troisième, qu'il porte pareillement; à celui-ci un quatrième, et l'on forme ainsi une sorte de chaîne dont l'aimant est comme le principe et le premier anneau; si bien que le premier anneau manquant, toute la chaîne tombe et se brise, les autres anneaux n'ayant plus d'action pour se lier l'un à l'autre.

On peut démontrer la même chose, en mettant le petit cylindre de fer dans le prolongement du barreau, sur une feuille de papier blanc (*Fig.* 3.). La limaille que l'on projette sur son contour s'y arrange régulièrement, et laisse voir en *mm'* une ligne moyenne, qui sépare les deux actions contraires dont le cylindre de fer est maintenant animé; et dès l'instant que l'on retire le barreau, la limaille n'a plus aucune tendance, ni à s'arranger ni à conserver son arrangement primitif; ce qui prouve assez que le fer perd ses propriétés dès qu'il n'est plus sous l'influence de l'aimant. En modifiant cette expérience, on peut prouver que ce n'est pas seulement au contact que le fer reçoit de l'aimant la propriété magnétique, mais qu'il la reçoit à distance, comme on le voit dans la *figure* 4.

Ainsi le fer contient, comme l'aimant, les deux fluides magnétiques; mais ces deux fluides y sont *combinés*, c'est-à-dire neutralisés l'un par l'autre. C'est pourquoi le fer n'agit pas magnétiquement sur le fer, car ce qui est attiré par l'un des fluides est repoussé par l'autre avec une force égale, et l'action définitive est tout-à-fait nulle. Au contraire, quand il est soumis à l'action de l'aimant, ses deux fluides sont *décomposés*; l'un est attiré, l'autre repoussé; une séparation s'opère entre eux; le premier afflue du côté de l'aimant, l'autre afflue à l'extrémité opposée de la masse de fer, et là il devient prédominant au point d'attirer la limaille qu'on lui présente. Voilà comment nous concevons que l'état naturel du fer ne soit autre chose qu'un état de combinaison ou de neutralisation de ses deux fluides magnétiques, et que son état magnétique résulte d'une séparation plus ou moins complète des deux fluides par l'attraction et la répulsion qu'ils éprouvent de la part de l'aimant. Cependant le phénomène de décomposition des fluides magnétiques pouvant se produire de plusieurs manières, nous devons chercher à reconnaître si ces fluides éprouvent réellement dans la substance du fer un mouvement de translation par lequel ils passent d'une extrémité à l'autre de sa masse, ou s'ils n'éprouvent qu'un déplacement moléculaire.

295. *Le fluide magnétique ne passe pas de l'aimant au fer, ni même d'une molécule de fer à la molécule voisine.* — Avec un aimant on peut aimanter des morceaux de fer aussi long-temps et aussi souvent que l'on veut, sans qu'il perde rien de sa propriété attractive; donc par cette opé-

ration l'aimant ne perd pas son fluide pour le donner au fer, puisqu'à la longue il finirait par s'épuiser. De plus, on peut remarquer qu'un morceau de fer qui devient aimant pendant tout le temps qu'il touche un véritable aimant, ne conserve, quand on l'en sépare, aucune trace de ses propriétés magnétiques : donc il ne lui a rien pris, puisqu'il n'a rien gardé. Enfin, et cette observation est encore plus décisive, le cylindre de fer qui touche l'aimant ayant une ligne moyenne et deux pôles, c'est une preuve qu'il possède les deux fluides, et sans doute il n'en pourrait recevoir qu'un seul de l'aimant si c'était l'aimant qui le lui donnât. Ainsi le fer possède lui-même les deux fluides magnétiques ; ils sont à l'état neutre dans sa substance, et la présence de l'aimant les sépare, en attirant l'un et repoussant l'autre ; voilà pourquoi le fer est attiré indifféremment par les deux pôles, tandis qu'il devrait être repoussé par tous deux s'il partageait leur fluide. Il en est de même de tous les corps magnétiques, considérés dans leur état naturel ; ils ne sont magnétiques que parce qu'ils possèdent les deux fluides, et ils ne sont à l'état naturel que parce que les deux fluides sont neutralisés ou dissimulés l'un par l'autre.

Un caractère essentiel du magnétisme c'est qu'il n'est pas transmissible, et ne peut par aucune cause sortir du corps qui le contient. On pourrait penser que du moins il est dans le corps comme dans un vase fermé de toutes parts, et que s'il ne peut se transmettre au-dehors, il peut se déplacer au dedans, et se porter tantôt dans un point, tantôt dans l'autre, et s'y accumuler, suivant les forces qui le sollicitent. Cependant nous allons voir qu'il n'en est pas ainsi ; car si l'on met un fil de fer en contact avec un aimant, et que l'on en coupe l'extrémité pendant que les fluides sont décomposés, l'un paraissant en haut et l'autre en bas, on ne retrouve pas la moindre trace de magnétisme dans la partie que l'on détache. Les apparences sont donc trompeuses, et il faut bien se garder de croire que le fluide magnétique puisse être décomposé comme le fluide électrique, et qu'il puisse voyager d'un bout à l'autre du fil qui le contient. Ce résultat semble un paradoxe inexplicable; mais, avec un peu d'attention, l'on peut concevoir, comme nous le démontrerons, que la décomposition magnétique a lieu dans chaque molécule séparément, que c'est dans cette petite étendue que le fluide peut se mouvoir, de telle sorte qu'il faudrait couper en deux une molécule elle-même, pour pouvoir parvenir à isoler l'un de l'autre les deux fluides magnétiques. Voilà le principe des considérations par lesquelles nous pourrons expliquer le phénomène dont il s'agit, ainsi que le phénomène des aimans que l'on brise, et dont chaque moitié devient à l'instant un aimant entier.

296. *L'acier prend toutes les propriétés magnétiques des aimans.* — La limaille d'acier n'est guère moins attirable que la limaille de fer; elle s'attache aux aimans, et forme aussi de petits filets ou de petites houppes d'une longueur très-sensible. Les fils d'acier qui n'ont d'épaisseur que quelques fractions de millimètre sont encore assez comparables aux fils de fer de mêmes dimensions; seulement ils sont plus lents à recevoir l'action magnétique. Mais les morceaux d'acier d'un volume un peu considérable, et surtout les morceaux d'acier fortement trempé, présentent des propriétés tout-à-fait distinctes de celles du fer, car ils paraissent d'abord ne recevoir des aimans aucune espèce d'influence. On s'en assure en essayant de répéter, avec de petits cylindres d'acier trempé, l'expérience qui est indiquée dans la *figure* 10. Le premier cylindre ne pourra pas s'attacher à l'aimant, et il sera impossible de former avec l'acier la chaîne magnétique qui se forme si facilement avec le fer. Cependant les petits fragmens d'acier étant attirables, il est naturel de supposer qu'en prenant du volume cette substance ne perd pas complètement sa sensibilité magnétique, et qu'il suffit seulement de quelques précautions pour la rendre apparente

autant qu'elle doit l'être. En effet, que l'on mette l'acier en contact avec l'aimant, et que l'on maintienne ce contact pendant un quart d'heure ou une demi-heure, on observe alors un phénomène remarquable : ce corps, qui semblait au premier instant si insensible au magnétisme, devient magnétique avec le temps; il prend de la force de plus en plus, et à la fin il est attiré aussi puissamment que le fer. On peut même par un autre moyen suppléer au temps qui paraît nécessaire pour développer sa force; ce moyen consiste à exercer plusieurs *touches*, c'est-à-dire, plusieurs frictions dans *le même sens*, sur toute la longueur du morceau d'acier, soit en le faisant passer sur l'aimant, soit en faisant passer l'aimant sur lui. Par exemple, en traitant de la sorte les petits cylindres dont nous parlions tout à l'heure, et sur lesquels l'aimant n'avait pas de prise, on les voit, après quelques frictions, s'attacher à sa surface, s'attacher l'un à l'autre, et former enfin une chaîne magnétique qui se prolonge comme celle des cylindres de fer. Le premier caractère de l'acier trempé est donc d'exiger, pour devenir magnétique, ou un contact prolongé avec un aimant, ou des frictions répétées. Un second caractère, très-digne de remarque, c'est qu'après ces opérations il conserve *pour toujours* le magnétisme qu'il a pris. Pour preuve de cette vérité, il suffit de rouler dans la limaille l'acier qui a été *touché* par un aimant : on y reconnaît alors une ligne moyenne et deux pôles, et, en un mot, toutes les propriétés qui distinguent les aimans; qu'on l'essaie encore après un jour ou un mois, ou même après des années, on verra qu'il n'a rien perdu de sa force; enfin que l'on mette en présence, pour les faire agir l'un sur l'autre, les pôles de même nom de ces *aimans artificiels*, ou leurs pôles de nom contraire, on verra que les premiers se repoussent et que les autres s'attirent exactement comme le font les pôles des aimans naturels.

Du premier caractère que présente l'acier, c'est-à-dire

de la lenteur avec laquelle il cède à l'action des aimans, on conclut qu'il y a dans sa substance une force ou plutôt une sorte de résistance qui s'oppose à la séparation immédiate de ses fluides magnétiques, et, cette force, on l'appelle *force coercitive*. Du second caractère qu'il présente, c'est-à-dire de la faculté avec laquelle il conserve le magnétisme qu'il a pu recevoir, on conclut qu'il y a aussi dans sa substance une force ou une résistance qui s'oppose à la réunion des deux fluides séparés; car les fluides contraires s'attirent, et tendent sans cesse à se recomposer ou à se neutraliser; et s'il n'y avait pas une force qui s'y opposât, les deux fluides se recomposeraient en effet, et l'acier retomberait à l'état naturel dès qu'il serait séparé de l'aimant qui exerce sur lui son action décomposante. Cette résistance à la recomposition des fluides s'appelle encore *force coercitive*, comme la résistance à leur séparation. Ainsi l'on admet, sans toutefois en avoir une preuve certaine, que, si les fluides magnétiques ont, dans certains corps, quelque résistance, quelque frottement, ou en général quelques obstacles à vaincre pour s'écarter l'un de l'autre, ils doivent rencontrer les mêmes obstacles pour revenir l'un à l'autre et reprendre leur place naturelle.

La force coercitive est très-différente dans les aciers de différente espèce, et elle est plus variable encore par les modifications particulières que reçoit cette substance que par les proportions chimiques des élémens qui la constituent. On sait que l'acier n'est autre chose que du fer auquel se trouve combinée une très-faible quantité de charbon, et le plus souvent aussi quelques atomes de silicium. D'après les analyses les plus exactes, il paraît que le charbon n'y entre que pour six à sept millièmes du poids total.

La qualité du fer et les petites variations que peuvent éprouver les proportions de carbone ont sans doute une influence très-marquée sur les propriétés de l'acier. Mais tout le monde sait qu'avec une même pièce de ce métal on peut faire des outils tranchans de toute espèce, des ressorts très-élastiques, des burins à graver ou des coins à frapper la monnaie, qui sont cassans comme du verre. Toutes ces propriétés si diverses, et en apparence si contradictoires dans un corps qui est chimiquement le même, ne dépendent que d'un certain arrangement des molécules, qui est déterminé par des opérations mécaniques ou par l'influence de la chaleur. A chaque arrangement moléculaire, et aussi à chaque température, correspondent des propriétés magnétiques différentes : voilà pourquoi la force coercitive est si variable dans l'acier. Nous ferons plus loin une étude particulière de ces modifications, et, pour cet instant, nous nous contenterons de remarquer, 1° que l'acier qui a reçu la trempe la plus roide, est en général celui qui a la force coercitive la plus grande; 2° que la trempe des ressorts donne déjà une force coercitive en vertu de laquelle l'acier conserve très-bien son magnétisme; 3° qu'en général le fer prend lui-même une force coercitive lorsqu'il est battu, tordu, écroui ou tourmenté en différens sens. Mais, pour le distinguer, nous appelons *fer doux* celui qui n'a point de force coercitive.

Il résulte de ce qui précède que nous pouvons fabriquer des aimans tout-à-fait pareils aux aimans naturels, et nous en tirerons cet avantage, que, étant maîtres de varier à volonté les dimensions et les formes, nous pourrons les approprier à nos recherches. Les aimans artificiels prennent des noms différens. Une *aiguille aimantée* (*Fig.* 12) a en général la forme d'un losange. Elle est destinée, tantôt à être posée sur un pivot d'acier très aigu, au moyen d'une chape en agate c, tantôt à être suspendue par un fil de soie d'un seul brin, ou par un assemblage de fils de soie sans torsion. Quelquefois l'aiguille aimantée est un simple fil d'acier, un cylindre ou un prisme allongé. Quand les dimensions de l'aiguille sont un peu considérables, soit en longueur, soit en épaisseur, il ne suffit plus de la passer sur l'aimant pour lui donner tout le magnétisme qu'elle peut recevoir, il faut recourir alors à des procédés particuliers que nous ferons connaître en détail dans le chapitre de l'aimantation.

Une aiguille de grandes dimensions s'appelle un *barreau aimanté*, ou simplement un *barreau*.

La réunion de plusieurs aiguilles ou de plusieurs lames aimantées ayant toutes les pôles de même nom tournés dans le même sens, forme un *faisceau aimanté* ou un *faisceau magnétique*.

297. *Des diverses substances magnétiques et de leur force coercitive.* — Le fer et l'acier ne sont pas, avec l'aimant, les seules substances magnétiques que nous connaissions; le fer est un métal et un corps simple chimiquement, l'acier est un composé de fer et de carbone, l'aimant un composé de fer et d'oxigène; et puisqu'on ne trouve aucune trace de magnétisme ni dans le carbone ni dans l'oxigène, on est porté à croire 1° que le fluide magnétique tient à la substance du fer, et 2° qu'il est emporté avec les atomes de ce métal dans toutes les combinaisons chimiques auxquelles ils sont soumis. D'après cela, on peut s'attendre à retrouver des propriétés magnétiques plus ou moins apparentes dans toutes les substances ferrugineuses, soit que le fer y entre comme principe accidentel par voie de mélange, soit qu'il y entre comme principe essentiel et par voie de combinaison. En effet, la fonte, la plombagine, les oxides et les sulfures de fer, exercent une action plus ou moins sensible sur l'aiguille aimantée. Nous verrons, dans l'un des chapitres suivans, les moyens délicats par lesquels on découvre ces actions quand elles sont trop faibles pour mettre en mouvement l'aiguille ordinaire. Il paraît cependant que certains corps sont bien plus efficaces que d'autres pour atténuer les propriétés magnétiques du fer, en se combinant avec lui.

Le *nickel*, qui a été découvert par Cronstedt vers 1750,

et obtenu à l'état de pureté par Bergman en 1775, et le *cobalt*, qui fut obtenu par Brandt dès 1733, sont deux autres métaux ayant des propriétés magnétiques analogues à celles du fer. On a cru long-temps que le magnétisme de ces corps pouvait tenir à la présence du fer; mais les travaux de plusieurs chimistes, et particulièrement de Sage et de M. Thénard, ne laissent aucun doute sur ce sujet. Le nickel et le cobalt sont des corps simples; ils peuvent être purifiés au point de ne contenir que des traces des autres métaux auxquels ils sont naturellement unis, et il est certain que ces atomes étrangers sont tout-à-fait incapables de leur donner les propriétés magnétiques qu'ils manifestent. Voilà donc deux autres substances élémentaires contenant, comme la substance du fer, les deux fluides magnétiques combinés. Ces substances peuvent aussi, suivant les préparations qu'elles ont reçues, suivant les actions mécaniques qu'elles ont subies, et suivant les élémens étrangers qu'elles contiennent, se présenter comme le fer doux, sans aucune force coercitive, ou comme le fer écroui et l'acier, avec des forces coercitives plus ou moins marquées.

Le chrôme et le manganèse sont encore deux autres métaux magnétiques; mais le manganèse n'est magnétique, comme nous le verrons plus tard, que lorsqu'il est refroidi à 15 ou 20° au dessous de zéro.

298. *Moyen de reconnaître si une substance est simplement magnétique ou si elle est aimantée.* — Un corps aimanté a nécessairement des pôles différens, car nous avons déjà dit (292) qu'il est impossible d'isoler un des pôles d'un aimant, et par conséquent d'isoler un des fluides; les pôles de nom contraire ayant une action contraire sur le même pôle d'une aiguille aimantée, il suffira donc de présenter tous les points d'un corps au même pôle d'une aiguille pour reconnaître son état. Si l'action est toujours nulle, le corps n'a point de magnétisme sensible; si elle est toujours attractive, le corps est simplement magnétique; si elle est attractive pour quel-

ques points et répulsive pour d'autres, le corps est aimanté; il a deux pôles contraires et une ligne moyenne dont on peut trouver la trace.

Il arrive quelquefois qu'un même corps présente plus de deux pôles; alors on dit qu'il a des *points conséquens*. Par exemple, l'aiguille représentée dans la *figure* 15 offre deux points conséquens : l'un en *a*, l'autre en *b*. Pour en reconnaître la présence, il suffit de la faire agir sur une petite aiguille d'épreuve comme celle de la *figure* 12. Celle-ci étant horizontale, on approche l'autre aiguille verticalement, et on la fait monter ou descendre de manière que tous ses points passent successivement devant le même pôle de l'aiguille mobile : s'il n'y a pas de point conséquent, l'on n'observe qu'une attraction et une répulsion; s'il y a un point conséquent, on observe deux alternatives. Par exemple, une attraction d'abord, puis une répulsion, puis une autre attraction : s'il y a deux points conséquens, on observe trois alternatives, etc.; car, dans un aimant qui présente des points conséquens, chaque pôle touche toujours à un pôle de nom contraire, et les alternatives d'attraction et de répulsion se suivent régulièrement.

Les points conséquens peuvent encore être rendus visibles, soit en plongeant l'aimant dans la limaille, soit en le mettant sous une feuille de carton ou de papier sur laquelle on tamise de la limaille très-fine. C'est la seconde de ces expériences qui est représentée dans la *figure* 15. Nous verrons plus loin comment les pôles multiples peuvent s'établir dans les aiguilles, et comment on peut les faire disparaître et les éviter; ce qui est d'une grande importance dans la construction des boussoles.

CHAPITRE II.

De l'action magnétique de la terre.

299. *Direction des aimans.—Déclinaison.—Inclinaison.* — Une aiguille aimantée, suspendue horizontalement par un fil de soie, ou posée sur un pivot, n'est pas en équilibre dans toutes les positions, comme serait une aiguille sans magnétisme; mais elle prend une direction déterminée vers un point de l'horizon, et si on l'en écarte, elle y revient par une série d'oscillations plus ou moins rapides. La force qui la rappelle est une force magnétique, car une aiguille non aimantée n'éprouve rien de pareil. Au premier instant, on pourrait supposer que cette direction n'est qu'un phénomène local qui dépend peut-être de quelques masses de fer ou de quelques aimans situés dans le voisinage; car il ne faut en effet qu'une aiguille à coudre ou un bout de fil de fer pour attirer l'aiguille aimantée hors de cette position et pour la maintenir dans une autre, et rien ne s'oppose à ce que des masses plus fortes, agissant de plus loin, ne la sollicitent et ne la dirigent dans un sens déterminé. Mais ce phénomène se répète partout. Les voyageurs ont porté l'aiguille aimantée dans toutes les contrées de la terre, et il n'est pas un lieu où elle ne prenne une direction fixe, à laquelle elle revient sans cesse lorsqu'on l'en écarte. Dans les régions polaires comme dans celles de l'équateur, au sommet des plus hautes montagnes comme dans les mines les plus profondes, partout l'aiguille aimantée jouit de cette propriété remarquable. Il y a donc une force magnétique qui fait sentir ses effets dans tous les points du globe ter-

restre ; car une action directrice est nécessairement relative, comme sont toutes les actions à distance ; et un corps ne peut pas plus se diriger par lui-même que se mouvoir par lui-même. Dans un cas comme dans l'autre, il y a hors de lui une force qui le sollicite.

Nous pouvons reconnaître, par une expérience facile, que cette force a le caractère essentiel de la force qui émane d'un aimant et non pas de celle qui émane d'une masse de fer ; car si l'on renverse les pôles de l'aiguille en la retournant *bout à bout*, elle n'est plus en équilibre dans cette nouvelle position ; elle fait une pirouette, et décrit d'un côté ou de l'autre toute la demi-circonférence qui l'écarte de sa direction primitive. Donc la force directrice distingue les pôles, et, semblable aux aimans, elle agit par attraction sur l'un et par répulsion sur l'autre, tandis que le fer attire l'un ou l'autre, sans distinction, et avec la même énergie.

Où se trouve le centre de cette action magnétique, si universellement répandue sur tous les points de la terre ? C'est une question qui paraît difficile à résoudre, et qui fut autrefois un grand sujet de discussion parmi les physiciens. Les uns mettaient, avec Cardan, le siége de cette force dans une petite étoile qui forme la queue de la grande ourse ; les autres le plaçaient au pôle du zodiaque ; et même il y en eut qui, trouvant sans doute le ciel trop étroit, imaginaient par delà les cieux et les étoiles un centre attractif d'où arrivait à la terre la force qui dirige les aimans. Mais Gilbert, le premier fondateur de la science du magnétisme et de l'électricité, mit un terme à toutes ces vaines hypothèses en démontrant, autant qu'on pouvait le faire à son époque, que le globe de la terre est magnétique, et que c'est son action qui dirige l'aiguille aimantée (1).

(1) Gilbert écrivait vers la fin du seizième siècle, et son Traité *de Magnete magneticisque corporibus, et magno magnete tellure*, est un vrai

En discutant les observations qui ont été faites dans les différens climats, nous serons en effet conduits, par leur ensemble, à regarder la terre comme un vaste aimant, ayant sa ligne moyenne située vers l'équateur, et ses pôles situés près des pôles de rotation. Tellement que le globe entier, roulé dans la limaille, nous offrirait à peu près l'apparence des aimans dont nous avons parlé dans le n° 291 et dans les *figures* 1 et 2. Ainsi, par rapport au magnétisme, la terre a aussi deux régions, l'une australe et l'autre boréale; mais elles ne coïncident pas avec les régions astronomiques de même dénomination, parce que la ligne moyenne qui les sépare ne coïncide pas exactement avec l'équateur astronomique. Cependant on en tire un moyen de caractériser et de définir chacun des fluides magnétiques; on appelle *fluide boréal* celui qui domine dans la région boréale de la terre; et *fluide austral* celui qui domine dans la région australe; et puisque ce sont les fluides de nom contraire qui s'attirent, il en résulte que c'est le pôle *austral* d'une aiguille qui se dirige vers le *nord* et son pôle *boréal* vers le *sud*.

Dans le même lieu les aiguilles aimantées qui sont assez distantes pour ne pas réagir l'une sur l'autre prennent des directions sensiblement parallèles; mais sur des points de la terre qui sont éloignés de quelques degrés en longitude ou en latitude, ce parallélisme n'existe plus; il importe par conséquent de pouvoir définir la direction de l'aiguille ai-

---

modèle d'invention et de sagacité : voici ce qu'il dit au troisième livre de cet ouvrage, ch. 1, pag. 116 de l'édition de 1628, en parlant des aiguilles qui se dirigent : *Nunc vero harum rerum causæ et admirabiles efficientiæ, antea conspicuæ, sed non demonstratæ, nobis aperiendæ sunt. De hisce conversionibus qui ante nos scripserunt omnes, tam breviter, tam jejune et ancipiti judicio, opiniones suas tradiderunt, ut nemini vix unquam persuadere, nedum ipsis satisfacere posse videantur, et a prudentioribus, omnes eorum ratiunculæ, tanquam inutiles, incertæ, et absurdæ, nullis demonstrationibus aut argumentis suffultæ, rejiciuntur, unde et neglecta magis incomprehensa exulavit magnetica scientia.*

mantée, c'est-à-dire de pouvoir la rapporter à des lignes connues et invariables, afin de reconnaître dans le même lieu, 1° quels sont les changemens que cette direction éprouve avec le temps, et, 2° quels sont les rapports qui existent entre les directions que l'on observe dans les lieux différens. Voici à cet égard quelques définitions géométriques qu'il importe de bien saisir.

Le *méridien magnétique* est le plan qui passe par le centre de la terre et par la direction de l'aiguille horizontale, ou simplement la *trace* que ferait ce plan sur la surface de la terre. On sait que le *méridien terrestre* ou le *méridien astronomique* d'un lieu est le plan qui passe par ce lieu et par l'axe de la terre, et que la *ligne méridienne*, ou simplement la *méridienne*, est la *trace* de ce plan sur la surface terrestre. Le méridien magnétique et le méridien astronomique sont deux plans verticaux, puisqu'ils passent l'un et l'autre par le centre de la terre, ou plutôt par la verticale du lieu pour lequel on les considère; mais ces deux plans verticaux peuvent faire entre eux un angle plus ou moins grand.

La *déclinaison* de l'aiguille aimantée est dans chaque lieu l'angle que fait le méridien magnétique avec le méridien astronomique, ou, ce qui revient au même, l'angle que la direction de l'aiguille horizontale fait avec la méridienne. La déclinaison est *orientale* quand le pôle austral de l'aiguille passe à l'est de la méridienne, et *occidentale* quand il passe à l'ouest. Par exemple, SN (*Fig.* 11) est la méridienne de l'Observatoire de Paris, et AB la direction de l'aiguille horizontale au même lieu; la déclinaison est occidentale, et se trouve à présent d'environ 22°, car nous verrons qu'elle change avec le temps. Il y a des lieux sur la terre où l'aiguille se dirige exactement suivant la méridienne: pour ces lieux la déclinaison est nulle, et l'ensemble des points successifs dans lesquels ce phénomène se présente forme ce qu'on appelle des lignes *sans déclinaison*.

Nous verrons que d'un pôle à l'autre il existe au moins deux lignes sans déclinaison, qui traversent les mers et les continens dans des directions tout-à-fait sinueuses et irrégulières.

Tout appareil propre à observer la déclinaison s'appelle *boussole de déclinaison.* Dans nos climats et presque par toute la terre, l'aiguille de déclinaison se rapprochant plus des points cardinaux du nord et du sud que de l'est et de l'ouest, on dit communément qu'elle se dirige vers le nord.

L'*inclinaison* est l'angle que fait avec l'horizon une aiguille qui peut se mouvoir librement autour de son centre de gravité dans le plan vertical du méridien magnétique. Concevons une aiguille ACB (*Fig.* 13) mobile autour d'un axe central C, et pouvant parcourir toute une circonférence dans le plan vertical ZCH; si ce plan de rotation coïncide avec le méridien magnétique, l'angle ACH sera l'inclinaison du lieu. A Paris, l'inclinaison est d'environ 70°, et c'est le pôle austral qui plonge au dessous de l'horizon. L'aiguille, il est vrai, fait avec l'horizon quatre angles, qui sont égaux, deux à deux; mais on convient toujours de prendre pour l'inclinaison le plus petit des deux angles qu'elle forme, et même pour fixer les idées, le plus petit des angles que forme sa moitié inférieure; ainsi l'inclinaison est toujours plus petite que 90°.

Les appareils propres à observer l'inclinaison s'appellent *boussoles d'inclinaison.*

Si, par exemple, on part de Paris avec un appareil de cette nature pour s'avancer vers le pôle boréal de la terre, on observe que l'inclinaison augmente en même temps que la latitude, et les voyageurs qui, au milieu des glaces, ont pénétré jusqu'aux régions polaires, ont trouvé des inclinaisons très-voisines de 90°; c'est-à-dire que là l'aiguille d'inclinaison se redresse et s'approche de la verticale. Il y a donc dans ces parages certains points où l'aiguille d'inclinaison doit coïncider exactement avec le fil à plomb : jusqu'à présent aucun voyageur n'a pu dresser ses appareils et faire ses expériences dans ces points précis, que l'on appelle par analogie les *pôles magnétiques* de la terre : mais on sait cependant, d'une manière certaine, que les pôles magnétiques sont à plusieurs centaines de lieues du pôle de rotation, et tout annonce qu'il y en a deux dans l'hémisphère boréal.

Au contraire, si l'on part de Paris pour s'avancer vers le pôle austral de la terre, l'inclinaison diminue avec la latitude. Enfin, lorsqu'on arrive dans la zône équatoriale, on trouve un certain point où l'inclinaison est tout-à-fait nulle, c'est-à-dire où l'aiguille d'inclinaison est exactement horizontale. En passant outre, on retrouve une autre inclinaison; mais alors, c'est le pôle boréal de l'aiguille qui plonge au dessous de l'horizon, et qui plonge de plus en plus à mesure que la latitude australe augmente. Il y a donc vers le pôle austral de la terre d'autres points où l'aiguille d'inclinaison se releverait exactement dans la direction du fil à plomb, son pôle boréal en bas et son pôle austral vers le zénith, et ces points, dont la position précise est encore inconnue, sont les autres *pôles magnétiques* de la terre; tout annonce qu'il y en a deux au midi comme au nord.

Quel que soit le méridien sur lequel on traverse la zône équatoriale, on trouve toujours un point où l'aiguille est horizontale, et la série de ces points *sans inclinaison* forme autour de la terre une courbe que l'on appelle *l'équateur magnétique*. Cette courbe est régulière dans une partie de son cours, et alors elle suit très-sensiblement la direction d'un grand cercle qui serait incliné à l'équateur terrestre, de 12° à 13°, et qui le couperait d'une part, à l'ouest de la côte occidentale d'Amérique, vers l'île Galego, et d'une autre part vers la côte occidentale d'Afrique, en s'inclinant du côté du sud, dans la partie de l'Océan atlantique qui sépare ces deux points; mais des observations répétées indiquent en même temps que l'équateur magnétique éprouve dans la mer du Sud, entre les îles Sandwich et les îles des Amis, des sinuosités nombreuses dont il est difficile de rendre compte.

300. *Points d'application de la force magnétique de la terre.* — Puisque la force magnétique de la terre agit à la manière des aimans, pour diriger l'aiguille aimantée, il est certain qu'elle attire l'un des pôles et qu'elle repousse l'autre; car c'est une loi générale du magnétisme, que si une force n'agit pas indifféremment sur les deux pôles comme le fait le fer doux, elle agit toujours sur l'un d'eux par attraction, et sur l'autre par répulsion. Or, sans rien savoir sur cette force magnétique terrestre, il suffit de remarquer qu'elle est une force universelle agissant dans tous les points du globe, pour conclure que son siége ou plutôt son centre d'action est à une distance infinie, par rapport aux dimensions des aiguilles ou des aimans qui servent à nos expériences, et que par conséquent elle peut, sans erreur, être considérée comme parallèle à elle-même, dans toute l'étendue de ces corps. Par l'action qu'elle exerce sur toutes les molécules de fluide austral qui sont répandues d'un côté de la ligne moyenne d'un aimant, elle compose donc un système de forces parallèles entre elles; et par l'action qu'elle exerce sur toutes les molécules du fluide boréal qui sont répandues de l'autre côté de la ligne moyenne, elle compose un autre système de forces parallèles entre elles et parallèles aux premières.

Ces deux systèmes, l'un attractif et l'autre répulsif, donnent naissance chacun à une résultante unique, dont on peut déterminer la direction, l'intensité et le point d'application, d'après les principes que nous avons posés (21 et 22).

1°. *Pour la direction.* Chaque résultante étant parallèle aux composantes qui la produisent, on voit que nos deux résultantes sont parallèles entre elles, et qu'ainsi toute l'action magnétique de la terre se réduit à un *système de deux forces parallèles et opposées.*

2°. *Pour l'intensité.* Chaque résultante étant égale à la somme des composantes qui la produisent, on voit que nos deux résultantes seront toujours égales en intensité, si dans un aimant quelconque la quantité de fluide austral est toujours égale à la quantité de fluide boréal. Or, le développement du magnétisme n'étant que la séparation de ces fluides contraires, et chacun d'eux restant enfermé dans la substance de l'aimant sans en pouvoir sortir, il est évident que cette condition est toujours remplie, et que la résultante australe est toujours de même intensité que la résultante boréale. Les deux résultantes étant *parallèles*, *opposées* et *égales*, elles forment donc un *couple*, dont l'intensité est dépendante à la fois, de la vigueur de l'aimant, et de l'énergie de la force magnétique de la terre.

Cette vérité fondamentale : qu'un aimant éprouve de la part de la terre une répulsion et une attraction qui sont toujours égales, et qu'il est par conséquent toujours dirigé sans être jamais ni attiré ni repoussé, peut être confirmée par deux expériences curieuses. La première consiste à peser une aiguille avant de l'aimanter, et de la peser ensuite après lui avoir donné toute la puissance magnétique qu'elle peut recevoir; l'égalité absolue de ces deux pesées successives est une preuve que la force terrestre ne donne lieu à aucune résultante verticale, car une telle résultante produirait une augmentation de poids si elle agissait de haut en bas, et une diminution si elle agissait de bas en haut.

La seconde expérience fait voir qu'il n'y a pas non plus de résultante horizontale : elle consiste à faire flotter une aiguille aimantée sur la surface de l'eau, en la posant sur un léger morceau de liége qui n'offre que peu de résistance au mouvement. S'il y avait une résultante horizontale, elle entraînerait l'appareil toujours dans le même sens jusqu'à la rencontre d'un obstacle qui fût capable de l'arrêter;

mais on n'observe aucun mouvement de cette espèce, l'aiguille se dirige, et une fois qu'elle est dirigée, elle reste en repos au milieu de la surface liquide sans éprouver la moindre tendance d'un côté ou de l'autre.

L'absence de tout mouvement de translation, et par conséquent de toute résultante dans le sens horizontal, peut encore se démontrer par un appareil plus délicat. On suspend à un fil sans torsion une bande de carton ou une petite planchette très-légère (*Fig.* 7); quand l'équilibre est établi, la planchette étant bien horizontale, on pose d'un côté une aiguille aimantée AB, et de l'autre un petit contrepoids P pour conserver le niveau, et l'on observe que l'aiguille se place toujours dans le méridien magnétique. Or, s'il y avait une force horizontale, quelque petite qu'elle fût, elle ferait tourner le levier autour du fil de suspension, et l'aiguille, suspendue de cette manière, ne pourrait plus prendre la direction qu'elle prend lorsqu'elle est directement posée sur un pivot ou suspendue par son centre de gravité.

3°. *Pour le point d'application*. Les points d'application des deux résultantes magnétiques de la terre ou du couple terrestre, ne peuvent être déterminés dans un aimant que lorsqu'on connaît la distribution du magnétisme de part et d'autre de sa ligne moyenne. Les aiguilles dont on se sert dans les expériences sont en général symétriques par rapport à un axe longitudinal et par rapport à un plan transversal, car elles ont presque toujours la forme d'un cylindre, ou d'un prisme, ou d'un losange très-allongé, ou quelque autre forme analogue; et quand l'aimantation est régulière, la ligne moyenne la divise en deux parties égales, et dans chaque moitié les fluides contraires se trouvent distribués exactement de la même manière. Dans cette hypothèse, il est évident que les points d'application des deux résultantes terrestres se trouvent sur l'axe de figure et à la même distance des extrémités de l'aiguille; c'est-à-dire qu'ils sont eux-mêmes symétriquement placés par rapport à la ligne moyenne; voilà ce qui regarde leur position relative.

Quant à leur position absolue nous ne la déterminerons que dans l'un des chapitres suivans; nous nous contenterons de remarquer ici que, dans tous les cas, l'intensité magnétique augmentant à mesure que l'on s'éloigne de la ligne moyenne, le point d'application de chaque résultante est plus près des extrémités de l'aiguille que de son milieu.

Ces deux points d'application des résultantes terrestres s'appellent les *deux pôles* de l'aimant; dans ce sens les pôles sont à l'égard du magnétisme ce qu'est le centre de gravité à l'égard de la pesanteur. La ligne qui joint les pôles s'appelle l'*axe* de l'aimant. Dans la supposition que nous avons faite d'une aimantation parfaitement régulière, l'axe magnétique coïnciderait avec l'axe de figure; mais dans la pratique il se présente toujours quelque cause accidentelle qui dérange ces conditions mathématiques; et comme la direction d'un aimant ou d'une aiguille est la direction de son axe magnétique, il ne faudrait pas prendre pour elle la direction de l'axe de figure. Il importe d'écarter cette cause d'erreur, et l'on y parvient par la méthode suivante, que l'on appelle la *méthode du retournement*.

Soit une aiguille horizontale E *m*, E′ *m′* (*Fig.* 14), dont les pôles sont irrégulièrement placés, l'un en A, l'autre en B; dans sa position d'équilibre, son axe de *figure a a′* fera, par exemple, avec la ligne méridienne du lieu un angle *a* C N, tandis que son axe magnétique fait un angle A K N; si l'on retourne les faces sans en retourner les pôles, et qu'on l'abandonne de nouveau à elle-même, elle s'arrêtera dans la position E_1 E'_1, de manière que l'axe A_1 B_1 soit parallèle à A B, car telle est la condition d'équilibre; alors l'axe de *figure* a_1 a'_1 fait avec la méridienne un angle a_1 C N beaucoup plus grand que tout à l'heure, tandis que l'axe magnétique fait le même angle; et il est facile de voir que la moyenne des angle a C N et a_1 C N est précisément l'angle M C N, c'est-à-dire la déclinaison cherchée. C'est ainsi qu'il faut toujours observer la déclinaison, *par la méthode du retournement*, sous peine de commettre des erreurs qui s'élèvent ordinairement à plusieurs degrés.

La *direction* de la force magnétique de la terre est maintenant facile à définir et à trouver, car elle est donnée par l'aiguille d'inclinaison. En effet, quand cette force agit seule sur une aiguille, elle ne peut la laisser en repos qu'après en avoir amené l'axe ou la ligne des pôles dans sa propre direction; et, pour qu'elle agisse seule sans être combattue ni par la pesanteur ni par aucune résistance, il faut que l'aiguille soit suspendue par son centre de gravité, et qu'elle puisse se mouvoir dans le plan du couple, double condition qui se trouve remplie dans la boussole d'inclinaison, lorsqu'elle est bien faite et lorsqu'elle est exactement tournée dans le plan du méridien magnétique. Nous allons nous occuper des instrumens qui servent à observer la direction horizontale et la direction vraie de la force terrestre, et de toutes les précautions qui sont nécessaires pour écarter les causes d'erreur qui se présentent dans ces observations délicates.

301. *Boussole de déclinaison.* — Cet instrument est représenté dans les *Figures* 16, 17, 20 et 21.

gg' (*Fig.* 21) est l'aiguille de la boussole; ses pôles sont en a et b_1; vers son centre elle est percée d'une ouverture t de 7 à 8 millimètres de diamètre, afin qu'elle puisse facilement être soumise à la méthode du retournement : elle est équilibrée d'elle-même sans contre-poids, et par conséquent elle ne pourrait plus se tenir horizontale si elle était désaimantée.

cc' (*Fig.* 20) est une coupe de la chape en agate. Cette pièce doit être travaillée avec un grand soin, surtout à son sommet intérieur, où est la petite surface courbe qui doit reposer sur la pointe du pivot p, et à son contour extérieur, où vient s'ajuster l'ouverture centrale de l'aiguille.

Le pivot p a sa pointe travaillée sous un angle de 15 à 20°. (*Voyez* Coulomb, sur le Frottement des Pivots, Mém. de l'Inst., t. III.) L'anneau aa' est destiné à soulever la chape de l'aiguille, soit pour décharger le pivot quand l'appareil n'est pas en expérience, soit pour arrêter des oscillations d'une trop grande amplitude. La tige de cet anneau se prolonge jusqu'à l'extérieur de la boîte, où elle s'ajuste à un bouton qui l'élève ou qui l'abaisse à volonté.

La *Figure* 17 représente la coupe de la boussole,

gg' est l'aiguille;

dd' un cercle divisé sur lequel on lit la division correspondante aux extrémités de l'aiguille;

bb' le bord de la boîte, qui est en cuivre rouge, comme tout le reste de l'appareil;

vv' le verre qui ferme la boîte, pour éviter l'agitation de l'air;

xy un axe solide qui fait corps avec le fond de la boîte, et qui peut tourner sur son extrémité conique inférieure dans une petite cavité de la vis w.

Cette rotation emporte l'axe, la boîte et toutes les pièces adhérentes. Mais en même temps le pied de l'instrument reste fixe, ainsi que le cylindre ll' qui enveloppe l'axe xy, et qui est destiné, au moyen de six rayons tels que or et $o'r'$, à porter le cercle divisé zz', que l'on appelle *cercle azimuthal*.

Deux nonius, diamétralement opposés, dont l'en est représenté en nn' (*Fig.* 16) sont fixés sur le bord de la boîte pour tourner avec elle, et pour marquer de quel angle elle tourne soit en partant du zéro, soit en partant d'une division donnée du cercle azimuthal.

Les vis calantes VV' servent à rendre l'appareil horizontal au moyen du niveau NN'.

LL' (*Fig.* 16) est une lunette; elle est portée sur un axe de rotation AA′, parallèle au cercle des azimuths, et dont le milieu est dans la verticale du pivot. On remplit cette condition au moyen des petites vis qui terminent le montant M′. Dans son mouvement de rotation, la lunette emporte un nonius *ius* (*Fig.* 16) qui parcourt l'arc divisé DD′, et qui donne immédiatement l'angle du rayon visuel avec l'horizon.

Pour observer la déclinaison au moyen de cet instrument, on le dispose horizontalement, on fait tourner la boîte pour amener dans le champ de la lunette un astre connu dont on observe la hauteur; en même temps on lit la division correspondante du cercle de l'aiguille et celle du cercle des azimuths, ce qui donne l'angle du méridien magnétique avec le vertical de l'astre au moment de l'observation. Il reste ensuite à trouver, par les méthodes astronomiques, l'angle vertical de l'astre avec le méridien du lieu pour en déduire la déclinaison. Si l'aiguille de la boussole n'est pas éprouvée d'avance, et si l'on ne connaît pas sur elle l'influence du retournement, il est nécessaire de faire une seconde observation après l'avoir retournée, comme nous l'avons dit précédemment (300).

Pour donner une idée des changemens qu'éprouvent la déclinaison, nous rassemblerons, dans le tableau suivant, les observations qui ont été faites à Paris à différentes époques.

Tableau des déclinaisons observées à Paris.

Année 1580	11°	30′	est.
1618	8		*id.*
1663	0		
1678	1	30	ouest.
1700	8	10	*id.*
1767	19	16	*id.*
1780	19	55	*id.*
1785	22	00	*id.*
1805	22	5	*id.*
1813	22	28	*id.*
1814	22	34	*id.*
1816, 12 oct., 3 heures après midi,	22	25	*id.*
1817, 10 fév., 1 heure après midi,	22	19	*id.*
1818, 15 oct., 2 heures après midi,	22	22	*id.*
1819, 22 avril, 2 heures après midi,	22	29	*id.*
1820	»	»	»
1821	»	»	»
1822, 9 oct., midi.	22	11	*id.*
1823, 21 nov.	22	23	*id.*
1824, 13 juin, 1 heure après midi,	22	23	*id.*
1825, 18 août, midi.	22	22	*id.*
1826	»	»	»
1827	22	20	
1828	22	6	
1829	22	12	

On voit, 1°. que, depuis 1580, la déclinaison a varié de plus de 30°;

2°. Que c'est en 1663 qu'elle a été nulle;

3°. Que sa marche a été sensiblement progressive vers l'ouest depuis les premières observations jusqu'en 1820;

4°. Que, depuis cette époque, elle semble éprouver un mouvement rétrograde vers l'orient.

Il importe de consigner exactement les époques des observations, car l'heure du jour a même une influence sur les résultats.

La *boussole marine* ou *compas de variation* n'est autre chose qu'une boussole de déclinaison; seulement elle est suspendue de manière à se maintenir, au milieu de l'agitation de la mer, dans une situation sensiblement horizontale. Les figures 18 et 22 représentent une vue et une coupe de cet instrument.

bb' bords de la boîte dont le fond est en *ff'*.

v, verre qui la ferme.

p, pivot qui peut être élevé ou abaissé au moyen de la vis *w*.

gg', aiguille dont la chape est en *c*.

rr', feuille mince de papier doublée d'une feuille de talc ou de quelque autre substance légère et rigide. Ces feuilles forment ce qu'on appelle la *rose des vents*; elles sont attachées ou collées à l'aiguille pour se mouvoir avec elle. La rose est un cercle dont le centre est dans la verticale du pivot, et dont la circonférence porte à la fois des divisions en degrés, et les signes des vents.

pp', deux pinnules, la première ayant une fente étroite, et la seconde, une large fente au milieu de laquelle on suspend un petit fil à plomb.

M, miroir à faces bien parallèles, incliné de 55°, ayant à peu près la largeur de la pinnule oculaire *p*. La petite bande du miroir qui correspond à la fente de cette pinnule est désétamée dans sa partie supérieure seulement, pour que l'observateur puisse, au travers de la glace, viser au fil de la pinnule *p'*.

o, position de l'œil au moment de l'observation. Au moyen des deux pinnules, on vise à un astre, ou à un objet situé dans l'horizon, ou élevé de 15 ou 20°. En même temps on voit, par réflexion sur le miroir, en *i* une portion de la *lige de foi f* qui est peinte en noir sur le bord intérieur de la boîte, et en i' la division de la rose qui se trouve vis-à-vis la ligne de foi, c'est-à-dire dans le plan vertical du pivot et des fentes des pinnules.

De cette manière on connaît d'un seul coup d'œil l'angle de l'aiguille ou du méridien magnétique, avec le plan vertical de l'astre ou de l'objet. Il reste à déterminer par les moyens connus l'angle de ce dernier plan, avec le méridien astronomique du lieu, pour en déduire la déclinaison. Tout l'instrument est porté sur une traverse TT′ (*Fig.* 18) qui se visse, au moyen de la plaque P, sur un pied, où elle peut tourner librement. Un cercle fixe cg' est porté sur cette traverse; un cercle intérieur cc' repose sur le premier, et tourne sur l'axe xx'; enfin la boîte elle-même est portée par ce cercle mobile, et tourne sur lui, au moyen de l'axe zz' qui est perpendiculaire à xx'. C'est par ces deux mouvemens rectangulaires que la boîte conserve son horizontalité; ils constituent ce qu'on appelle la *suspension de Cardan*.

La boussole a été en usage chez les Chinois long-temps avant d'être connue en Europe. On peut conclure de plusieurs documens authentiques, rapportés dans la Description de l'empire de la Chine de Duhalde, que plus de mille ans avant Jésus-Christ les Chinois se servaient de la boussole pour se diriger sur les continens. On a supposé que Marco Paolo nous avait apporté cette invention: mais ce voyageur célèbre, qui connut si bien la Chine, ne fut de retour en Europe qu'en 1295; et il est parlé de la boussole dès 1180, dans les vers de Guyot de Provins, et dès 1266 dans l'histoire de Norwége. On s'accorde en général à regarder les Melphitains comme les premiers inventeurs de la boussole européenne; et il paraît constant que son usage ne fut un peu répandu que vers l'an 1300.

On croyait, dans les premiers temps, que l'aiguille aimantée se tournait directement au nord dans tous les lieux de la terre; et l'on rapporte que Colomb fut très-étonné d'observer une déclinaison en 1492, lorsqu'il parcourait l'Océan pour aller découvrir le Nouveau-Monde. Il paraît que Cabot, de Venise, qui devint grand-pilote d'Angleterre, fit des observations analogues vers l'an 1500.

Le fait de la déclinaison une fois connu, il fallait découvrir les variations qu'elle éprouve lorsqu'on passe d'un lieu à l'autre. Les premières tables un peu précises qui constatent ce phénomène important furent dressées en 1599 par les navigateurs hollandais, d'après les ordres du prince Nassau.

Enfin, le changement de la déclinaison dans le même lieu fut découvert, en 1622, par Gunter, professeur au collége de Gresham : il trouva à Londres une déclinaison orientale de 6° 13'; tandis qu'elle avait été trouvée de 11° 15' aussi à l'orient, en 1580, par Robert Norman, le même qui découvrit l'inclinaison en 1576.

302. *Boussole d'inclinaison.* — Elle est représentée dans les figures 24, 25, 26 et 27.

La figure 25 représente l'aiguille d'inclinaison gg' vue sur sa largeur, et la figure 26 la représente vue sur son épaisseur. Les sections s, s', s'', donnent une idée de sa forme.

EE' est une sorte de virole ou d'anneau en cuivre qui s'ajuste, à frottement très-dur, vers le milieu de la longueur de l'aiguille; il porte un axe en cuivre cc', terminé par de petits cylindres d'acier poli a et a', qui forment l'axe de rotation. L'axe mathématique aa' de ces deux cylindres doit passer par le centre de gravité de l'aiguille : on essaie d'atteindre cette condition, ou du moins d'en approcher le plus possible, en plaçant l'anneau convenablement et en faisant mouvoir les vis latérales vv' (*Fig.* 25).

L'aiguille est en place dans la figure 24; le rectangle sur lequel elle repose est une pièce importante de la boussole. On le voit plus en grand et avec plus de détails dans la figure 27, qui ne contient que l'un de ses côtés. Il se compose d'une traverse fixe TT' qui porte le couteau d'agate *pp'*, et d'une autre traverse MM', mobile autour de l'axe A. Celle-ci porte une fourchette *f* qui soulève l'axe de l'aiguille quand on ne veut plus qu'elle repose sur le couteau d'agate, et d'une pièce d'arrêt R qui empêche l'axe de glisser sur la fourchette. Cet ajustement est combiné pour que l'axe de l'aiguille se trouve exactement au centre du limbe d'inclinaison LL' (*Fig.* 24), et perpendiculaire à son plan dès qu'on abaisse la fourchette pour commencer l'observation.

Le limbe LL' repose perpendiculairement sur une plaque solide PP', qui porte aussi les montans du rectangle, une cage en verre CC' et un niveau NN'. Tout ce système est mobile autour d'un axe vertical XX', qui passe par le centre du cercle LL', et par conséquent par le centre de gravité de l'aiguille. Un nonius *nn'*, attaché à la plaque PP', parcourt le cercle azimuthal ZZ' pour marquer à chaque instant sur ce plan les angles décrits par le limbe vertical.

Pour observer l'inclinaison avec cet instrument, quand on connaît déjà la déclinaison ou la direction du méridien magnétique, on met le limbe vertical dans cette direction, et l'aiguille vient d'elle-même se placer suivant la ligne d'inclinaison; si l'on ne veut pas attendre qu'elle soit en repos, on prend le milieu des petites oscillations qu'elle fait avant de s'arrêter. Après ce premier résultat, on retourne les faces de l'aiguille sans en retourner les pôles, afin de corriger par ce retournement les erreurs qui pourraient provenir soit de l'irrégularité de l'aimantation, soit de l'excentricité du centre de gravité; mais ces deux causes d'erreur n'étant par là qu'imparfaitement compensées, il est nécessaire de faire deux autres observations pareilles, après avoir renversé les pôles de l'aiguille en l'aimantant en sens contraire. C'est la moyenne de ces quatre résultats qui donne l'inclinaison.

On peut facilement se dispenser de déterminer d'avance la déclinaison. En effet, le couple terrestre étant contenu dans le plan du méridien magnétique, l'aiguille n'est jamais sollicitée à sortir de ce plan, et par conséquent elle doit se diriger verticalement quand on l'oblige à se mouvoir dans un plan vertical perpendiculaire à ce méridien. Réciproquement, si l'on tourne le limbe de la boussole jusqu'à ce que l'aiguille soit verticale, on peut être assuré qu'il est alors perpendiculaire à l'aiguille de déclinaison, et il suffit de lui faire décrire, à partir de là, 90° sur le cercle azimuthal pour l'amener dans le méridien magnétique. On pourrait encore, pour plus de simplicité, chercher par quelques tâtonnemens l'azimuth du limbe qui donne le minimum d'inclinaison; ce minimum est l'inclinaison du lieu, puisque de part et d'autre l'aiguille se rapproche de la verticale (1).

Coulomb avait proposé de déterminer l'inclinaison (*Mém. de l'Inst.*, t. IV, pag. 565) par un autre moyen que l'on a recommandé depuis comme très-exact, mais qui me semble cependant soumis à trois causes d'erreur. Il part de ce principe, que la somme des momens des

---

(1) Il suffit d'une construction géométrique très-simple pour expliquer ce qui arrive à l'aiguille d'inclinaison pendant que le limbe de la boussole décrit une circonférence entière sur le cercle des azimuths.

Soit VM (*Fig.* 42) la direction du méridien magnétique.

C le centre de l'aiguille, A son pôle incliné, et CA la direction qu'elle prend, en sorte que son prolongement AF marque la direction de la force magnétique de la terre; ACH est l'angle d'inclinaison, et ACV est l'angle de l'aiguille avec la verticale CV.

Si sur AV, comme diamètre, nous décrivons une circonférence, elle sera le lieu de toutes les positions que doit prendre le pôle A pendant que le limbe fait une révolution entière autour de CV. En effet, quand le limbe est en VP′, par exemple, il faut que le pôle soit en A′ et l'aiguille dirigée suivant CA′; car AA′ étant perpendiculaire sur VP′, le plan CAA′ est perpendiculaire sur le plan CVP′; la force de la terre qui agit en A′ étant parallèle à AF, se trouve comprise dans le premier de ces plans, et par conséquent elle peut être décomposée en deux autres, l'une suivant A′A, qui sera détruite comme perpendiculaire au plan CVP′ que peut décrire l'aiguille; l'autre suivant le prolongement de CA′, qui sera pareillement détruite,

forces qui tendent à ramener une aiguille horizontale dans le plan du méridien magnétique est donné par la formule

$$\frac{p l^2}{3 \lambda}.$$

p est le poids de l'aiguille ;

l est la moitié de sa longueur ;

λ est la longueur du pendule simple qui ferait ses oscillations dans le même temps que l'aiguille.

Ce principe est rigoureux, mais, premièrement, il suppose à l'aiguille une régularité de forme et une petitesse dans ses dimensions transversales que l'on ne peut jamais lui donner; et, secondement, il suppose qu'elle oscille autour de l'axe vertical passant par son centre de gravité, ce qui est loin d'être vrai dès que l'inclinaison est un peu grande. Cependant, si on l'admet, il est facile de trouver la valeur numérique de cette somme de mo-

---

comme dirigée vers le point fixe. La position CA' est donc la position d'équilibre de l'aiguille. Ainsi, pendant la rotation du limbe, elle décrit un cône oblique dont le centre est en CA, et dont la base est AA'VA''.

Il résulte de là un autre moyen de trouver l'inclinaison sans connaître la déclinaison; car les lignes VA, VA' et VA'' et les autres lignes pareilles peuvent être considérées comme les tangentes des angles que fait l'aiguille avec la verticale dans les divers azimuths VAM, VP', VP'', etc. Or, pour deux azimuths tels que VP' et VP'', faisant entre eux un angle droit, on a

$$VA'^2 + VA''^2 = A'A''^2 = VA^2.$$

Les angles VCA' et VCA'' étant connus par l'observation, il suffit donc de prendre la somme des carrés de leurs tangentes pour avoir le carré de la tangente VA, qui est la tangente du complément ACV de l'inclinaison. En faisant ainsi plusieurs couples d'observations rectangulaires, et en prenant la moyenne des résultats, on arrive à une valeur de l'inclinaison qui se trouve corrigée autant que possible de toutes les erreurs de l'équilibre et de toutes les irrégularités de l'aimantation.

mens. Pour l'aiguille de Coulomb l'on avait $p = 88^{gr},808$, $l = 213^{mm},3$; et comme elle faisait 50 oscillations en 495″, il est facile de voir (53) que $\lambda = 994 \left(\frac{495}{50}\right)^2$; d'où il résulte

$$\frac{p\,l^2}{3\lambda} = 13^{gr},824.$$

Ce moment correspond à l'unité de distance, c'est-à-dire à 1 millimètre.

Pour trouver ensuite le moment vertical, on suspend l'aiguille, comme le fléau d'une balance, sur un axe passant à peu près par le centre de gravité; on cherche le contre-poids qu'il faut mettre sur le pôle boréal, pour la ramener à l'horizontalité. Ce contre-poids était dans l'expérience de Coulomb, de $0^{gr},2$ placés à $170^{mm},5$ de l'axe de suspension. Ce résultat suffirait si cet axe pouvait en effet passer exactement par le centre de gravité; mais pour se mettre à l'abri de cette circonstance on aimante l'aiguille en sens contraire, et c'est ici où se trouve la troisième cause d'erreur : car il faut l'aimanter pour qu'elle fasse encore, comme la première fois, cinquante oscillations en 495″; ce qui est excessivement difficile. Cependant, ce point une fois atteint, on la remet en équilibre sur son axe, qui doit n'être pas déplacé, et on cherche de nouveau le contre-poids qui la rend horizontal; il était de $0^{gr},2093$ placé à $194^{mm},5$.

La moyenne de ces deux contre-poids donne $37^{gr},348$ pour l'unité de distance, ou 1 millimètre; ainsi, la composante horizontale de l'action de la terre étant représenté par 13,824, sa composante verticale est représentée par 37,348. La résultante de ces deux forces, ou l'action de la terre elle-même, fait donc avec l'horizon un angle dont la tangente est $\frac{37,348}{13,824}$. C'est l'inclinaison; elle se trouve de 69° 41′.

On peut la supposer exacte, parce qu'elle a été déterminée par Coulomb, qui a sans doute atténué, autant qu'il était possible, toutes les causes d'erreur, et compensé par son adresse ce qui restait de défectueux dans le procédé.

Le tableau suivant contient diverses inclinaisons observées à Paris. Celles qui précèdent 1798 peuvent offrir des erreurs assez considérables, parce qu'alors on ne prenait pas la moyenne de quatre observations, comme nous l'avons indiqué.

Tableau de l'inclinaison pour Paris.

Année 1671	75°
1754	72 15'
1776	72 25
1780	71 48
1791	70 52
1798	69 51
1806	69 12
1810	68 50
1814	68 36
1816	68 40
1817	68 38
1818	68 35
1819	68 25
1820	68 20
1821	68 14
1822	68 11
1823	68 8
1824	68 7
1825	68 0
1826	68 0
1827	»
1828	»
1829	67° 41'.

Sauf quelques irrégularités qui sont peut-être des erreurs d'observation, il résulte de ce tableau que l'inclinaison, à Paris, a été toujours en diminuant depuis 1671, et que la quantité de sa diminution a été sensiblement variable d'une année à l'autre.

La découverte de l'inclinaison remonte à l'année 1576; elle est due à Robert Norman, ingénieur en instrumens dans l'un des faubourgs de Londres : jusque là on avait supposé que l'aiguille devait être horizontale, et lorsqu'en Europe on voyait son pôle austral s'abaisser, on se contentait d'admettre que le centre de gravité était mal déterminé. Robert Norman, observateur plus ingénieux et plus précis qu'on ne l'était alors, mesura le contre-poids qu'il fallait ajouter, et fut conduit ainsi à l'une des plus importantes découvertes du magnétisme.

303. *Aiguille astatique.* — On appelle ainsi une aiguille aimantée qui est soustraite à l'action de la terre et qui n'a plus de position statique où elle se trouve en équilibre sous l'influence de cette force. La construction de l'aiguille astatique repose sur ce principe, qu'un corps mobile, autour d'un axe, ne peut recevoir aucun mouvement d'une force qui agit parallèlement à cet axe.

L'aiguille aimantée gg (*Fig.* 19) étant donc mobile autour de l'axe aa', il suffit d'amener cet axe dans la direction de la force magnétique de la terre pour qu'elle soit indifférente dans toutes ses positions. Deux mouvemens rectangulaires conduisent à ce but : l'un est produit au moyen de la vis sans fin v, et du rouet G, dans lequel elle engrène; l'autre au moyen de la vis v' et du rouet G'. Le cercle divisé C C' sert à marquer les positions de l'aiguille.

On peut encore rendre une aiguille astatique en neutralisant l'action magnétique de la terre par une autre action magnétique, égale et contraire. Il suffit pour cela de posséder un barreau d'une assez grande force, pour qu'à une distance très-grande par rapport aux dimensions de l'aiguille, il agisse sur elle aussi énergiquement que le fait la terre: alors on le place dans le plan du méridien magnétique, en le disposant parallèlement à la direction que prendrait l'aiguille dans son équilibre et en tournant vers elle son pôle répulsif, c'est-à-dire son pôle austral, s'il est du côté du nord, et son pôle boréal s'il est du côté du midi. A une distance trop petite, le barreau est plus puissant que la terre, il fait pirouetter l'aiguille et la maintient dans cette position renversée; à une distance trop grande la terre est plus puissante que lui, et l'aiguille conserve sa direction naturelle; enfin à une certaine distance intermédiaire, la compensation a lieu, et l'aiguille reste indifférente dans toutes ses positions. Mais l'on conçoit que la force terrestre qui forme un couple ne peut être exactement compensée que par un couple égal et opposé, et le barreau ne peut donner naissance à un couple qu'en agissant avec la même énergie sur les deux pôles de l'aiguille; voilà pourquoi il doit être placé à une distance très-grande par rapport à la distance de ses pôles.

Il y a enfin un autre moyen plus simple et plus direct de se donner un système astatique: il consiste à réunir sur un même axe deux aiguilles tournées en sens contraire l'une de l'autre. La *figure* 44 représente un système astatique dont l'axe commun est l'axe de rotation; alors les deux aiguilles doivent être parfaitement identiques pour la forme et pour la distribution du magnétisme. Quand elles sont disposées bout à bout, et que l'axe de rotation est perpendiculaire à leur longueur, il est facile de voir qu'on peut obtenir une compensation très-approchée avec des aiguilles sensiblement différentes.

Pour arriver par ce procédé à une compensation plus parfaite, et pour varier à volonté la force directrice que l'on doit, dans une foule d'expériences, conserver au système, j'ai coutume de disposer l'appareil comme on le voit dans la *figure* 45. L'une des aiguilles est horizontale et l'autre inclinée; la force directrice de celle-ci diminuant à mesure que l'on augmente son inclinaison, il est facile de la rendre parfaitement égale et opposée à celle de la première, ou un peu moindre ou un peu plus grande.

304. *Variations diurnes.* —L'aiguille de déclinaison éprouve tous les jours quelques mouvemens à l'est ou à l'ouest du méridien magnétique : tantôt ces mouvemens sont brusques et accidentels, tantôt ils sont réguliers et périodiques; dans le premier cas on le nomme *perturbations;* dans le second cas ils se composent ce qu'on appelle les *variations diurnes.* Dans les jours qui ne sont pas marqués par quelques perturbations, l'on observe à Paris les phénomènes suivans : pendant la nuit l'aiguille est à peu près stationnaire; au lever du soleil elle se met en mouvement, et son pôle austral (ou son extrémité nord) marche à l'ouest comme s'il fuyait l'influence de cet astre; vers midi, ou plus généralement de midi à trois heures, il atteint son *maximum* de déviation occidentale; ensuite, par un mouvement contraire, il revient à l'orient jusqu'à 9, 10 ou 11 heures du soir : alors, soit qu'il ait repris exactement sa position primitive, soit qu'il s'en trouve seulement très-rapproché, il s'arrête et reste immobile pendant toute a durée de la nuit, pour recommencer le lendemain une oscillation pareille. L'*amplitude* de la variation diurne est l'angle que parcourt l'aiguille depuis la station du matin jusqu'au maximum de déviation occidentale. Cet angle est tous les jours variable; cependant il résulte des nombreuses observations de M. de Cassini, qu'en général il est plus grand pendant l'été, depuis l'équinoxe du printemps à l'équinoxe d'automne, et plus petit pendant l'hiver, depuis l'équinoxe d'automne à l'équinoxe du printemps. Sa valeur moyenne pour les mois d'avril, mai, juin, juillet, août et septembre, paraît être de 13′ à 15′, et seulement de 8′ à 10′ pour les mois d'octobre, novembre, décembre, janvier,

février et mars. Il y a des jours où il s'élève jusqu'à 25', et d'autres où il ne dépasse pas 5 ou 6'.

On doit encore à M. de Cassini cette remarque importante, que dans les caves de l'Observatoire l'aiguille de déclinaison éprouve aussi des changemens journaliers ; là, à plus de 80 pieds sous terre, à l'abri de toutes les influences de la lumière et de la chaleur du jour, l'amplitude de ses variations est la même qu'à la surface du sol, et c'est aux mêmes heures qu'elle est immobile, qu'elle marche à l'occident et qu'elle revient à l'orient.

Dans les régions plus septentrionales, comme en Danemarck, en Islande et au nord de l'Amérique, les variations diurnes sont en général plus considérables et moins régulières ; il paraît aussi que l'aiguille ne conserve pas pendant la nuit l'immobilité qu'on observe à Paris, et que c'est vers le soir seulement qu'elle atteint son maximum de déviation occidentale.

Au contraire, en partant du nord pour aller vers l'équateur magnétique, les variations diurnes vont sans cesse en diminuant d'amplitude, et sur l'équateur magnétique lui-même elles sont sensiblement nulles. Il paraît cependant, d'après quelques observations du capitaine Duperrey, que la position du soleil, au nord ou au midi de l'équateur terrestre, pourrait avoir quelque influence pour faire osciller, de part et d'autre de l'équateur magnétique, les points qui sont sans variations.

Au midi de l'équateur magnétique, les variations diurnes se produisent dans un ordre inverse : l'extrémité nord de l'aiguille marche vers l'est, aux mêmes heures où dans l'hémisphère boréal elle marche à l'ouest ; ce résultat curieux est constaté par les observations qui ont été faites, en 1794, 1795 et 1796, au fort Marlbrough de Sumatra et à Sainte-Hélène, par M. J. Macdonald ; en 1818, 1819 et 1820, à l'île de France, à Timor, à Rawak, à Guham, à Mowi et au port Jackson, par le capitaine Freycinet ; et en 1822, 1823 et 1824, dans plusieurs points qui avoisinent l'équateur magnétique, par le capitaine Duperrey.

On ne sait pas encore d'une manière précise si, dans chaque hémisphère, les variations diurnes se font dans le même sens aux lieux où la déclinaison est occidentale, et aux lieux où elle est orientale. Il y a sur ce point quelque discordance entre les observations trop peu nombreuses que nous possédons, et c'est un phénomène sur lequel il importe d'appeler l'attention des physiciens.

Il est probable que l'aiguille d'inclinaison est soumise à des variations diurnes, comme celle de déclinaison; mais elle a moins d'amplitude dans ses mouvemens, et il n'a pas été possible, jusqu'à ce jour, de les observer avec précision.

En généralisant ces résultats, on peut présumer qu'une aiguille aimantée, mobile dans un plan quelconque, éprouverait des oscillations journalières, et qu'une aiguille qui serait mobile dans tous les sens autour de son centre de gravité, décrirait chaque jour un cône dont la base serait une ellipse ou une autre courbe, plus ou moins allongée dans les différens lieux de la terre.

Les variations diurnes furent observées pour la première fois par Graham, à la fin de 1722; ensuite elles furent étudiées avec soin, en Suède, par Hiorter et Celsius vers 1740, et par Wargentin en 1750; à Londres, par Canton, en 1756; en Danemark, par Lous, de 1765 à 1772; à Rome, par le père Ascleppi, en 1772; en France, par M. de Cassini, de 1780 à 1790. Depuis cette époque, les instrumens sont devenus plus parfaits, les observations se continuent sur plusieurs points du globe, et les voyageurs, dans leurs courses autour du monde, doivent les compter comme un des objets les plus importans de leurs recherches.

La *figure* 23 représente *la boussole de variation*. Tous les observateurs ne peuvent pas sans doute se procurer un instrument aussi complet; mais tous peuvent disposer des aiguilles d'après les principes de sa construction, et arriver ainsi à une assez grande exactitude dans les observations. Il est presque inutile de faire remarquer que toutes les pièces de métal sont en cuivre rouge très-pur.

MM'. Table de marbre blanc, sur laquelle reposent les colonnes et la boîte de l'instrument.

LL'. Colonnes pour la suspension.

L_1L_1'. Colonnes pour le premier microscope.

L_2L_2'. Colonnes pour le second microscope.

BB'. Boîte de la boussole.

AA'. Aiguille aimantée, passée de champ dans un petit anneau de cuivre *aa'*; à cet anneau est attaché un fil, ou plutôt un assemblage de fils de soie sans torsion, qui porte l'aiguille et qui vient s'enrouler sur le petit treuil *t*. Ce fil est maintenu au centre du cercle divisé *cc*, en traversant, là, une petite ouverture triangulaire. Il est enfermé dans une petite cage de verre, qui s'élève entre les deux colonnes LL', pour que l'air ne puisse ni l'agiter ni pénétrer dans la boîte ; en tournant le treuil *t* dans un sens ou dans l'autre on peut élever ou abaisser l'aiguille. Deux lames de verre, mobiles à volonté, ferment les ouvertures de la boîte, qui correspondent aux deux extrémités de l'aiguille; sur chacune de ces extrémités est solidement fixée une petite plaque d'ivoire, portant des divisons très-fines, dont la valeur angulaire dépend de la distance au centre de suspension; c'est en général 15 ou 20'.

Après avoir disposé l'appareil à peu près dans le plan du méridien magnétique, et l'avoir nivelé soigneusement, on s'assure que le fil de soie est sans torsion, et par quelques tâtonnemens on arrive à diriger les microscopes T et T' sur la ligne de foi de l'aiguille, dont on voit la trace sur les deux plaques d'ivoire. Alors il est facile d'observer les déplacemens qu'elle éprouve, soit en comptant les divisions qui ont passé sous le fil, soit en suivant ses mouvemens, au moyen des vis de rappel qui font marcher les microscopes.

De petites loupes, p et p', mobiles sur les tiges t et t', servent à lire la position ou la course de chaque microscope sur la traverse qui le porte, et qui règle son mouvement latéral.

La lunette T'' est destinée à compter plus commodément, et par conséquent plus sûrement les oscillations de l'aiguille, lorsqu'on veut l'employer à la détermination des intensités magnétiques. Elle porte au devant de l'objectif un miroir qui ramène les rayons verticaux dans la direction de son axe.

305. *Perturbations de l'aiguille aimantée.* — Plusieurs causes naturelles agissent sur l'aiguille aimantée, pour la déranger brusquement de sa position, ou pour troubler au moins la régularité de ses variations diurnes. Entre toutes ces causes, l'aurore boréale paraît la plus efficace et la plus infaillible : quand ce météore se lève pour les régions du nord, le ciel est resplendissant de lumière; et pendant toute sa durée, qui est quelquefois de dix à douze heures, l'aiguille aimantée éprouve une agitation continuelle et une déviation considérable. Le *sommet* de l'arc étincelant de l'aurore boréale est en général dans le méridien magnétique, et sa *couronne*, c'est-à-dire le foyer vers lequel s'élancent les gerbes de feu qui semblent partir de l'horizon ou de l'arc lui-même, se trouve toujours à peu près dans le prolongement de l'aiguille d'inclinaison. Ce n'est pas seulement dans les lieux où l'aurore boréale est visible que la boussole est agitée; elle l'est aussi à de grandes distances, à Paris, par exemple, lors même qu'on n'aperçoit dans le ciel aucune trace de lumière. Mais, en général, l'agitation est d'autant plus grande que le phénomène est plus voisin et se montre avec plus d'intensité; ainsi, la boussole de l'Observatoire éprouve souvent, dans le jour ou dans la nuit, une déviation subite qui s'élève parfois à plus de 1°, sans qu'on en puisse découvrir la cause apparente; et l'on apprend ensuite qu'aux mêmes instans les boussoles de Londres et de Pétersbourg

ont éprouvé des mouvemens analogues, et que dans les contrées du nord on a observé quelque brillante aurore boréale. Un observateur, dans son cabinet, est donc averti par la boussole de ce qui se passe dans les régions polaires, comme il est averti par le baromètre de ce qui se passe dans les plus hautes régions de l'atmosphère.

Les tremblemens de terre et les éruptions des volcans paraissent agir aussi sur l'aiguille aimantée, et quelquefois ces phénomènes la dérangent d'une manière permanente. D. Bernouilli a vu, en 1767, l'inclinaison diminuer d'un demi-degré par un tremblement de terre, et le père de La Torre a remarqué des changemens de plusieurs degrés dans la déclinaison pendant une éruption du Vésuve.

Enfin l'on a supposé que les ouragans, la neige et les orages ont aussi quelque influence sur l'aiguille aimantée; mais il faut probablement rapporter aux aurores boréales les changemens sur lesquels on a fondé cette opinion. Cependant, quand le tonnerre frappe des corps aimantés, ou quand il tombe seulement à quelque distance du lieu où ils sont, il change, détruit, ou renverse leur magnétisme; on en a vu de trop malheureux exemples à bord des vaisseaux : plusieurs fois les boussoles de service ont eu leurs pôles renversés par la foudre, et les navigateurs prenant alors le nord pour le sud, couraient avec confiance se jeter dans les écueils. La découverte de l'électro-magnétisme nous expliquera ces phénomènes.

306. *Intensité magnétique de la terre.* — Un des points les plus importans de la théorie du magnétisme terrestre est la détermination de son intensité pour les différens points de la surface du globe, ou pour le même point, à des époques différentes. C'est dans ces derniers temps seulement qu'on a eu l'heureuse idée d'appliquer à cette recherche des moyens susceptibles de quelque précision. Graham paraît être le premier qui se soit occupé de cette question, vers la fin de 1722; Muschenbroek fit quelques

efforts pour la résoudre en 1729; Lemonnier, en 1776, se contenta d'en montrer l'importance; de Saussure voulut comparer la force magnétique de la terre, à Genève et au sommet du Mont-Blanc; enfin Borda, reprenant la question dans toute sa généralité, indiqua les moyens de la résoudre avec une grande approximation; et bientôt après, sa méthode fut employée par M. de Humboldt, dans son voyage d'Amérique, et dans un autre voyage en France, en Prusse et en Italie.

Cette méthode est fondée sur les oscillations nombreuses que fait une aiguille librement suspendue, lorsqu'on l'écarte un peu de sa position, et qu'ensuite on l'abandonne à elle-même. Si elle est régulièrement aimantée, et que l'axe de suspension passe par son centre de gravité, elle oscille par l'effort du couple magnétique de la terre, comme oscillerait séparément chacune de ses moitiés, sollicitée par l'une des forces du couple. Ainsi, elle forme un véritable pendule composé, qui reste parfaitement identique, quand la distribution du magnétisme reste exactement la même dans tous les points de sa substance; car si le fluide libre éprouvait quelque changement, soit dans sa quantité, soit dans son arrangement, la résultante aurait une autre intensité ou un autre point d'application, et la même aiguille formerait en réalité un pendule différent. Supposant donc que l'aiguille reste matériellement et magnétiquement la même, une différence dans la durée de ses oscillations ne pourra dépendre que d'une différence dans l'intensité des forces qui la sollicitent, et la pesanteur restant la même, elle ne pourra dépendre que d'une différence dans l'intensité de la force magnétique. Or, sous ces conditions, les intensités de la force et les durées des oscillations sont liées par le principe suivant: que les forces sont entre elles comme les carrés des nombres d'oscillations exécutées dans le même temps. Ainsi, M étant la force magnétique qui agit sur l'aiguille quand elle fait N oscillations dans un certain temps, dans 100″ par exemple, et M' étant la force qui la sollicite quand elle fait N' oscillations dans le même temps de 100″, l'on a

$$\frac{M}{M'} = \frac{N^2}{N'^2}.$$

Si, par exemple, on avait trouvé $N = 25$ et $N' = 24$, on aurait

$$\frac{M}{M'} = \frac{625}{576} = 1{,}085,$$

c'est-à-dire que la première force serait à la seconde comme 1,085 est à 1, ou comme 1085 est est à 1000.

Pour appliquer cette méthode on peut foire osciller une aiguille, soit dans le plan du méridien magnétique, autour de la ligne d'inclinaison, soit perpendiculairement au méridien magnétique autour de la ligne de déclinaison; on pourrait même la faire osciller dans d'autres positions, mais l'on n'y trouverait nul avantage.

Oscillations de l'aiguille d'inclinaison. — Puisque le plan du méridien magnétique varie à chaque instant, il faut apporter un grand soin à plaçer la boussole dans sa vraie direction du moment; et puisqu'on doit compter un grand nombre d'oscillations de l'aiguille, il faut aussi apporter un grand soin à donner à l'axe toute la mobilité qu'il peut prendre sur ses deux couteaux d'agate. Ces conditions remplies, on écarte l'aiguille de 3 ou 4° de sa position d'équilibre, on l'abandonne à elle-même, et avec un chronomètre, ou une bonne montre à secondes, on compte très-soigneusement le nombre des oscillations qu'elle exécute dans un temps donné. Après quelques séries d'observations successives, dont on prend la moyenne, on enlève l'aiguille, on la conserve dans un étui avec beaucoup de précautions, pour qu'elle ne reçoive aucun choc ou aucune influence magnétique étrangère, et ensuite on peut l'emporter dans des voyages, pour répéter des expériences pareilles en différens points du globe. Mais pour que les résultats puissent inspirer de la confiance, il est nécessaire d'avoir plusieurs aiguilles de cette espèce qui se vérifient l'une l'autre, et même il est convenable de revenir au même lieu, les faire osciller encore une fois, pour s'assurer qu'elles ont bien conservé leur magnétisme. Dans la recherche de l'inclinaison, la méthode du retournement (300) peut corriger les erreurs qui proviendraient d'une aimantation irrégulière, ou d'un déplacement du centre de gravité; mais pour les recherches d'intensité, l'aiguille devant rester absolument identique, il faut se garder de l'aimanter en sens contraire, et par conséquent il faut, par tous les moyens de vérification, s'assurer que son magnétisme est régulier, et son centre de gravité bien placé.

Oscillations de l'aiguille de déclinaison. — La force qui fait osciller l'aiguille de déclinaison n'est qu'une partie de la force magnétique de la terre, et une partie d'autant plus petite que l'inclinaison est plus grande; tellement, qu'aux pôles magnétiques où l'inclinaison est de 90°, l'aiguille de déclinaison n'a plus de force, ni pour se diriger ni pour osciller. En général, i étant l'angle d'inclinaison d'un lieu (*Fig.* 28), la force terrestre, dont l'intensité est M, se décompose en deux autres par la règle du parallélogramme des forces (18) : l'une, verticale, ayant pour valeur $M \sin. i$, et qui est détruite par la suspension; et l'autre, horizontale, ayant pour valeur $M \cos i$, qui est seule efficace pour diriger et pour faire osciller l'aiguille de déclinaison. Pour un autre lieu, où l'intensité serait M' et l'inclinaison i', la force horizontale serait $M' \cos i'$ et les deux forces seraient entre elles comme les carrés des nombres d'oscillations N et N', qu'elles font exécuter à la même aiguille dans le même temps. On aurait donc

$$\frac{M \cos i}{M' \cos i'} = \frac{N^2}{N'^2} \text{ ou } \frac{M}{M'} = \frac{N^2 \cos i'}{N'^2 \cos i},$$

c'est-à-dire qu'ayant observé dans des lieux différens les nombres d'oscillations N et N' que fait la même aiguille, dans le même temps, il faut, pour avoir le rapport des forces magnétiques, multiplier le rapport carré des nombres d'oscillations par le rapport renversé des cosinus d'inclinaison.

Cette méthode d'observation semble avoir quelque avantage sur la précédente, 1° parce qu'il faut un artiste très-habile pour faire une aiguille d'inclinaison tolérablement bonne et bien équilibrée, tandis qu'une aiguille de déclinaison s'équilibre d'elle-même dans la chape de papier où elle est suspendue; 2° parce que les couteaux d'agate et l'axe de l'aiguille d'inclinaison offrent beaucoup plus de frottement que le fil de soie sans torsion qui suspend l'aiguille de déclinaison. Cependant il y a dans les oscillations horizontales une source d'erreur inévitable : l'un des pôles de l'aiguille ayant une tendance à plonger au dessous de l'horizon, il en résulte que le prolongement du fil de suspension ne passe jamais par le centre de gravité; de là une différence dans les deux bras de levier de l'aiguille horizontale, et une différence qui change avec l'inclinaison. Il est d'autant plus nécessaire de signaler cette cause d'erreur qu'elle a échappé aux plus habiles observateurs, bien qu'elle soit assez influente pour rendre tout-à-fait incomparables les observations faites en des lieux où l'inclinaison est très-différente.

Comme l'acier le mieux préparé ne conserve pas son magnétisme indéfiniment sans altération, il est impossible d'avoir des comparaisons d'intensité fort exactes pour des époques un peu éloignées.

En discutant les observations d'intensité qui ont été faites en différens points de la terre, soit en Europe, soit en Amérique, soit dans les îles de l'Océan, de la mer des Indes ou de la mer Pacifique, on arrive à ce résultat général que l'intensité est la plus petite vers l'équateur magnétique, et qu'elle va en augmentant à mesure qu'on s'en éloigne vers le nord ou vers le sud. Il paraît que vers les pôles elle serait environ une fois et demie aussi grande qu'à l'équateur. Dans le même lieu elle paraît changer aussi avec les variations diurnes, mais les différences très-petites qu'elle éprouve demandent à être constatées par de nouvelles observations.

307. *De l'action de la terre sur le fer doux.* — La terre exerce une action continuelle sur toutes les substances qui contiennent du magnétisme; elle agit comme un vaste aimant qui fait sans cesse effort pour attirer ou repousser les fluides décomposés, et pour décomposer les fluides naturels. Les différens corps magnétiques répandus sur la surface du globe résistent plus ou moins à cette puissance universelle, suivant l'intensité de leur force coercitive, mais tous en éprouvent quelque modification. Le fer doux est sous ce point de vue le corps le plus curieux à étudier, puisqu'il n'offre aucune résistance à la séparation de ses fluides, et qu'il ne conserve rien des actions magnétiques qu'il a subies. Les expériences suivantes nous donneront une idée des phénomènes qu'il présente.

Une barre de fer doux de deux ou trois pieds de longueur est mise en présence d'une petite aiguille d'épreuve (*Fig.* 29.)

Quand la barre est tenue verticalement, ou à peu près dans la direction de l'inclinaison; elle prend un pôle austral à son extrémité inférieure E; et un pôle boréal à son extrémité supérieure E'. C'est ce qu'il est facile de voir par les actions attractives et répulsives qu'elle exerce sur l'un ou sur l'autre pôle de l'aiguille, lorsqu'on la fait glisser de haut en bas ou de bas en haut, pour amener successivement en présence toutes les parties de sa longueur.

Pour s'assurer que le fer est sans force coercitive, et que c'est bien l'action terrestre qui décompose son magnétisme, il suffit de retourner rapidement la barre, l'extrémité E en haut, et l'extrémité E' en bas; alors le pôle austral reste en bas, et le pôle boréal en haut: le second est cette fois en E et le premier en E'. Ainsi les fluides ont été instantanément recomposés par leur action mutuelle et instantanément décomposés en sens inverse par l'action terrestre.

Ce qui se manifeste d'une manière si frappante sur une barre d'une certaine longueur, se manifeste avec moins d'intensité sur une pièce plus courte dans le sens de l'inclinaison. C'est pourquoi l'effet semble à peu près nul lorsqu'on tient la barre horizontalement, et surtout dans une position perpendiculaire au méridien magnétique.

Sous l'influence de l'aimant terrestre, tous les corps magnétiques deviennent donc de véritables aimans, mais des aimans à pôles mobiles et changeans ; de telle sorte qu'il suffit de les retourner de haut en bas pour que leurs pôles se renversent, et de varier un peu leur position pour que leurs pôles éprouvent quelques déplacemens dans l'intérieur de leur substance. Ce résultat nous indique combien il y a de précautions à prendre lorsqu'on veut faire avec les boussoles des observations exactes ; car le fer qui entre dans la construction des édifices agit de deux manières sur les aiguilles aimantées ; il agit par la décomposition magnétique qu'il éprouve de la part de l'aiguille elle-même, et il agit surtout par les fluides libres, que la terre y maintient dans un état permanent de séparation. Avec quelques soins l'on peut aisément reconnaître les perturbations locales qui résulteraient de cette cause ; car dans un espace un peu considérable, dans une lieue carrée, par exemple, l'action terrestre ne produit en général que quelques minutes de différence, soit dans l'inclinaison soit dans la déclinaison.

308. *Des causes mécaniques et chimiques qui ont une influence sur la force coercitive.* — Lorsqu'une barre de fer doux est soumise à l'action magnétique de la terre, il suffit de la frapper de quelques coups de marteau à l'une ou l'autre de ses extrémités, pour fixer au moins en partie les fluides décomposés, par lesquels elle agit sur l'aiguille. Après la percussion elle est un aimant à pôles fixes ; et de quelque côté qu'on la retourne le même fluide se montre

toujours à la même extrémité. Ainsi la percussion donne au fer doux de la force coercitive; cette force est sans doute locale, et n'existe que dans les molécules qui ont reçu le choc, car en retournant la barre, et en la frappant dans cette position inverse de la précédente, on parvient à l'aimanter en sens contraire. On peut ainsi renverser ses pôles autant de fois que l'on veut; et ce qui est encore digne de remarque, c'est qu'après quelques jours, ou quelquefois même après quelques heures, la force coercitive a disparu, et il faut de nouveaux chocs pour la reproduire.

Cette expérience curieuse donne la clef d'un grand nombre de phénomènes, sur lesquels j'insisterai d'autant plus volontiers, que personne à ma connaissance n'en a donné la véritable explication. Tout le monde sait que les substances magnétiques sont presque toujours dans un état d'aimantation plus ou moins marqué. C'est un certain Jules César, chirurgien de Rimini, qui observa le premier la transformation du fer en aimant; il fit cette remarque vers 1590, sur une barre de fer qui avait soutenu quelque construction en brique sur le sommet d'une tour de l'église de Saint-Augustin. Plus tard, vers 1630, Gassendi fit la même observation sur la croix du clocher de Saint-Jean d'Aix, qui était tombée frappée de la foudre; il en trouva le pied consumé par la rouille et jouissant de toutes les propriétés de l'aimant. Depuis cette époque les observations se sont multipliées, et l'on a reconnu qu'un morceau de fer un peu rouillé est presque toujours un aimant plus ou moins fort; qu'il en est de même de la fonte, de l'acier et des autres substances magnétiques; enfin l'on a reconnu que la rouille, ou l'oxidation, n'est pas du tout nécessaire pour qu'un corps s'aimante, et qu'il suffit pour cela de lui faire subir quelque action mécanique, de le tordre, de le battre, de le limer ou de le tourmenter de quelque manière: par exemple, dans la boutique d'un serrurier tous les outils sont des aimans, et il n'est pas rare que les aiguilles, les instrumens tranchans et les autres objets d'acier, présentent des traces de magnétisme polaire. Dans tous ces phénomènes, ce n'est ni l'action chimique ni l'action mécanique qui magnétisent les corps; mais c'est l'action de la terre, sans cesse agissante, qui décompose les fluides; et la décomposition une fois faite, elle est maintenue par la force coercitive, qui résulte des déplacemens chimiques ou mécaniques qu'éprouvent les molécules. Pour m'en assurer par l'expérience, il m'a suffi de comparer les quantités de magnétisme que prennent les corps, suivant la position qu'on leur donne, par rapport à la direction de la force terrestre. Dans une position verticale ils s'aimantent fortement, par l'oxidation ou par les actions mécaniques, et le pôle austral est toujours en bas. Dans des positions plus obliques, l'effet est moindre, mais toujours dans le sens voulu par le pôle boréal de la terre, qui est le pôle dominant dans nos climats. On peut même, d'après cette donnée, fabriquer de toutes pièces des aimans très-puissans, soit avec du fil de fer, soit avec des barres de fer ou d'acier. Pour aimanter des fils de fer sans aimant, il suffit d'en couper trente ou quarante bouts, de la longueur d'un pied par exemple, et en les tenant verticalement de les tordre sur eux-mêmes, un à un, jusqu'à les rendre raides et cassans; chacun d'eux devient fortement magnétique, et on les réunit ensuite pour en former deux faisceaux, avec lesquels on aimante les plus gros barreaux, par les procédés que nous ferons connaître. Pour aimanter sans aimant des barres de fer ou d'acier, il suffit de battre les premières en les tenant verticalement; et pour les secondes il suffit de les frotter dans le même sens, avec une barre de fer verticale.

Les aimans naturels n'étant que des oxides de fer, il est probable qu'ils doivent leurs propriétés magnétiques à l'action de la terre qui s'est exercée sur eux au moment de leur formation. Car les mines de fer qui existent de nos jours ne sont pas aussi anciennes que le monde. Et sans admettre qu'à l'origine le fer fût dans son état pur et métallique, il est certain que les combinaisons dans lesquelles il est engagé à la surface du globe et dans toute l'étendue de la croûte que nous exploitons, ne furent pas toujours ce qu'elles sont aujourd'hui. Le travail chimique qui s'accomplit sans cesse et qui sans cesse se renouvelle depuis tant de siècles dans les entrailles de la terre, fait passer les molécules les plus inertes par une foule de combinaisons différentes, et change de mille manières leurs agrégations primitives. Les mines magnétiques sont soumises à des mutations perpétuelles comme les autres élémens pondérables, et l'on peut dire avec certitude qu'à chaque instant il y en a qui se décomposent, et qu'à chaque instant il y en a d'autres qui se forment et dont les pôles sont arrangés suivant les lois voulues par le magnétisme général de la terre. Telle est sans doute la cause première qui a développé du magnétisme dans les aimans naturels, soit dans ceux que possèdent les Chinois depuis plus de trois mille ans, soit dans ceux qui furent observés par Pythagore et par Platon, soit dans ceux que nous exploitons aujourd'hui et qui servent à nos recherches. Il n'y a donc à notre connaissance que le magnétisme développé qui puisse développer du magnétisme; cette conclusion a été rigoureuse jusqu'à la découverte de M. Œrsted, qui a ouvert un nouveau champ dans les sciences en démontrant, comme nous le verrons dans un des livres suivans, que l'électricité aussi peut développer du magnétisme.

308. *De l'action de la terre sur le fer des vaisseaux, et des moyens de corriger la déviation que la boussole en éprouve.* — De grandes masses de fer sont employées dans nos vaisseaux; les unes font partie de la construction et restent fixes; les autres font partie de l'armement et sont plus ou moins mobiles, comme les canons de fer ou de fonte, les ancres, les câbles, les barriques et les outils de toute espèce. Tous ces corps magnétiques, dispersés çà et

là dans les différentes parties du bâtiment, doivent exercer sur la boussole et exercent en effet une action considérable. Les déviations produites par cette cause, méritent toute l'attention des physiciens; elles s'élèvent quelquefois à 15 ou 20 degrés, et fussent-elles quinze ou vingt fois moindres, elles seraient encore plus que suffisantes pour exposer les navigateurs à de très-grands dangers. Il paraît que c'est Wales, astronome de l'expédition de Cook, qui a, le premier, signalé cette source d'erreurs dans les observations à la mer; plus tard, leur véritable cause fut indiquée par Downie, et c'est le capitaine Flinders, célèbre par ses découvertes et par son intrépidité, qui fit le premier quelques essais heureux pour s'en mettre à l'abri. Tout récemment M. Bain a rappelé l'attention sur ce point important. Plusieurs officiers de la marine anglaise en ont fait l'objet de leurs recherches, et le professeur Barlow de Woolwich a été couronné par la Société Royale de Londres pour les heureux résultats auxquels il a été conduit en s'occupant de cette question. C'est l'ouvrage de M. Barlow qui nous servira de guide dans ce que nous allons dire.

Dans un vaisseau, l'aiguille de la boussole peut être déviée, 1° par les décompositions de fluide qu'elle excite elle-même dans les substances magnétiques; 2° par l'état magnétique permanent que ces substances peuvent avoir en vertu de leur force coercitive; 3° par l'état magnétique passager qu'elles prennent sous l'influence de l'aimant terrestre.

La première cause ne peut produire que de faibles effets; et l'on s'en garantit sûrement en plaçant l'*habitacle* à une distance assez grande de toutes les pièces de fer, ce qui est toujours possible.

La seconde cause aurait un remède facile; car l'aiguille aimantée se trouvant placée, à l'égard des divers pôles ou centres magnétiques du vaisseau, à une distance très-grande par rapport à sa longueur, il en résulte que chacun de ces centres agit sur elle par un couple. Par la composition de tous ces couples partiels on aurait donc un couple résultant qui restèrait toujours le même dans tous les climats et pour toutes les positions du vaisseau. Ce couple, à son tour, se composerait avec le couple terrestre, et c'est là ce qui produirait la déviation de l'aiguille. Mais, dans le même lieu, quand le vaisseau tournerait sur lui-même autour d'un axe vertical, le couple terrestre conservant la même direction dans l'espace, et le couple du vaisseau tournant avec lui, on voit qu'il en résulterait une déviation variable, susceptible d'un maximum à droite du méridien magnétique, et d'un autre maximum égal à sa gauche; de telle sorte que la moyenne entre ces deux positions extrêmes de l'aiguille donnerait sa vraie direction. Pour d'autres latitudes, le couple terrestre serait plus intense ou plus oblique, mais la déclinaison se trouverait encore de la même manière, par la rotation complète du vaisseau autour d'un axe vertical.

Enfin, la troisième cause est plus puissante que les deux premières, et ses effets, sans cesse variables, sont aussi plus difficiles à apprécier et à corriger. Nous allons pour un moment supposer qu'elle agisse seule pour dévier l'aiguille aimantée. Alors il est clair que tous les corps magnétiques du vaisseau deviennent des aimans à pôles changeans; quand le vaisseau tourne sur lui-même dans un sens ou dans l'autre, ces corps se présentent autrement à l'action de la terre, et éprouvent de sa part des décompositions différentes. Ces phénomènes, déjà si compliqués dans le même lieu, se compliquent encore, quand le vaisseau, sillonnant les mers, passe successivement dans des contrées où le couple terrestre change de direction ou d'intensité. Tous ces effets divers ne peuvent être ni prédits ni même indiqués par la théorie, et ce n'est que par des essais plus ou moins ingénieux que l'on peut les neutraliser. Voici les moyens que propose M. Barlow pour y parvenir.

Le bâtiment étant dans une rade tranquille où l'on peut le virer de bord, on choisit à quelque distance sur le rivage un lieu d'où l'on puisse l'apercevoir dans toutes les positions qu'il prend en tournant sur lui-même. Là s'établit un observateur avec une boussole et un théodolite, ou quelque autre instrument propre à mesurer les angles. Sur le vaisseau, près de la boussole déjà fixée dans l'habitacle, est un autre observateur, ayant aussi un instrument pareil. A un signal donné les observateurs visent l'un à l'autre, et chacun d'eux détermine l'angle de son aiguille avec l'axe de sa lunette. Puisque les observateurs se regardent, les axes des deux lunettes ne font qu'une seule et même ligne, que nous appellerons *la ligne centrale*. Or, la boussole du rivage n'éprouvant point de perturbation, il est évident que si la boussole du vaisseau n'en éprouvait pas, les deux aiguilles seraient parallèles et feraient le même angle avec la ligne centrale; car la distance de quelques centaines de pieds qui se trouve entre elles ne peut pas produire de changement sensible dans la déclinaison. Donc la différence de ces deux angles est la déviation produite par les corps magnétiques du vaisseau, à l'instant de l'observation. Concevons que, par des manœuvres qui sont toujours faciles pendant le calme, on fasse faire au vaisseau une révolution complète, et qu'à chaque rumb de vent qu'il parcourt, ou à chaque angle de 10 ou 12 degrés dont il tourne, on fasse une observation pareille à la précédente, alors on aura pour chacune de ces positions la valeur de la déviation locale produite par les corps magnétiques dont il est chargé. On pourrait ensuite, s'il était nécessaire, trouver, par des interpolations, les déviations correspondantes à chaque degré. Cette première opération terminée, l'observateur du rivage enlève sa boussole, et à sa place il substitue celle du vaisseau, en la posant au même point, sur une espèce de cage en bois, qui peut faire une révolution complète autour de la verticale du pivot de l'aiguille. Cette cage est représentée dans la *figure* 34. Sur l'un de ces côtés on voit, de distance en distance, des trous qui sont destinés à recevoir le *compensateur magnétique*; nous appellerons ainsi l'appareil qui doit corriger ou faire connaître la déviation produite par le fer du vaisseau.

Le *compensateur magnétique* se compose d'une tige T en cuivre rouge, d'un pouce et demi de diamètre, et de deux plaques de fer F F′ de 12 ou 13 pouces de diamètre (mesures anglaises), d'une épaisseur telle que le pied carré pèse 3 liv.; ces deux plaques sont séparées par une feuille de carton, et pressées l'une contre l'autre au centre par l'écrou extérieur de la tige de cuivre, et sur les bords par trois petits écrous en fer; voilà tout l'appareil : on le dispose comme il est représenté dans la *figure* 34. Alors la cage en bois emportant le compensateur dans son mouvement de rotation, l'aiguille de la boussole en est affectée diversement dans les différens azimuths, et, par des tâtonnemens, on arrive enfin à lui faire éprouver de la sorte toute la série des déviations qu'elle éprouvait sur le vaisseau. Cela fait, l'on marque soigneusement la position du centre de la plaque par rapport à l'aiguille de la boussole, et quand celle-ci a repris sa place sur le vaisseau, on ajuste le compensateur sur le pied qui la porte (*Fig.* 33), de manière qu'il ait à son égard exactement la même position.

Par ce moyen, la déviation semble doublée et non pas corrigée, puisque le compensateur produit un effet justement égal à celui que produit le fer du vaisseau et dans le même sens. Elle est doublée en effet, et c'est là ce qui donne le moyen de la trouver. D'abord on enlève le compensateur pour faire une première observation de déclinaison, et l'on trouve, par exemple, 36 degrés à l'ouest : ensuite on place le compensateur pour faire une seconde observation; l'on trouve, par exemple, 40 degrés à l'ouest. Ce second résultat étant plus fort que le premier, c'est une preuve que les actions locales augmentent la déclinaison.

La différence 40 — 36 = 4, fait voir que le compensateur, pour sa part, l'augmente de 4 degrés, donc le fer du vaisseau l'augmente d'autant; ainsi la vraie déclinaison est 36° — 4° = 32°. Au contraire, si l'observation faite avec le compensateur donnait un moindre résultat, ce serait une preuve que les actions locales diminuent la déclinaison, et la différence des deux observations devrait s'ajouter à la première pour avoir la déclinaison du lieu. Il faut donc dans tous les cas suivre cette règle générale : faire deux observations, l'une sans compensateur, l'autre avec le compensateur; retrancher la seconde de la première, et cette différence, *prise avec son signe*, étant ajoutée à la première observation, le résultat sera la déclinaison cherchée.

S'il se trouve, dans le vaisseau, des corps aimantés d'une manière permanente, il est évident que leur influence se trouve corrigée en même temps que celle qui résulte de l'action de la terre.

Cet ingénieux procédé n'est pas sans difficulté dans la pratique : 1° les changemens de température affectent diversement l'aiguille de la boussole, les plaques du compensateur et les diverses substances magnétiques du bâtiment; 2° toutes ces substances ont des forces coercitives plus ou moins persistantes, en vertu desquelles elles conservent dans chaque position une partie du magnétisme qu'elles avaient reçu dans des positions différentes; 3° il résulte des mêmes causes qu'en changeant de lieu le couple terrestre produit sur elles des effets qui ne peuvent être proportionnels. Il faut donc voir dans le compensateur de M. Barlow un appareil propre à atténuer les grandes déviations que la boussole éprouve à la mer, mais encore insuffisant dans sa forme actuelle pour les faire connaître avec exactitude.

309. *De l'influence du magnétisme sur la marche des chronomètres.* — Plusieurs marins, habiles observateurs, ont remarqué que leurs chronomètres n'avaient pas la même marche à bord et sur le rivage. Les différences s'é-

lèvent quelquefois de 5″ à 10″ par jour. On conçoit de quelle importance est ce phénomène, puisque toute l'exactitude des observations nautiques et géographiques que l'on peut faire à la mer est dépendante de l'exactitude avec laquelle on mesure le temps. Les chronomètres ayant dans leur construction plusieurs pièces d'acier, et surtout des pièces mobiles qui sont emportées par le balancier, il est naturel de supposer qu'ils sont par là soumis aux influences magnétiques. En effet, la proximité d'un aimant suffit pour altérer leur marche; de nombreuses expériences en ont donné la preuve, et l'on a reconnu aussi que des masses de fer doux, aimantées par la terre, produisent le même phénomène. Sur un vaisseau, c'est donc la même cause qui dévie la boussole et qui trouble la marche des chronomètres; aussi a-t-on essayé de la neutraliser dans les deux cas par le même moyen; mais, pour les chronomètres, ce qu'il y a jusqu'à présent de meilleur à faire, c'est de les tenir au même lieu, dans la même position, et le plus loin qu'il est possible de toute substance magnétique.

CHAPITRE III.

Des Lois et de la Théorie du Magnétisme.

310. *Divers moyens de comparer les forces magnétiques.* — Le premier moyen qui se présente pour estimer les forces relatives des aimans naturels ou artificiels consiste à les mettre en contact avec une même pièce de fer que l'on charge ensuite de poids graduellement croissans, jusqu'à l'instant où elle se détache, entraînée par le poids total, qui est alors la limite de ce que la force magnétique peut porter. Ce moyen ne peut donner qu'une grossière approximation : l'insuffisance en fut bientôt reconnue, et cependant il fut à peu près le seul dont on fit usage jusqu'en 1780. A cette époque, Coulomb, par ses belles découvertes, ouvrit de nouvelles routes dans la science, et il donna enfin des méthodes sûres pour mesurer, avec le dernier degré de précision, tous les effets des puissances magnétiques. Dans ce qui va suivre, nous aurons souvent recours aux Mémoires qu'il publia sur ce sujet (tom. 9 des Savans étrangers, Mémoires de l'Académie, 1784, 1785, 1789; et Mémoires de l'Institut, tom. 4 et 6).

Coulomb a employé avec avantage deux moyens différens pour mesurer la force des aimans, 1° les *oscillations* d'une aiguille suspendue à des fils de soie plate; 2° la *torsion* des fils de cuivre ou d'argent disposés dans un appareil qu'il nommait *balance de torsion*, et qu'on appelle aujourd'hui *balance de Coulomb*.

311. *Oscillations.* — Nous avons déjà dit (306) qu'un aimant qui oscille sous l'influence magnétique de la terre

peut être assimilé à un pendule composé; d'où il suit que, pour trouver la valeur absolue de la force qui le sollicite, il suffirait de connaître son moment d'inertie par rapport à l'axe de suspension, et la position exacte de ses pôles ou de ses centres magnétiques, et le nombre des oscillations qu'il fait dans un temps donné. Mais la force absolue, en vertu de laquelle un aimant accomplit ses oscillations, est un élément complexe dépendant à la fois de l'intensité du magnétisme qu'il possède, et de l'intensité du magnétisme que possède le corps qui agit sur lui; car l'une ou l'autre de ces intensités devenant double; par exemple, la force résultante serait double aussi, et elle deviendrait quadruple si les deux intensités étaient l'une et l'autre doublées. Faute de pouvoir déterminer une intensité magnétique d'une manière absolue, nous sommes réduits à comparer entre elles les résultantes totales qui impriment le mouvement. Alors le problème devient plus simple; les changemens d'intensité n'apportant pas de changemens sensibles dans la position des pôles, l'axe de rotation reste invariable ainsi que les momens d'inertie, et il est permis en conséquence de s'appuyer sur ce principe, *que les forces magnétiques qui sollicitent un aimant sont entre elles comme les carrés des nombres d'oscillations qu'il exécute dans un temps donné*. D'après cela nous pouvons comparer les forces magnétiques que possède un corps, soit qu'il puisse osciller lui-même, soit qu'il doive rester fixe dans des positions déterminées.

1°. Pour constater l'état magnétique d'une aiguille, on la suspend horizontalement dans une chape de papier ou de métal à un assemblage de fil sans torsion (1); et l'on

(1) Pour donner à ces fils beaucoup de force, on réunit parallèlement des fils de cocon, on y attache un poids, et pendant qu'ils sont également tendus, on les humecte à plusieurs reprises avec de l'eau gommée, en les pressant de haut en bas entre les doigts. Le poids reste jusqu'à ce qu'ils soient secs et bien agglutinés.

compte le nombre N des oscillations qu'elle exécute dans un temps donné, dans 10′, par exemple, sous l'influence de la force de la terre. Ensuite, si par des moyens quelconques, on a changé son intensité, *sans toutefois changer la position de ses pôles*, et que l'on veuille comparer ce second état au premier, il suffit de la suspendre de la même manière, et de compter de nouveau le nombre N′ des oscillations qu'elle fait dans le même temps de 10′; le rapport de ces deux intensités magnétiques M et M′ sera donné par la proportion

$$\frac{M}{M'} = \frac{N^2}{N'^2}.$$

Si, par exemple, on a pour le premier cas $N=71$, et pour le deuxième $N'=100$, on aura

$$\frac{M}{M'} = \frac{5041}{10000} = 0{,}5041,$$

c'est-à-dire que la seconde force est presque double de la première. Ce résultat suppose que l'action de la terre a été la même dans les deux cas; ce qui est sensiblement vrai quand on opère dans le même lieu et à des époques qui ne sont pas très-éloignées.

2°. Pour comparer les divers degrés de force d'un aimant qui ne peut être suspendu pour osciller lui-même, on le fait agir, dans ses différens états magnétiques, sur une petite aiguille d'épreuve ayant une grande force coercitive, de peur que son magnétisme ne soit décomposé par influence; mais d'abord on constate l'état de cette aiguille, soumise à l'action seule de la terre. Soit N le nombre des oscillations qu'elle fait dans un temps donné, par l'effet de la composante horizontale M, du magnétisme terrestre; soit N′ le nombre des oscillations qu'elle fait dans le même temps, sous l'influence de la terre et de l'aimant, M′ étant alors la somme des composantes horizontales qui agissent sur elle ; soit N'' le nombre des oscillations qu'elle fait, toujours dans le même temps, pour un autre état de l'aimant, M'' étant la somme des composantes horizontales correspondantes. Pour la première et la seconde expérience, on aura

$$\frac{M'}{M} = \frac{N'^2}{N^2};$$

pour la première et la troisième on aura

$$\frac{M''}{M} = \frac{N''^2}{N^2}.$$

Mais, en supposant que l'aimant dont on cherche la force soit placé, dans les deux cas, de manière que sa composante horizontale soit aussi dans le méridien magnétique, et conspirante avec celle de la terre, il est évident que sa force est dans le premier cas $M' - M$, et dans le second cas $M'' - M$; or, la première et la seconde équation donnent respectivement

$$\frac{M' - M}{M} = \frac{N'^2 - N^2}{N^2} \text{ et } \frac{M'' - M}{M} = \frac{N''^2 - N^2}{N^2};$$

d'où l'on tire

$$\frac{M' - M}{M'' - M} = \frac{N'^2 - N^2}{N''^2 - N^2}.$$

Tel est le rapport des deux composantes horizontales de l'aimant, dans les deux états ou dans les deux positions successives où il a été placé par rapport à l'aiguille.

Si, par exemple, l'aiguille d'épreuve fait 30 oscillations en 10′, quand la terre agit seule, qu'elle en fasse 40 quand un aimant agit sur elle dans son premier état et 50 quand il agit dans son second état, on aura

$$N = 30, \; N' = 40, \; N'' = 50;$$

et les deux composantes horizontales de cet aimant seront entre elles comme 700 est à 1600, ou comme 7 est à 16.

312. *Balance de torsion.* — Lorsqu'un fil de métal est tendu verticalement par un certain poids, il prend une position d'équilibre; et si l'on fait tourner le poids sur lui-même, d'une ou de plusieurs révolutions, ou seulement d'un angle de quelques degrés, le fil éprouve une torsion dans toute sa longueur, et fait un effort pour revenir sur lui-même et pour ramener le poids à sa position primitive. Coulomb a étudié le premier cette force de torsion, et nous allons énoncer les lois remarquables auxquelles il a été conduit; nous reviendrons sur ce sujet dans le Livre des Actions moléculaires.

1°. La force de torsion est proportionnelle à l'angle de torsion;

2°. Elle est, dans un même fil en raison inverse de sa longueur et indépendante de sa tension;

3°. Pour des fils de même substance et de différente épaiseur elle est proportionnelle à la quatrième puissance des diamètres.

Ces lois ont été vérifiées sur les cheveux, sur la soie et sur les fils d'argent, de fer et de laiton de différens diamètres.

La balance dans laquelle on mesure la force magnétique, par cette force de torsion, est représentée dans les *figures* 38, 35 et 36 : la *figure* 38 représente tout l'appareil mis en expérience, la *figure* 35 est une coupe horizontale correspondant à l'extrémité inférieure du fil, et la *figure* 36 représente le *micromètre* supérieur. Ce micromètre est composé de la manière suivante : ss' est une plaque circulaire qui termine le cylindre LL'; elle est percée en son centre d'une large ouverture o; MM' est un disque mobile s'appliquant exactement sur la plaque ss', tournant sur elle à fottement très-doux, et maintenu dans son mouvement de rotation par une petite douille qui s'élève du milieu de ss′; vers le centre *c* de MM′ est un trou triangulaire, dont l'un des angles aboutit exactement au centre; c'est dans cet angle que passe le fil *fl* : de là il vient s'attacher au treuil *t*, qui est supporté par deux pièces fixes *p* et *p′* sur lesquelles il peut tourner. La plaque ss′ est divisée sur tout son contour, et le disque MM′ porte un point de repère, qui parcourt ces divisions et qui indique par conséquent les divers degrés de torsion qu l'on donne au fil à son extrémité supérieure. Dans la *figure* 38, on voit la pince qui s'attache à l'extrémité inférieure du fil; elle porte une espèce d'étrier en cuivre mince dans lequel on met les aiguilles aimantées; et pour éviter des oscillations trop prolongées, on adapte à l'étrier un volant qui plonge dans un vase rempli d'eau. Sur le contour de la cage on colle une bande de papier portant des divisions de degrés en degrés, dont la grandeur est déterminée par le prolongement des rayon, tels que *cr*, *cr′*, etc. Le fil doit occuper le centre de ces divisions, et cette condition est remplie quand un rayon visuel quelconque tombe sur deux divisions diamétralement opposées, par exemple, sur 0 et 180, sur 90 et 270, etc.

La balance étant ajustée, on détermine la position d'équilibre du fil en plaçant dans l'étrier une aiguille non aimantée; après quoi l'on y place une aiguille aimantée, et l'on tourne le micromètre supérieur dans un sens ou dans l'autre, jusqu'à ce que le plan d'équilibre du fil coïncide avec la direction de cette aiguille; alors on est sûr qu'elle est dans le méridien magnétique, et que le fil est sans torsion. Supposons maintenant que l'on tourne le micromètre pour écarter l'aiguille de sa position, pour la porter par exemple en VA′ (*Fig.* 35), de manière qu'elle forme avec le méridien MM′ un angle AVA′ de 20°; soit 180° l'angle dont on le tourne; le fil à son extrémité inférieure n'ayant marché que de 20°, la torsion qui lui reste est 180° — 20° ou 160°; c'est cette force qui fait équilibre à la *force direc-*

trice de la terre, c'est-à-dire à la composante horizontale qui tend à ramener l'aiguille dans le méridien magnétique. Soit M l'intensité de la force horizontale terrestre F A'; elle peut se décomposer en deux, l'une P A' qui se détruit, ou du moins qui ne fait pas tourner l'aiguille; et l'autre T A' qui est tout entière efficace; la valeur de celle-ci est M *sin.* V en représentant par V la *déviation* A V A'. Au dessous de 15 à 20°, les angles peuvent sensiblement être pris pour les sinus, et dans ces limites la force directrice est donc exprimée par M V.

Dans l'exemple qui nous occupe V = 20°; ainsi 20° M est la force qui est balancée par une torsion de 160°: et puisque la force de torsion est proportionnelle à l'angle de torsion, il en résulte enfin que pour 1° de déviation la force directrice serait seulement de $\frac{160}{20} = 8$. En général, nous remenerons ainsi la force directrice à 1° de distance.

La même aiguille ayant reçu une autre quantité de magnétisme, il faudrait, par exemple, tourner le micromètre de 495° pour l'écarter de 15°; sa force directrice serait alors $\frac{495-15}{15} = \frac{480}{15} = 32$. Elle serait donc exactement quadruple de ce qu'elle était dans la première expérience.

Pour déterminer la force d'un aimant qui ne peut être lui-même horizontalement suspendu dans la balance, on le fait agir sur l'aiguille de l'expérience précédente, et pour plus de simplicité on le dispose de manière que son centre d'action tombe sensiblement en A (*Fig.* 35). Alors on tourne le micromètre pour obtenir une déviation moindre que 20°, et il est facile de voir comment les expériences s'achèvent, soit que l'aimant qu'on éprouve agisse par attraction ou par répulsion. Dans le premier cas la force directrice est la somme des actions de la terre et de l'aimant; dans le second cas, elle est leur différence.

313. *Les attractions et les répulsions magnétiques sont en raison inverse du carré de la distance.* — Cette loi fondamentale du magnétisme avait été soupçonnée par

quelques physiciens, mais c'est Coulomb qui en a le premier donné la démonstration rigoureuse par les deux méthodes dont nous venons de parler.

1°. *Par les oscillations.* Une petite aiguille d'épreuve, suspendue à un fin de cocons, est mise à l'abri des agitations de l'air; elle fait quinze oscillations en 1'; soit M la force horizontale de la terre qui la sollicite. On fait agir sur elle le pôle attractif d'un long fil d'acier, fortement aimanté et maintenu verticalement dans le plan du méridien magnétique.

Par des expériences préparatoires on reconnaît que, pour obtenir le plus grand effet possible, il faut que l'extrémité agissante du fil d'acier *dépasse* de 10 lignes environ le plan horizontal de l'aiguille : on supposera donc que le fil est ainsi disposé.

Dans une première expérience, l'aiguille étant à 4 pouces de distance du fil, elle fait 41 oscillations en 1'; soit M' la force qui agit sur elle.

Dans une deuxième expérience, l'aiguille étant à 8 pouces de distance, elle fait 24 oscillations en 1'; soit M'' la force qui agit sur elle. On a

$$\frac{M'}{M}=\frac{(41)^2}{(15)^2} \qquad \frac{M''}{M}=\frac{(24)^2}{(15)^2}.$$

La force horizontale du fil est M'—M dans la première expérience, et M''—M dans la seconde; et il résulte des deux équations précédentes :

$$\frac{M'-M}{M''-M}=\frac{(41)^2-(15)^2}{(24)^2-(15)^2}=\frac{1456}{351}=4,1.$$

Ainsi, dans la deuxième expérience, où la force est à une distance double, son intensité est à peu près quatre fois plus petite.

Pour de plus grandes distances on trouve la même loi, pourvu qu'on ait soin de corriger les résultats de l'influence du pôle répulsif du fil, qui devient alors sensible.

2°. *Par la torsion.* Il faut aussi, dans cette méthode, employer des fils très-longs, afin d'éviter l'influence des pôles qui ne sont pas en présence. Les fils de Coulomb avaient 24 pouces de longueur, sur 1 ligne $\frac{1}{2}$ de diamètre. Celui de ces fils qui était dans la balance avait une force directrice de 35° de torsion pour 1° de distance (312); un second fil pareil, et aussi très-fortement aimanté, fut placé verticalement dans la balance, son pôle répulsif en bas, et son extrémité inférieure tombant à un pouce environ au dessous du niveau de l'autre; de telle sorte que, si le premier n'eût pas été repoussé, leur point de *recoupement* ou de croisement se serait trouvé à un pouce des extrémités de chacun. Mais le fil suspendu fut chassé vivement, et il ne s'arrêta qu'à 24° du méridien magnétique; c'est ce que nous appelons sa première position. Pour lui en donner une deuxième, le micromètre supérieur fut tourné de trois circonférences ou 1080° et le fil se rapprocha à 17° du méridien. Enfin, pour lui en donner une troisième, le micromètre fut encore tourné de cinq circonférences, ce qui fait en tout huit circonférences ou 2880°, et cette fois il se rapprocha à 12° du méridien.

Dans la première position, l'aiguille suspendue était rappelée dans le méridien par la force terrestre et par la torsion de 24° du fil. Or, la force terrestre étant, comme nous avons dit, de 35° de torsion pour 1° d'écart; pour 24° elle était de 840° qui donnent, ajoutés à 24, une force totale de 864°.

Dans la deuxième position elle était rappelée par la force terrestre agissant à 17°, et équivalant par conséquent à 35 $\times 17 = 595$ degrés de torsion, et par la torsion du fil qui était de $1080 + 17 = 1097$; ce qui fait 1692.

Dans la troisième position, par la force terrestre agissant à 12°, et équivalant à 35 × 12 = 420, et par la torsion qui était de 2880 + 12 = 2892, ce qui fait 3312.

Ainsi, les distances étant 24, 17 et 12, les forces répulsives correspondantes sont 864, 1097 et 1692, ce qui donne à très-peu près la raison inverse du carré des distances.

Il est facile de voir comment la même méthode conduirait à déterminer la loi des attractions.

Ces forces, sur lesquelles nous venons d'opérer, sont, il est vrai, des résultantes de toutes les actions partielles du magétisme des aimans et du magnétisme de la terre; mais comme des attractions planétaires qui s'exercent sur des masses prodigieuses on a pu déduire les actions de toutes les molécules de la matière pondérable, de même, pour les fluides magnétiques, nous pouvons conclure que la loi des résultantes que nous observons est véritablement la loi élémentaire suivant laquelle toutes les parcelles de substance magnétique se sollicitent l'une l'autre. Ainsi, nous sommes conduits à cette vérité qui doit être le fondement de toute théorie, savoir, que les molécules du même fluide se repoussent, et que les molécules de fluide contraire s'attirent en raison inverse du carré de la distance.

314. *Distribution du magnétisme dans les aimans de différentes formes, et détermination des pôles.* — Les deux méthodes qui viennent de nous conduire à la découverte des lois attractives et répulsives du magnétisme, peuvent nous servir encore à la détermination des intensités magnétiques en chaque point d'une aiguille aimantée.

Une petite aiguille d'épreuve de 6 lignes de longueur, suspendue à un fil de cocon, fait N oscillations en 1′, sous l'influence de la force M, composante horizontale de la terre. On lui présente, à la distance de quelques lignes, un fil aimanté vertical A B (*Fig.* 37), qui ne la détourne point du méridien, mais qui la fait osciller plus vivement; elle exécute alors N′ oscillations en 1′: soit M′ la force qui la sollicite. A une petite distance, la section *s*′ qui se trouve vis-à-vis l'aiguille et les sections voisines, telles que a et b, agissent avec toute leur énergie, tandis que les autres agissent avec une obliquité toujours croissante, et par conséquent avec une force toujours moindre. Nous pouvons donc considérer la force actuellement agissante de l'aimant comme appartenant à la section s'. De même, si nous présentons l'aiguille à la même distance, vis-à-vis la section s'', nous aurons N'' oscillations en $1'$; M'' étant la force qui produit cet effet, nous aurons

$$\frac{M' - M}{M'' - M} = \frac{N'^2 - N^2}{N''^2 - N^2}.$$

Les forces $M' - M$ et $M'' - M$ sont les intensités magnétiques de l'aimant, pour les points qui sont en présence de l'aiguille, et nous pouvons de la sorte comparer les intensités des différentes tranches dans toute la longueur des fils ou des barreaux aimantés. Seulement, quand on arrive vis-à-vis l'extrémité A, il faut doubler l'effet obtenu, puisqu'on aurait visiblement un effet double, si l'aimant se continuait encore et donnait au dessous de A des tranches aussi efficaces que celles qui sont au dessus. On peut exprimer géométriquement ces résultats en élevant sur les diverses tranches des perpendiculaires qui représentent les intensités observées. Les extrémités de ces perpendiculaires formeront une courbe que l'on appelle la courbe des intensités, et qui indique à l'œil toute la distribution des fluides magnétiques. La *Fig.* 43 représente la courbe trouvé par Coulomb, pour un fil d'acier de la longueur A B. Au milieu l'intensité est nulle, et de là elle va croissant jusqu'à l'extrémité. Pour les fils ou pour les lames de longueur différente, cette courbe est exactement la même, pourvu que la longueur surpasse 6 ou 8 pouces; elle ne fait alors que se transporter vers les extrémités, laissant vers le milieu un espace plus ou moins grand où l'intensité est sensiblement nulle. Il résulte de là cette propriété remarquable : qu'au dessus de 6 ou 8 pouces de longueur, tous les aimans de même forme ont leurs pôles à la même distance des extrémités; car les pôles n'étant que les points d'application des résultantes totales, ces points sont placés de la même manière, dès que les intensités ou les composantes partielles suivent la même loi.

De plus, Coulomb a fait voir, par le calcul, que les pôles se trouvent à dix-huit lignes des extrémités; et en même temps il a donné, pour les aimans très-courts, cette autre loi: que leurs pôles sont à peu près au tiers de la demi-longueur, ou au sixième de la longueur totale, en partant des extrémités. Ce dernier résultat est une sorte de limite dont les pôles s'approchent de plus en plus à mesure que la longueur diminue. Ainsi, pour une aiguille de trois pouces, par exemple, les pôles seront à une distance un peu plus grande que six lignes, c'est-à-dire à 7 ou 8 lignes.

Ces résultats supposent que les aimans ont des dimensions transversales très-petites par rapport à leur longueur, qu'ils sont d'une forme régulière dans toute leur étendue, et aussi qu'ils sont régulièrement aimantés. Quand ces conditions ne sont pas remplies, on ne peut plus connaître les pôles théoriquement; il faut alors les chercher directement avec la petite aiguille d'épreuve. Dans les losanges, les pôles se rapprochent du centre; dans les aiguilles en flèche qu'on a coutume d'employer, il est difficile d'avoir une aimantation régulière et des pôles constans; dans les plaques larges ou épaisses par rapport à leur longueur, il y a généralement des pôles multiples ou des points conséquens; enfin, dans les anneaux d'acier très-homogènes, on peut obtenir des pôles ou diamétralement ou irrégulièrement opposés; mais l'aimantation régulière ne laisse apercevoir au dehors aucune trace de magnétisme; cette propriété est une conséquence de la théorie dont nous allons essayer de donner une idée.

315. *Théorie du magnétisme.* — Les anciens ne connaissaient de l'aimant que son attraction pour le fer, et

c'est sur ce seul fait que pouvaient rouler leurs explications; or, dans tous les siècles, quand on a voulu à toute force expliquer un fait unique en son espèce, on n'a pu faire autre chose que d'exprimer le fait lui-même, par des mots vagues et métaphoriques, ou d'exprimer quelque liaison qu'on lui suppose avec un autre fait plus général. Thalès et Anaxagore disaient donc que l'aimant est doué d'une âme capable d'attirer et de mouvoir le fer; Cornélius Gemma (1535), qu'il y avait entre le fer et l'aimant des fils rayonnans invisibles; d'autres qu'il y avait une sympathie; d'autres une similitude; d'autres une différence de parties: toutes explications qui n'expriment que le fait. Epicure supposait que les atomes de fer conviennent à ceux de l'aimant, et qu'ils s'accrochent; Plutarque imaginait qu'il y avait autour de l'aimant une émanation capable de faire le vide; d'autres aimaient mieux supposer des vapeurs: Cardan prétendait que le fer est attiré parce qu'il est froid, et Costeo de Lodi, médecin, regardait le fer comme la nourriture de l'aimant: en comparant ainsi les phénomènes magnétiques à quelque autre phénomène naturel, on pouvait multiplier les hypothèses, et l'on n'a pas manqué de les multiplier à l'infini. Gilbert fut assez hardi pour condamner toutes ces explications et autres pareilles; en même temps il fut assez bon philosophe pour n'en proposer aucune à leur place. Descartes vint ensuite avec ses tourbillons et sa matière cannelée; comme il expliquait tout, il expliqua le magnétisme; son système fut adopté, et pendant plus d'un siècle il fut couronné dans les ouvrages de ses disciples. Descartes suppose qu'un tourbillon de matière subtile passe rapidement sur la terre, allant de l'équateur vers chacun des pôles; la matière ne l'arrête pas parce qu'elle est poreuse, mais les substances magnétiques ayant des molécules rameuses fort mêlées et tissues ensemble, opposent au tourbillon une résistance plus grande que tous les autres corps; voilà pourquoi elles sont dirigées. Cependant le tourbillon passe plus facilement dans un sens que dans l'autre, car il y a toujours une des extrémités qui se tourne de préférence vers le nord; donc, ajoute Descartes, les pores du fer sont hérissés de poils qui cèdent et se courbent, quand le tourbillon entre par un côté, mais qui se hérissent quand il veut entrer par le côté opposé. Au lieu de poils on peut concevoir des valvules ou un autre empêchement quelconque. Telles sont les idées fondamentales du système par lequel on a expliqué les phénomènes magnétiques jusqu'au temps d'Æpinus. Nous ne savons aujourd'hui ce qui doit le plus nous étonner, ou que la puissante intelligence de Descartes ait inventé de telles explications, et s'y soit arrêtée, ou que cent ans après ce philosophe, les hommes les plus éminens de leur siècle, comme Euler et Daniel Bernouilli, n'aient pu que reproduire ce système, en le fortifiant de leur autorité et de leur approbation.

Æpinus essaya enfin de soumettre au calcul tous les phénomènes magnétiques, et de montrer qu'ils peuvent se déduire des simples lois de l'attraction et de la répulsion; c'était revenir à la vraie méthode expérimentale, et soulever cette espèce de voile dont l'esprit de système enveloppe la réalité des choses. On rapporte qu'après avoir lu l'ouvrage d'Æpinus, plusieurs partisans de Descartes ne concevaient plus comment leur intelligence avait pu se prêter à l'invention des molécules rameuses et de la matière cannelée; tant il est vrai que notre conviction peut souvent résulter des combinaisons d'idées les plus extravagantes, et qu'il suffit d'un trait de lumière pour en montrer toute la fausseté.

Æpinus n'avait admis qu'un seul fluide magnétique: après lui, et tout en conservant ses principes, on supposa qu'il y avait deux fluides différens; que leur combinaison faisait l'état naturel, et leur séparation l'état magnétique. Mais l'on supposait aussi que ces fluides, une fois séparés, pouvaient librement traverser les corps et se répandre dans leur masse.

Enfin Coulomb posa les vrais principes de la théorie que nous admettons aujourd'hui; il conserva les deux fluides, mais il fit voir que ces fluides ne peuvent éprouver dans les corps qu'un déplacement insensible : c'est ce qui résulte en effet des expériences que nous avons rapportées. Ainsi, nous supposons 1° que le *volume apparent* d'une substance magnétique se trouve composé d'une multitude de petits espaces, dans lesquels il y a du magnétisme, et d'une multitude d'autres petits espaces où le magnétisme n'existe pas; 2° que les deux fluides contenus dans chaque petit espace magnétique peuvent être séparés quand la force qui les sollicite est capable de vaincre la force coercitive; qu'ils peuvent s'arranger suivant les lois voulues par l'équilibre, mais qu'ils ne peuvent jamais sortir de la petite étendue dans laquelle ils ont été primitivement enfermés; tout ce qui les environne leur est imperméable.

Les petits espaces où il se trouve du magnétisme s'appellent les *élémens magnétiques ;* les petits espaces où il ne s'en trouve pas s'appellent les *élémens non magnétiques*. Nous ne savons pas si les élémens magnétiques sont les intervalles qui séparent les atomes ou s'ils sont les atomes eux-mêmes; et nous ne savons pas non plus s'ils sont des intervalles d'une agrégation d'atomes, ou d'une molécule secondaire, ou s'ils sont les agrégations ou les molécules elles-mêmes. La somme des élémens magnétiques et celle des élémens non magnétiques forment le volume apparent d'un corps; le rapport de ces deux sommes peut changer avec la température et avec la nature des substances, et ces changemens ont une grande influence sur la distribution et sur l'intensité du magnétisme.

M. Poisson a dernièrement soumis à un calcul rigoureux ces principes de la théorie de Coulomb; les équations générales auxquelles il est parvenu ne peuvent pas encore se résoudre dans tous les cas ; mais les conditions particulières sous lesquelles les intégrations sont possibles permettent déjà de nombreuses comparaisons entre les résultats de la théorie et ceux de l'expérience. L'accord est si remarquable que l'on peut dire, sans trop présumer de la savante analyse de M. Poisson, qu'elle reproduit l'ensemble des phénomènes du magnétisme, et qu'ainsi elle donne aux hypothèses de Coulomb une rigueur et une précision satisfaisante.

CHAPITRE IV.

Des procédés d'Aimantation, et des causes qui modifient la force coercitive.

316. *Procédé de Duhamel ou de la touche séparée.* — Ce procédé consiste à disposer bout à bout, sur une même ligne et à une certaine distance (*Fig.* 48), deux puissans faisceaux, F et F′, dont les pôles opposés se regardent. (On n'a représenté que leurs extrémités; ils sont semblables à celui de la *figure* 40); sur ces faisceaux, qui restent *fixes* pendant l'expérience, on place l'aiguille à aimanter de telle sorte qu'elle empiète au plus de 15 à 18 lignes sur chaque extrémité, ou seulement de 7 à 8 lignes, si elle n'a que 3 ou 4 pouces de longueur. Alors on prend les deux barreaux glissans, G et G′, l'un dans la main droite, l'autre dans la main gauche, on les pose au milieu de l'aiguille, on les incline sur elle de 25 ou 30°, et en les séparant on les fait glisser sous cette inclinaison, d'un mouvement lent et uniforme, pour qu'ils arrivent en même temps à chacune de ses extrémités; là, on les *relève*, on les rapporte au milieu, et l'on répète la même opération jusqu'à ce que l'aiguille ait reçu le nombre des frictions nécessaires. Quand l'aiguille est trop mince ou trop fragile pour supporter le poids des barreaux glissans, on la soutient par une pièce de bois L, sur laquelle on peut même la fixer pour qu'elle n'éprouve aucun déplacement pendant l'opération. Il est évident que chacun des barreaux G et G′ doit toucher l'aiguille par le même pôle que le barreau fixe vers lequel il marche. Ce procédé est le plus avantageux pour aimanter de la manière la plus complète et la plus régulière, les ai-

guilles de boussole et les lames dont l'épaisseur ne dépasse passe 4 ou 5 millimètres.

317. *Procédé d'Æpinus* ou *de la double touche.* — Quand les lames ont une épaisseur plus grande que 4 ou 5 millimètres, la méthode dont nous venons de parler est insuffisante pour les aimanter à saturation, et il est nécessaire alors de recourir au procédé d'Æpinus, qui ne diffère du premier que par la disposition et le mouvement des barreaux glissans. Ces barreaux sont encore l'un et l'autre posés au milieu de la lame, chacun la touchant par le pôle de même nom que celui de l'aimant fixe, dont il est le plus voisin (*Fig.* 47); mais cette fois leur inclinaison sur elle est seulement de 15 ou 20°, et on les promène *ensemble*, du milieu vers l'une des extrémités, puis de cette extrémité vers l'autre, en parcourant toute la longueur de la lame; puis on revient au milieu, où l'on enlève les barreaux glissans. Si l'on veut donner un plus grand nombre de frictions, il suffit de répéter plusieurs fois le mouvement de *va et vient*, d'un bout de la lame à l'autre, avec la double condition de finir toujours au milieu, et d'y arriver en revenant de l'extrémité de droite, si on a commencé les frictions en allant vers la gauche ou réciproquement; c'est le seul moyen de passer le même nombre de fois sur chaque moitié. Pour rendre cette manœuvre plus commode, on peut fixer les aimans glissans dans une espèce de triangle en bois ou en cuivre; mais, dans tous les cas, il faut avoir soin de laisser entre leurs extrémités inférieures une distance de 5 ou 6 millimètres, qui se conserve toujours la même, au moyen d'une petite lame L, de bois, de cuivre ou de plomb.

Ce procédé fut imaginé par Æpinus, dont il conserve le nom, et on l'appelle aussi *procédé de la double touche*, parce que les barreaux glissans *touchent à la fois* la même moitié de la lame qu'on aimante; tandis que dans le procédé de Duhamel ils *touchent séparément* chacune de ses moitiés.

La double touche est préférable à *la touche séparée*, lorsqu'il s'agit d'aimanter des barreaux épais, parce qu'elle y développe une plus grande quantité de magnétisme; mais elle ne doit jamais être employée lorsqu'il s'agit des aiguilles de boussole ou des lames destinées à des recherches de précision, parce qu'elle présente deux inconvéniens qu'il faut alors soigneusement éviter : premièrement, elle donne *toujours* des pôles d'une force inégale; secondement, elle donne souvent des points conséquens, surtout quand les lames ont une grande longueur. Ces deux inconvéniens sont rendus sensibles par des expériences analogues à celles des figures 5 et 15 : dans le premier cas, on voit que la ligne moyenne n'est pas au milieu, et il paraît qu'en général elle se trouve plus près de l'extrémité qui a été touchée la dernière; dans le second cas on aperçoit de petits centres d'attraction, qui font perdre aux courbes de limaille la régularité qu'elles prennent par l'influence des deux pôles.

318. *Du point de saturation.* — La quantité de magnétisme que *prend* un corps, va toujours croissant avec la force des barreaux qui servent à l'aimanter; mais la quantité de magnétisme qu'il *conserve* est susceptible d'une certaine *limite*, que l'on appelle *le point de saturation*. Par exemple, une aiguille qui fait seulement 100 oscillations en 100″ lorsqu'on l'aimante avec de faibles barreaux, peut faire ces 100 oscillations en 90″, en 80″, en 70″, etc., lorsqu'on l'aimante par l'une ou l'autre des méthodes précédentes, avec des barreaux fixes ou glissans d'une force graduellement croissante. Mais ensuite, abandonnée à elle-même après chacune de ces opérations, elle présente les phénomènes suivans : au dessous d'une certaine intensité magnétique, par exemple, de celle qui répond à 100 oscillations ou en 40″, elle conserve tout le magnétisme qu'elle a reçu; c'est-à-dire qu'après des mois ou des années, elle mettra à faire 100 oscillations le même temps qu'elle mettait immédiatement après l'aimantation; mais les intensités

plus grandes, celles qui lui font faire 100 oscillations en 30″ ou en 20″, décroîtront plus ou moins rapidement avec le temps; l'aiguille retombera enfin au point de faire ses 100 oscillations en 40″, et cette limite d'intensité sera son point de saturation. Il est évident, d'après cela, que le point de saturation d'une lame ou d'une aiguille ne dépend que de sa force coercitive, et nullement de la force des aimans qui ont servi à développer son magnétisme.

On prétend en général, que les corps *sursaturés* de magnétisme, retombent *immédiatement* au point de saturation; mais dans le cours de mes recherches magnétiques, j'ai pu observer des corps très-variés dans leur nature, dans leurs dimensions et dans les degrés de leur force coercitive, et j'ai toujours éprouvé que le point de saturation n'est pas une limite aussi fixe qu'on le suppose : premièrement, il y a toujours après l'aimantation *une réaction des fluides*, qui change leur arrangement, et qui augmente quelquefois l'intensité magnétique; secondement, les aiguilles sursaturées perdent très-lentement l'excès de leurs fluides, et il n'est pas rare, après plusieurs mois, de les voir encore éprouver quelques légères variations. Il est inutile d'ajouter qu'il faut dans ces observations tenir compte des changemens de température, et des autres causes accidentelles qui pourraient avoir de l'influence sur les intensités magnétiques.

Pour reconnaître qu'une aiguille est aimantée à saturation, il n'y a d'autres moyens que de la *réaimanter dans le même sens*, avec des barreaux plus puissans que ceux qui l'ont aimantée la première fois. Si elle prend alors une intensité beaucoup plus grande, ce dont on s'assure par l'une des méthodes que nous avons indiquées (311 et 312), il est certain qu'elle n'était pas saturée, et si elle ne prend qu'une faible augmentation d'intensité, quelle perd ensuite avec le temps, ce sera une preuve qu'elle était portée au point de saturation.

Il ne faudrait pas croire que l'on peut augmenter indéfiniment l'intensité magnétique d'une aiguille, en lui donnant un grand nombre de frictions avec de faibles barreaux : passé un certain terme, les nouvelles frictions n'ajoutent rien, et ce terme arrive quand la résistance de la force coercitive est égale à la puissance décomposante des barreaux.

Il ne faudrait pas croire non plus qu'une aiguille, aimantée par de puissans barreaux, pût, sans inconvénient, être réaimantée ensuite par des barreaux glissans, d'une moindre intensité; car ceux-ci, même quand ils agissent dans le même sens que les premiers, lui font perdre peu à peu de son magnétisme, et le ramènent enfin au degré d'intensité qu'ils auraient pu lui donner. Cet effet remarquable est une nouvelle preuve que les barreaux glissans ne magnétisent qu'en déterminant, dans chaque molécule, des décompositions et des recompositions successives des deux fluides.

319. *De l'influence de la trempe sur la force coercitive.* —Le plus sûr moyen de tremper l'acier à divers degrés comparables entre eux, est de lui donner d'abord la *trempe la plus dure*, et ensuite de le *recuire* graduellement, jusqu'à un point déterminé; en sorte que *les divers degrés de trempe* ne sont véritablement que *les divers degrés de recuit.*

Pour donner à un barreau d'acier la trempe la plus dure, on le chauffe jusqu'au rouge *cerise clair*, ou jusqu'au rouge *blanc*, et on le jette rapidement dans une grande masse d'eau froide. Le prompt refroidissement fait la trempe; ainsi, pour qu'il reçoive une trempe égale, et pour qu'il ne se *tourmente* pas, il importe que le froid l'enveloppe et le saisisse instantanément dans toutes ses parties. On peut tremper l'acier dans l'huile, dans le suif, dans le mercure, dans la glace, dans des dissolutions de différentes substances, ou même dans les mélanges réfrigérans; ces divers modes de refroidissement paraissent avoir de l'influence sur les propriétés mécaniques des ressorts, des tranchans ou des pointes, mais ils ne paraissent pas modifier sensiblement les propriétés magnétiques de l'acier.

Pour *recuire* l'acier trempé, on le chauffe uniformément sur un lit de charbon pulvérisé, ou simplement concassé en fragmens plus ou moins gros, suivant le recuit que l'on veut obtenir. La grande difficulté est de mesurer alors les divers degrés de chaleur; mais l'acier jouit d'une propriété remarquable, qui permet d'évaluer avec assez d'approximation la température qu'il éprouve. Lorsqu'on le chauffe de la sorte, sa surface prend de vives couleurs qui se succèdent assez lentement, à mesure que la chaleur augmente : d'abord, au brillant éclat du métal succède une nuance de jaune clair ou *jaune paille*; à une température un peu plus haute cette nuance tourne à l'*orangé*, puis à l'*orangé foncé*, ensuite au *rouge violet*, puis au *bleu vif*, puis à une couleur verdâtre, très-éclatante, que l'on appelle *couleur d'eau*. Ces nuances, parfaitement distinctes, correspondent à des températures qui ne sont pas évaluées en degrés centigrades, mais qui sont telles, sans doute, qu'il existe plus de deux ou trois cents degrés de différence entre le jaune paille et la couleur d'eau. La première de ces nuances paraît répondre à peu près à 200°, et la seconde à environ 450° : ensuite, on peut pousser le recuit jusqu'au *rouge sombre*, au *rouge*, au *rouge cerise*, au *rouge cerise clair*, et au *rouge blanc* qui fait disparaître toute espèce de trempe, quand au sortir de cette température l'acier se refroidit librement dans l'air.

Pour déterminer maintenant l'influence de la trempe, on prend une lame d'acier, on la trempe au rouge blanc, on l'aimante à saturation, et l'on observe ensuite le temps qu'elle met à faire 100 oscillations; puis on la recuit successivement jusqu'au jaune paille, à l'orangé foncé, au bleu et à la couleur d'eau, etc., en la retirant après chaque degré de recuit, pour l'aimanter à saturation, et lui faire faire 100 oscillations dont on observe la durée. Il est évident que les diverses intensités magnétiques de cette lame seront entre elles en raison inverse des carrés des temps observés. C'est ainsi que l'on arrive à constater par l'expérience, 1° que les lames qui ont reçu la trempe la plus dure sont douées de la plus grande force coercitive, et prennent par conséquent la plus grande intensité magnétique, lorsqu'on les aimante avec des barreaux assez puissans. 2° Que les lames recuites au bleu des ressorts, ou même à la couleur d'eau, conservent assez de force coercitive pour prendre une grande intensité magnétique. Or, l'acier trempé dur étant cassant comme du verre, il y a toujours de l'avantage à recuire les aiguilles jusqu'au bleu, puisqu'on ne perd que peu de chose en intensité magnétique, et que l'on évite ainsi tous les accidens qui pourraient provenir d'une rupture, ou de quelques changemens de forme.

Il faut cependant remarquer que l'acier ne se comporte pas toujours comme nous venons de le dire; quelquefois il prend inévitablement des points conséquens lorsqu'il est trempé dur, d'autres fois il ne prend le maximum d'intensité magnétique qu'après avoir été recuit jusqu'au rouge sombre, ou même jusqu'au rouge.

320. *Influence de la chaleur sur le magnétisme.* — Nous avons déjà dit qu'un aimant artificiel ou naturel, chauffé jusqu'au rouge blanc, perd complètement son magnétisme, de telle sorte qu'il n'est plus, après le refroidissement, qu'un corps interne, sans force directrice et sans force magnétique; cette observation est fort ancienne, elle avait été faite par Gilbert. Mais en perdant ainsi leurs fluides libres, ces corps ne perdent pas la propriété de redevenir magnétiques, lorsqu'on les aimante de nouveau par les procédés que nous avons fait connaître; seulement leur force coercitive est changée : celle des aimans naturels est diminuée sans qu'on puisse la reproduire, et celle des aimans artifi-

ciels est détruite jusqu'à ce qu'elle ait été rétablie par une nouvelle trempe. Cette recomposition du magnétisme, par l'influence de la chaleur, ne se fait pas subitement à la température rouge : elle se fait graduellement à mesure que la température s'élève. Pour s'en assurer on prend un barreau aimanté, dont on observe la force, en comptant la durée d'un certain nombre d'oscillations; puis on le porte succesivement à divers degrés de chaleur, et à chaque fois on le laisse refroidir, pour observer de nouveau son intensité magnétique; toutes ces intensités forment une série décroissante, depuis le point de départ jusqu'à la plus haute température à laquelle on arrive. M. Kupffer, qui a fait des observations très-exactes sur ce sujet, explique d'une manière satisfaisante tous les résultats qu'il a obtenus, en supposant que chaque degré d'élévation de température augmente de la même quantité la durée d'un même nombre d'oscillations. Par exemple, de 0 à 30° R., chaque degré de température augmente d'une demi-seconde la durée de 300 oscillations d'une aiguille qui fait, à 10°, 300 oscillations en 784",5. Mais les expériences ne comprennent pas encore, jusqu'à présent, une assez grande étendue de l'échelle thermométrique, pour qu'on puisse appliquer cette loi avec une entière confiance.

M. Kupffer a aussi remarqué qu'il faut un temps très-long, pour qu'une température donnée achève sur un barreau toute la recomposition qu'elle est capable de produire. Par exemple, une aiguille qui a été plongée à plusieurs reprises dans l'eau bouillante, où elle restait 10' à chaque fois, n'a perdu qu'à la sixième immersion tout le magnétisme qu'elle pouvait perdre. D'abord elle ne mettait que 578" à faire 200 oscillations; après la 1re immersion elle mettait 637",5; après la 2e, 642; après la 3e, 645; après la 4e, 647; après la 5e, 650,5; après la 6e, 652, et aussi 652 après la 7e.

Voici un autre effet de la chaleur, auquel on n'a pas fait

assez d'attention : à la température du rouge cerise, les aimans, l'acier et le fer perdent non-seulement le magnétisme libre qu'ils peuvent posséder, mais de plus ils deviennent incapables d'en recevoir la moindre trace; pendant tout le temps qu'ils sont soumis à cette température, ils paraissent comme du bois ou de la pierre, tout-à-fait insensibles à l'action décomposante des plus forts barreaux. Ainsi les aimans, l'acier et le fer ont une *limite magnétique*, et cette limite se trouve à peu près vers la température du rouge cerise.

Quelques analogies assez remarquables entre les distances des atomes des corps et leurs propriétés magnétiques, m'avaient conduit à penser que la limite magnétique des différens corps devait se trouver à des températures très-différentes, et j'ai, en effet, démontré par l'expérience : 1° que le cobalt ne cesse jamais d'être magnétique, ou plutôt que sa limite magnétique est à une température plus haute que le rouge blanc le plus éclatant; 2° que le chrôme a sa limite magnétique au peu au dessous de la température rouge sombre; 3° que le nickel a sa limite magnétique vers 350°, à peu près à la température de la fusion du zinc; 4° enfin, que le manganèse a sa limite magnétique à la température de 20 à 25° au dessous de 0°.

Les expériences sur les cinq corps simples magnétiques, le manganèse, le nickel, le chrôme, le fer et le cobalt, semblent prouver 1° que la chaleur n'agit sur le magnétisme que par la distance plus ou moins grande qu'elle détermine entre les atomes des corps; 2° que toutes les substances deviendraient magnétiques si l'on pouvait, par une action quelconque, rapprocher leurs atomes à une distance convenable.

Voilà à peu près tout ce que nous connaissons jusqu'à présent des influences de la chaleur sur les fluides magnétiques; il faut espérer qu'un si beau et si vaste sujet de recherches ne sera pas long-temps négligé, et que bientôt on en pourra faire sortir quelque découverte fondamentale.

321. *Des causes qui peuvent aimanter les substances magnétiques.* — Nous venons de voir que la chaleur est une cause très-efficace pour déterminer la recomposition du magnétisme libre, mais elle est tout-à-fait impuissante pour déterminer la séparation des fluides; du moins il a été impossible jusqu'à ce jour d'obtenir par la chaleur la moindre trace d'aimantation, même dans les corps où l'équilibre magnétique est le plus facile à rompre. Ainsi, le magnétisme et la chaleur sont des agens naturels qui paraissent n'avoir aucune prise directe l'un sur l'autre.

La lumière ne paraît pas plus efficace que la chaleur pour déterminer une séparation des fluides magnétiques. Il est vrai que quelques observateurs, et particulièrement M. Morichini, ont cru reconnaître un pouvoir magnétisant dans les rayons solaires; mais j'ai apporté beaucoup de soins à répéter ces expériences sans découvrir aucune action sensible; MM. Reiss et Moser n'ont pas été plus heureux. (*Ann. de chim. et de phys.*, T. XLII, pag. 304.)

Il n'en est pas de même de l'électricité; elle agit sur le magnétisme avec une puissance remarquable. C'est la découverte de cette action qui a fait naître l'*électro-magnétisme*, branche nouvelle de la science que nous devons étudier dans l'un des livres suivans, et qui a reçu en peu d'années d'immenses développemens.

322. *Des aimans artificiels et naturels.* — Nous avons déjà dit qu'on appelle en général aimans naturels, les substances qui sont aimantées au sortir du sein de la terre, et aimans artificiels toutes les substances dans lesquelles nous parvenons, par nos procédés, à fixer du magnétisme. Un aimant naturel, chauffé au rouge, et réaimanté après cette opération, serait un véritable aimant artificiel. En donnant les procédés d'aimantation (316 et 317) et les moyens de changer et d'augmenter la force coercitive, nous avons donc donné les méthodes d'après lesquelles les aimans doi-

vent être composés; nous n'avons plus à présent qu'à faire connaître comment on peut les conserver, et comment on peut les assembler pour augmenter leur puissance.

Les aiguilles, les lames et les barreaux de toute espèce sont des aimans d'une seule pièce, qui, étant une fois aimantés à saturation, conservent très-bien leur magnétisme; cependant les lames et les barreaux pouvant être disposés de différentes manières à l'égard de la force terrestre, cette force peut, dans des circonstances favorables, déterminer une recomposition partielle des fluides. Par exemple, dans nos climats, un barreau qui serait tenu verticalement, son pôle boréal en bas, éprouverait une diminution magnétique; et si dans cette position il recevait quelques chocs ou quelques coups de marteau, il pourrait en peu de temps être réduit à une force très-faible, ou même prendre des pôles contraires. C'est pour empêcher ces recompositions que l'on emploie *les armatures.* On appelle en général *armures* ou *armatures* des pièces de fer doux, qui sont mises en contact avec les aimans pour maintenir leur activité, par la décomposition magnétique qu'elles éprouvent. Pour armer des barreaux, on les dispose parallèlement dans leurs boîtes, de manière que les pôles contraires se correspondent, et aux deux extrémités on ajoute transversalement deux prismes quadrangulaires de fer doux, qui complètent le parallélogramme. Chacune de ces pièces de fer devient ainsi un aimant qui réagit sur les barreaux pour y fixer les fluides décomposés.

Les aiguilles qui sont en activité ne peuvent point recevoir d'armature; mais elles n'en ont pas besoin puisqu'elles se tournent sans cesse pour obéir à la force qui les sollicite; c'est cette force elle-même qui leur sert d'armature.

Les *faisceaux magnétiques* sont des assemblages de plusieurs lames, dont les armatures exigent beaucoup plus de soin. La *figure* 40 représente un faisceau construit d'après les méthodes de Coulomb : il se compose de 15 lames rectangulaires, disposées en 3 couches de chacune 5 lames. Les lames de la couche supérieure et celles de la couche inférieure sont plus courtes de 2 pouces et demi ou 3 pouces, que celles de la couche moyenne; ce qui donne à chaque extrémité un retrait de 15 ou 18 lignes. Toutes ces lames, qui sont du reste pareilles dans leurs dimensions, s'ajustent dans les pièces de fer *f*, qui servent d'armature; un lien en cuivre *cc'*, les retient à chaque bout et les presse de manière que le système entier soit parfaitement immobile. Ces grands faisceaux sont destinés à être fixes lorsqu'on s'en sert pour aimanter; on construit, sur les mêmes principes, des faisceaux glissans qui ont une moindre longueur et qui ne se composent que de 6 ou 9 lames.

La *figure* 32 représente un aimant en *fer à cheval*; c'est un assemblage de plusieurs lames, qui sont immédiatement superposées. Après les avoir trempées, on les recuit, et on les dresse de manière qu'elles puissent s'appliquer exactement l'une sur l'autre; deux vis v et v', en fer ou en cuivre, les retiennent dans cette position. Ces lames sont aimantées séparément avant d'être assemblées; pour cela on les met en prise, aux deux bouts, avec les pôles contraires de deux puissans barreaux, et en partant du milieu ou du sommet de la courbure, on fait, par la méthode de la double touche, autant de frictions qu'il est nécessaire. Un anneau *nn'* sert à suspendre l'aimant, et une pièce de fer doux *pp'*, qu'on appelle *le portant* ou *le contact*, reste toujours en prise avec les deux pôles contraires A et B. Le portant n'a en général que le tiers de l'épaisseur de l'aimant, et il est légèrement arrondi sur sa surface de contact, de telle sorte qu'il ne touche l'aimant que par une seule ligne. Les aimans bien faits peuvent soutenir, au moyen du portant, jusqu'à 10 ou 20 fois leur poids.

Les armatures des aimans naturels sont représentées dans les *figures* 30 et 31. Les parties L, L' sont les *ailes* de l'armature, et les parties P, P′ en sont les *pieds*. On donne aux ailes une largeur égale à celle de l'aimant, et une épaisseur d'environ une ligne ; les dimensions des pieds dépendent de la force de l'aimant, et ce n'est que par des essais successifs que l'on peut arriver à la forme et à la grandeur la plus convenable. La *figure* 39 représente une projection horizontale de l'aimant armé ; on y voit le lien de cuivre *cc′*, qui presse les armatures sur les extrémités polaires de l'aimant.

On a observé sur les aimans naturels un phénomène dont il n'existe aucune explication plausible : c'est la *faiblesse* qu'ils éprouvent lorsqu'on *les surcharge*. Supposons qu'un aimant puisse porter 20 kilogrammes assez facilement, si on le charge de ces 20 kilogrammes, et que chaque jour on y ajoute un petit poids, on pourra graduellement augmenter la charge, au point de la porter à 30, ou peut-être à 40 kilogrammes. Mais dès que le contact se détache, entraîné par l'excès du poids, il est impossible de le faire reprendre : l'aimant ne veut plus *mordre*, et il faut revenir à une charge moindre que les 20 kilogrammes du point de départ, pour que l'aimant la puisse porter ; cependant avec des précautions et du temps on parviendra à le *nourrir* de nouveau, et à lui rendre sa première vigueur.

Lorsqu'au lieu d'aimanter des aiguilles ou des prismes, on aimante des lames très-larges et peu épaisses, il est facile d'y varier la distribution magnétique d'une infinité de manières, et prenant, par exemple, des plaques de tôle d'acier de 8 ou 10 pouces carrés et de 1 ligne ou $\frac{1}{2}$ ligne d'épaisseur, et en traçant sur leur surface avec un aimaint assez fort, des figures quelconques, on peut rendre ces figures apparentes en répandant de la fine limaille de fer avec un tamis, sur la face aimantée de la plaque (*Fig.* 46). M. de Haldat vient de publier un mémoire intéressant sur ce sujet. (*Ann. de Phys. et de Chim.*, t. XLII, pag. 33.) Les figures deviennent plus saillantes sur les plaques étamées, et pour les faire disparaître il suffit de chauffer jusqu'à la fusion de l'étain.

323. *Historique des divers procédés d'aimantation.* — Pendant long-temps on a aimanté les aiguilles de boussole en les passant dans toute leur longueur sur le pied d'un aimant naturel (*Fig.* 41). En 1745, Knight fit connaître un procédé plus efficace et plus conforme à la théorie; Knight mettait des barreaux bout à bout dans la même ligne, et se touchant par le pôle contraire : l'aiguille à aimanter reposait sur ces barreaux, moitié sur l'un, moitié sur l'autre, et en les retirant elle était frottée par chacun d'eux dans la moitié de sa longueur.

Le même physicien eut aussi l'heureuse idée de réunir plusieurs aiguilles aimantées de cette manière, pour en former des faisceaux puissans. Un peu plus tard, Antheaume et Duhamel firent de nombreux essais pour découvrir la méthode de Knight, ou pour en inventer une meilleure, et c'est à ces physiciens que nous devons le procédé de la *touche séparée*; seulement ils se contentaient de mettre des prismes en fer, au lieu des barreaux fixes que nous employons maintenant. A peu près à la même époque, Mitchell et Canton inventaient en Angleterre la méthode de la *double touche*; mais l'influence des barreaux fixes avait aussi échappé à leur sagacité : ce fut Æpinus qui en montra l'avantage en 1758; et Coulomb qui les employa le premier, avec la méthode de Duhamel, en 1789.

CHAPITRE V.

Du Magnétisme en mouvement, et de quelques phénomènes singuliers d'attraction et de répulsion.

324. *De la force magnétique des disques tournans.* — C'est à M. Arago que nous devons la découverte de cette nouvelle force magnétique : il avait remarqué que la présence du cuivre diminue rapidement l'amplitude des oscillations d'une aiguille aimantée, sans en changer sensiblement la durée; et ce phénomène est devenu entre ses mains une source féconde en résultats. Le cuivre *en repos* exerce une action sur l'aiguille *en mouvement*; M. Arago a supposé d'abord, que le cuivre en mouvement devait agir à son tour, avec plus ou moins d'énergie, sur l'aiguille en repos, et il a été conduit de la sorte à des phénomènes d'une telle intensité, qu'il lui a été facile de les varier de mille manières, et d'en poser les lois fondamentales.

L'appareil qu'il a employé dans ses recherches est représenté dans les *figures* 49, 50 et 51. *h* (*Fig.* 49) est une horloge tout en cuivre, excepté deux ou trois petits pivots qui sont en acier; elle est portée sur un trépied en bois, très-solide, qui peut être mis d'aplomb au moyen de trois vis calantes. Cette horloge est destinée à imprimer un mouvement de rotation très-rapide à un axe vertical *x* (*Fig.* 51); l'axe communique le mouvement à une pièce *tt'* à trois branches, qui est représentée plus en grand dans la *figure* 50; c'est sur cette pièce que l'on ajuste les disques qui doivent servir aux expériences; ils se centrent d'eux-mêmes, au moyen d'un petit trou qui reçoit le prolongement de l'axe de rotation, et ils sont arrêtés à leur contour, sur les branches de la pièce *tt'*, par une petite pièce mobile que serre une vis de pression. On peut mettre à volonté trois volans *v* qui s'inclinent plus ou moins, suivant le degré de vitesse auquel on veut s'arrêter. Reste à présent à soumettre l'aiguille à l'influence du disque tournant. Pour cela on place autour de l'horloge une table à quatre pieds TT', qui porte un plateau *pp'*, percé en son centre d'une ouverture un peu plus grande que les disques. A la partie inférieure de ce plateau, on colle une feuille de papier *ll'* (*Fig.* 51), et sur sa face supérieure on pose une cloche *c*, dans laquelle on suspend l'aiguille *gg'*, au moyen d'un fil de soie *f*. L'aiguille peut être élevée ou abaissée en tournant le treuil *t* dans un sens ou dans l'autre.

Le poids de plomb *p* met l'horloge en mouvement; un bouton sert à l'arrêter, et un compteur indique le nombre des tours, qui peut être de 8 à 10 par seconde; il y a même un timbre qui sonne à chaque centaine, et, par là, on peut aisément reconnaître l'instant où la vitesse de rotation est devenue à peu près uniforme. Cet appareil a été exécuté avec beaucoup d'intelligence et de précision par M. Perrelet, l'un de nos plus habiles horlogers.

Voici maintenant les phénomènes que l'on observe : tout étant en repos, et l'aiguille dirigée dans le méridien magnétique, on tourne le bouton d'arrêt, et le disque entre en mouvement; sa vitesse de rotation est d'abord très-petite, mais elle prend une accélération rapide, et bientôt l'aiguille est déviée comme si elle tendait à suivre le disque dans ses révolutions successives. Cependant cette force d'entraînement est balancée en partie par la force magnétique de la terre, qui rappelle l'aiguille dans le méridien; de telle sorte que le rapport de ces forces détermine la position d'équilibre. La force entraînante du disque croît avec sa vitesse de rotation : par conséquent, pour une faible vitesse, l'aiguille s'arrête, par exemple, à 10° de déviation; pour une vitesse plus grande à 20°; et l'on peut ainsi, en modifiant les vitesses et en les soutenant uniformes, arrêter l'aiguille dans toutes les positions obliques à l'égard du méridien, depuis 0 jusqu'à 90°. Mais dès que la vitessse est assez grande pour entraîner l'aiguille au delà de cette déviation de 90°, il n'y a plus de point de repos: l'aiguille tourne avec le disque, et tend à prendre elle-même toute la vitesse de rotation dont il est animé. Telle est la force magnétique toujours croissante que prennent les corps en mouvement. Essayons de voir comment cette force varie en intensité, par rapport à la distance, et comment elle se dirige par rapport à la surface du disque.

1°. Cette force décroît à mesure que la distance augmente; car l'aiguille, qui tourne d'un mouvement *continu* lorsqu'elle n'est séparée du disque que par l'épaisseur de la feuille de papier qui ferme la cloche, n'éprouve plus, lorsqu'on la soulève graduellement, que des *déviations déterminées*, diminuant toujours à mesure que la distance devient plus grande. Il est bien entendu que la vitesse de rotation du disque reste la même dans toutes ces épreuves comparatives.

2°. La force que nous observons dans les expériences précédentes est évidemment *perpendiculaire aux rayons du disque, et parallèle à sa surface*. Il importe d'examiner si elle est la seule force qui résulte du mouvement; pour cela, M. Arago a fait l'expérience suivante : une aiguille aimantée est suspendue verticalement par un fil, à l'extrémité du fléau d'une balance, et équilibrée de l'autre côté par des poids quelconques; sous l'extrémité inférieure de cette aiguille, on fait tourner un disque de cuivre, et l'on observe une répulsion : donc il résulte aussi du mouvement *une force répulsive, perpendiculaire à la surface du disque*. Cette même expérience se peut faire avec une aiguille d'inclinaison, rendue horizontale par un contre-poids, et dont une extrémité seulement est approchée au dessus du disque tournant.

3°. Enfin il y a une troisième force, agissant *dans le sens des rayons du disque*, et parallèlement à sa surface. Pour le faire voir, M. Arago dispose une aiguille d'inclinaison, de manière qu'elle soit verticale, et que son plan de rotation passe par le centre du disque; alors, en la déplaçant sur un même rayon, la pointe de l'aiguille peut correspondre à tous les points de ce rayon ou de son prolongement. Or, quand la pointe de l'aiguille tombe au dehors du disque, elle est repoussée loin du centre de rotation; cette force répulsive diminue à mesure qu'on avance l'aiguille vers le centre; elle est nulle à une certaine distance, et se change ensuite en force attractive, pour redevenir nulle au centre lui-même.

Ainsi, sur chaque rayon du disque il y a un point entre la circonférence et le centre, où la force dont il s'agit est nulle; au delà elle est répulsive, et plus près du centre elle est attractive. C'est ce qui est indiqué dans la *figure* 52, où les lignes ponctuées marquent les directions primitives de l'aiguille.

Après avoir reconnu l'existence de ces trois forces, M. Arago a cherché leurs rapports d'intensité, et il arrive à cette conséquence remarquable, que ces rapports changent avec la vitesse de rotation.

Toutes les substances ne prennent pas, par le mouvement, la même énergie magnétique : les métaux sont à cet égard doués d'une puissance beaucoup plus grande que les autres corps, et plusieurs physiciens, en répétant ces expériences, n'ont pas obtenu d'effet sensible avec le verre, le bois, l'eau, etc.

MM. Herschell et Babbage, dans un très-beau travail sur ce sujet, établissent l'ordre suivant, pour l'action de différens métaux. Celle du cuivre est prise pour unité.

Cuivre.	1	Zinc.	0,93

Etain.	0,46	Antimoine.	0,09
Plomb.	0,25	Bismuth.	0,02

L'argent paraît doué d'une grande force, l'or d'une très-faible; le mercure se place entre l'antimoine et le bismuth.

Lorsqu'un disque offre des solutions de continuité ou des fentes dans le sens de ses rayons, il perd une grande partie de sa force; et l'on doit aussi à MM. Herschell et Babbage cette remarque curieuse, qu'en ressoudant les bords avec un métal quelconque, même avec du bismuth, quand le disque est de cuivre, on lui rend presque la totalité de la force qu'il avait perdue. Mais en remplissant seulement ces intervalles avec des poudres métalliques bien pressées, ou avec des liquides tels que l'eau ou l'acide sulfurique, on ne parvient pas à réparer sensiblement ses pertes d'intensité.

Enfin MM. Herschell et Babbage ont encore constaté les deux faits suivans: 1° que les écrans de substances non-magnétiques (c'est-à-dire non-magnétiques à la manière du fer ou de l'acier) n'exercent aucune influence lorsqu'on les place entre l'aiguille aimantée et les disques tournans; 2° qu'un disque en mouvement n'a aucune puissance pour entraîner un disque en repos; ce qui prouve que ce n'est pas le mouvement lui-même qui décompose les fluides magnétiques, et qu'il n'agit que pour agrandir les effets des fluides préalablement décomposés.

M. Barlow a constaté que le fer en mouvement agit à la manière des autres métaux, mais avec beaucoup plus d'énergie; nous regrettons que les phénomènes qu'il a observés soient trop compliqués pour qu'il nous soit possible de donner ici l'extrait du mémoire qu'il a publié sur ce sujet. (*Philosophical Transactions*, 1825.)

M. Poisson a donné une théorie du magnétisme en mouvement, dont nous ne pouvons indiquer que les principes (*Ann. de Phys. et de Chim.*, t. XXXII, p. 225). Il suppose que dans chaque *élément magnétique* il y a, outre la *force coercitive*, une autre force analogue à la résistance des milieux, qui *retarde* le mouvement des molécules de fluide austral et de fluide boréal. Cette *résistance* est indépendante de la force coercitive; elle peut varier avec la nature des substances, avec leur température, ou avec l'arrangement de leurs molécules; ses effets sont insensibles lorsque les corps sont sollicités par une force magnétique qui reste la même en grandeur et en direction, parce que, avec le temps, les fluides peuvent se déplacer et venir à la surface des élémens, s'arranger suivant les lois de l'équilibre. Mais quand la force magnétique change rapidement, la résistance qu'ils éprouvent détermine un tout autre arrangement, et alors ils peuvent être dispersés suivant des lois très-variables, dans *toute l'étendue* de l'élément magnétique, et par conséquent produire *au dehors* des effets complètement différens par leur intensité. Cette hypothèse, à laquelle M. Poisson est arrivé par des vues profondes et tout-à-fait neuves sur la théorie du magnétisme, ne rend pas raison des phénomènes d'une manière vague et incertaine: transformée en calcul et réduite en formules, elle reproduit tous les résultats de l'expérience; elle les analyse et les enchaîne d'une manière surprenante, et même elle a conduit M. Poisson à prédire des phénomènes qui, depuis, ont été confirmés par l'expérience.

325. Les effets magnétiques des disques tournans sont liés aux modifications qu'éprouve l'aiguille aimantée lorsqu'elle oscille en présence des différens corps. M. Poisson retrouve cette liaison dans ses formules, ou plutôt il l'établit d'une manière précise. Voilà donc deux ordres de phénomènes, et deux carrières nouvelles qui nous ont été ouvertes par les deux expériences fondamentales de M. Arago. L'action des différens corps sur l'amplitude des oscillations de l'aiguille aimantée a été étudiée par MM. Arago, Nobili et Bacelli, Seebeck et Baumgaertner

(*voyez* le *Bulletin des Sciences*, de M. de Férussac, septembre 1826, août 1826, août 1827 et octobre 1827). Nous nous contenterons de rapporter ici les résultats de M. Seebeck, comme étant les plus complets et les mieux constatés. M. Seebeck a fait osciller une aiguille de 2 pouces et $\frac{1}{8}$ de longueur, à 3 lignes de distance de différentes plaques métalliques, et il a observé le nombre des oscillations qui devaient se faire pour que l'amplitude fût réduite de 45° à 10°. Voici, dans ces circonstances, le nombre des oscillations, l'épaisseur des plaques, et la nature de leur substance :

Nombre des oscill.	Epaisseur des plaques.	Substances.
116	» lig.	Marbre.
112	2,0	Mercure.
106	2,0	Bismuth.
94	0,4	Platine.
90	2,0	Antimoine.
89	0,75	Plomb.
89	0,2	Or.
71	0,5	Zinc.
68	1,0	Etain.
62	2,0	Laiton.
62	0,3	Cuivre.
55	0,3	Argent.
6	0,4	Fer.

Il paraît aussi, d'après M. Seebeck, qu'en alliant les substances magnétiques à d'autres qui ne le sont pas, on peut former des composés qui n'exercent aucune action sur l'aiguille aimantée. Tels seraient par exemple, l'alliage de 1 partie de fer et 4 d'antimoine, et celui de 1 partie de nickel avec 2 parties de cuivre.

326. Coulomb avait fait connaître à l'Institut, en 1812, une série de phénomènes qui probablement ne sont pas sans liaison avec les phénomènes précédens. Sous une

cloche en verre (*Fig.* 55), il suspendait par un fil de cocon de petites aiguilles très-fines, de 6 à 8 millimètres de longueur, et composées de substances quelconques, organiques ou inorganiques; deux forts barreaux étaient disposés pour s'avancer, par leurs pôles contraires A et B, jusqu'à une petite distance des extrémités de l'aiguille suspendue, et dès qu'ils arrivaient assez près, l'aiguille sentait leur influence, car elle se dirigeait dans la ligne des pôles, et se mettait ensuite à faire des oscillations plus ou moins rapides. Des barres non aimantées ne produisent point cet effet; donc il y a, dans ces circonstances, une action magnétique sur tous les corps de la nature, car il n'en est pas un seul qui ne se dirige et ne fasse des oscillations. Reste à savoir maintenant si tous les corps contiennent du fer, du cobalt, du chrôme ou du nickel, et si quelques atomes de ces substances, tout-à-fait imperceptibles par les analyses chimiques, ne seraient pas capables de leur donner cette propriété attractive. Pour s'en assurer, Coulomb fit des mélanges artificiels, et des alliages de fer en très-petites proportions; et comparant leurs effets par ces méthodes ingénieuses et précises qui lui étaient si familières, il fut conduit à cette conséquence, que, si les substances magnétiques étaient la vraie cause de ces phénomènes, elles devaient du moins être en si faibles proportions que l'analyse chimique serait tout-à-fait impuissante pour les découvrir.

327. M. Lebaillif a eu dernièrement l'ingénieuse idée de composer, avec de petites aiguilles magnétiques, un système très-délicat et très-sensible, avec lequel il a découvert des forces dont on était loin de soupçonner l'existence. Son appareil, qu'il appelle *sidéroscope*, est représenté dans la *Figure* 53; il se compose d'un brin de paille de 12 à 15 pouces de longueur, dans lequel on ajuste trois fines aiguilles à coudre, aimantées à saturation : l'une, $a\ b$, est simplement glissée dans le tuyau, et les deux autres, $a'\ b'$ et $a''\ b''$, sont plantées au travers de la paille, de

manière que leurs pôles contraires se correspondent : ce système est porté par un petit étrier de papier, qui s'attache à un fil de cocon. La portion *m h* est la plus longue, et c'est au-dessous de son extrémité que l'on place sur le fond de la cage un arc *r r'*, divisé en degrés et demi-degrés; la portion *m c* n'a point de force directrice, puisque l'action de la terre se détruit d'elle-même sur les deux aiguilles opposées, *a' b'* et *a'' b''*; en sorte que l'on pourrait, à la rigueur, supprimer ces aiguilles. Mais la portion *m h* a une force directrice dépendante de l'aimantation de l'aiguille *b a*, de sa longueur et de sa distance au point de suspension. Une petite porte à coulisse *t p*, percée d'une ouverture *t*, complète la fermeture de l'appareil; quand on veut faire une expérience, on la fait glisser pour amener l'ouverture vis-à-vis l'extrémité de l'aiguille. Presque tous les corps que M. Lebaillif a présentés au sidéroscope, exercent quelque action sur l'aiguille. La plupart de ces actions peuvent sans doute être attribuées à quelques atomes de fer : cependant il ne faudrait pas conclure que, dans ces phénomènes, la force magnétique est la seule qui soit en jeu; car M. Lebaillif a annoncé ce fait qui serait nouveau et important, que le bismuth et l'antimoine exercent *toujours* une force répulsive.

FIN DU MAGNÉTISME.

LIVRE QUATRIÈME.

DE L'ÉLECTRICITÉ.

CHAPITRE PREMIER.

Des Actions électriques.

329. *Il y a des substances qui prennent, par le frottement, la propriété d'attirer les corps légers.* Il est facile de s'assurer que les diverses substances, prises dans leur état naturel, n'ont aucunement la propriété d'attirer les petits fragmens de feuilles d'or ou de clinquant, ni la sciure de bois ou de moelle de sureau, ni les barbes de plume, ni d'autres corps légers, quels qu'ils soient; mais lorsque, avec une étoffe de laine ou de soie, on frotte un tube de verre, un bâton de soufre ou de résine, un morceau d'ambre ou de succin, ces différens corps prennent à l'instant une propriété très-remarquable : ils attirent à eux tous les corps légers qu'on leur présente, et cette attraction est si forte, que les minces feuilles de métal, par exemple, sont enlevées à plus d'un pied de distance, et viennent se précipiter sur la surface du corps attirant. La cause de ce phénomène est ce que l'on appelle *l'electricité*, du mot grec ἤλεκτρον, qui signifie *ambre*, parce que la propriété dont il s'agit fut autrefois découverte dans cette substance par les philosophes grecs, dès le temps de Thalès, qui vivait 600 ans avant l'ère chrétienne.

Pour distinguer avec plus de certitude les corps qui deviennent électriques par le frottement, on emploie divers appareils que l'on appelle en général *électroscopes*, c'est-à-dire instrumens propres à découvrir l'électricité.

Le plus simple des électroscopes est le *pendule électrique*, qui se compose d'une petite balle de sureau, suspendue à l'extrémité d'un fil de soie, ou d'un fil de métal très-fin (*Fig.* 56). Lorsqu'on veut éprouver un corps, on l'approche de la balle, et s'il ne peut pas l'attirer à lui d'une quantité sensible, on est assuré qu'il n'a point d'électricité, ou plutôt qu'il n'en peut avoir qu'une très-faible charge.

L'aiguille électrique (*Fig.* 57) est un autre électroscope un peu plus *sensible* que le pendule; elle se compose d'un petit fil de cuivre, terminé par deux boules, *b* et *b'*, qui doivent être creuses pour être plus légères; au milieu de la longueur du fil est une chape en acier ou en agate, que l'on pose sur un pivot bien aiguisé. Le frottement de la chape sur le pivot étant la seule résistance à vaincre, on conçoit qu'il est possible de donner à l'aiguille une grande mobilité.

L'électroscope de Coulomb (*Fig.* 61) est l'appareil le plus sensible et le plus délicat, pour indiquer la présence des forces électriques. On le construit avec un fil de cocon *f*, une aiguille de gomme laque *g g'*, et un petit cercle de clinquant *c*. Le fil est fixé à l'extrémité supérieure *s*, du tube T; là, on peut l'enrouler ou le dérouler, au moyen du treuil *t*; on peut aussi lui donner de la torsion au moyen de la pièce mobile *d d'*; l'aiguille est suspendue par son centre de gravité : sa moitié *g'm*, plus grosse et plus courte, équilibre exactement sa moitié *g m*, chargée du poids léger du clinquant. Une cage en verre V V' préserve l'aiguille des agitations de l'air; elle porte une circonférence divisée D D', et un couvercle C C' percé d'une ouverture O : c'est par cette ouverture que l'on fait descendre lentement les corps électrisés qui doivent attirer l'extrémité de l'aiguille pour la faire tourner, à moins toutefois qu'ils ne soient assez puissans pour agir du dehors à travers l'épaisseur du verre.

Au moyen de ces appareils, on peut facilement soumettre à l'épreuve tous les corps, et voir s'ils sont tous capables de prendre de l'électricité par le frottement. L'expérience en est curieuse à faire, par l'extrême variété des résultats qu'elle donne : on trouve en effet que la gomme laque et la résine, l'ambre, le soufre et le verre, sont des corps éminemment électriques; qu'il en est de même du diamant, de la topaze, de l'émeraude et de la plupart des pierres précieuses; que la terre cuite, le bois et le charbon donnent rarement des signes d'attraction, même quand ils ont été frottés long-temps et à plusieurs reprises; enfin, que les métaux, et d'autres corps encore, ne prennent jamais la moindre apparence de propriété attractive, quelque soin qu'on apporte à répéter ou à varier les frictions. Voilà donc tous les corps de la nature séparés en deux grandes classes, ceux qui prennent de l'électricité par le frottement, et qu'on appelle *idio-électriques* ; et ceux qui n'en prennent pas, que l'on appelle *anélectriques*.

330. *Des corps conducteurs et des corps non conducteurs.* Si les corps anélectriques ne prennent pas d'électricité quand on les frotte, ils peuvent cependant en prendre d'une autre manière. C'est Gray, physicien anglais, qui fit cette découverte en 1727. Gray, après avoir électrisé un tube de verre, ouvert par les deux bouts, voulut voir s'il obtiendrait les mêmes résultats, en fermant le tube avec un bouchon de liége; car à cette époque la science était encore si peu avancée que l'on essayait de tout au hasard, on n'avait rien pour se conduire, pas même un système. Or, en faisant l'expérience, Gray s'aperçut avec un grand étonnement que le bouchon lui-même était devenu électrique, tandis qu'il ne l'est jamais lorsqu'on le frotte directement. Une tige de métal, plantée dans le bou-

chon, devient électrique comme lui; une tige plus longue le devint pareillement, et l'habile observateur ne se lassait pas de répéter des expériences aussi curieuses. Voyant qu'il ne pouvait pas, dans son cabinet, ajuster au bouchon des tiges assez longues, il imagina de monter au premier étage et de suspendre à son tube électrique un fil de métal qui descendît jusqu'au sol; il frottait le tube, et un de ses amis présentait des corps légers à l'extrémité du fil : chose surprenante ! les corps légers y sont vivement attirés. On répéta l'expérience au second et au troisième étage, et toujours avec le même succès. Donc le métal a la propriété de transmettre l'électricité; et puisqu'il la transmet instantanément, il faut que l'électricité soit une espèce de *fluide*, qui passe du verre au métal, et qui se répande instantanément sur toute sa surface. Cette propriété se manifeste dans tous les corps anélectriques, et on l'exprime en disant que tous ces corps sont *conducteurs* de l'électricité. Au contraire, les corps idio-électriques sont *non conducteurs*, c'est-à-dire que l'électricité ne se répand jamais sur leurs surfaces; car en frottant un tube de verre à l'une de ses extrémités seulement, son autre extrémité ne donne aucun signe d'attraction.

Cette vérité fondamentale peut être démontrée avec la *machine électrique*, que nous prendrons seulement comme moyen d'avoir de l'électricité : on fait communiquer avec elle un long fil de métal, soutenu par des fils de *soie* ou sur des tubes de *verre*, et dès qu'on tourne la machine, on reconnaît aisément, 1° qu'il est électrisé dans toute son étendue, quelle que soit sa longueur, et quelles que soient les circonvolutions qu'on lui fasse parcourir; 2° que s'il est interrompu quelque part, par du verre ou de la soie, il ne montre plus d'électricité au delà de cette interruption; 3° et que s'il touche *au sol*, il ne donne plus aucun signe électrique; car le sol est assez bon conducteur pour que l'électricité s'y répande, se dissipe au large sur toute sa surface, et de là se communique à l'édifice entier, ou même au globe de la terre.

Il résulte de là, que l'air est un corps non conducteur; car s'il était conducteur, comme un métal, l'électricité développée par le frottement passerait du corps frotté dans l'air qui l'environne, et se disperserait à l'instant dans toute la masse de l'atmosphère.

L'eau et la vapeur d'eau sont de bons conducteurs : un corps électrisé donne toute son électricité à l'eau dans laquelle on le plonge, ou à la vapeur d'eau bouillante à laquelle on l'expose. C'est pourquoi l'électricité, qui se conserve long-temps dans l'air sec, se dissipe promptement dans l'atmosphère, quand l'air est humide.

Le corps humain est aussi un bon conducteur : quand un homme est debout sur un mauvais conducteur, comme un gâteau de résine, il s'électrise dans toute son étendue, en touchant avec sa main des corps électrisés; et quand il repose sur le sol, il ne conserve rien de l'électricité qu'il prend aux corps; il la transmet au sol, où elle va se perdre. Cette propriété nous explique pourquoi les métaux ne s'électrisent point lorsqu'on les tient à la main nue, puisque leur électricité doit se dissiper à mesure qu'elle se développe.

Les plus mauvais conducteurs deviennent d'assez bons conducteurs, lorsqu'on les humecte de quelque vapeur aqueuse; c'est pourquoi il faut chauffer les corps pour les sécher avant de les soumettre au frottement; alors le moindre contact les électrise, et même la main sèche jouit de cette propriété : en passant, par exemple, un tube de verre, un ruban de soie ou une bande de papier entre les doigts, on leur donne une grande force électrique.

La *conductibilité électrique* des différens corps dépend donc d'une cause permanente, qui est la nature de leur substance; mais elle dépend aussi de plusieurs causes accidentelles dont il est difficile de mesurer l'influence. Ainsi, au lieu de dire que les corps sont conducteurs ou non conducteurs, il est plus exact de dire qu'ils sont bons conducteurs ou mauvais conducteurs; car il n'existe pas un corps qui soit non conducteur absolu. Les plus mauvais conducteurs sont la gomme laque, la soie, le verre et les résines; on les appelle aussi corps *isolans*, parce que les corps électrisés qui reposent sur eux sont véritablement isolés ou séparés du sol, et conservent long-temps l'électricité qu'ils possèdent. Les métaux sont les meilleurs conducteurs que l'on connaisse; nous verrons qu'un fil de métal, de plusieurs lieues de longueur, s'électrise à l'instant dans toute son étendue, lorsqu'un peu d'électricité est développée ou déposée sur un seul de ses points. Entre les plus mauvais et les meilleurs conducteurs se trouve l'infinie variété des corps de la nature ayant tous des degrés de conductibilité différens.

331. *Des deux espèces d'électricité.* Un corps électrisé repousse un corps léger auquel il vient de communiquer de son électricité : en effet, prenons un *pendule isolé* (c'est le pendule de la figure 56, dont le support est en verre et dont le fil de suspension est en soie), dès que nous approchons un tube électrisé, la balle de sureau est fortement *attirée*; mais vient-elle toucher le tube et se coller à lui pendant quelques instans, aussitôt elle est *repoussée* et repoussée à distance, comme elle était attirée d'abord. Cette répulsion de la balle est produite par l'électricité qu'elle a prise au tube, car en la touchant avec la main pour la remettre à l'état naturel, elle est *attirée* de nouveau, et de nouveau *repoussée* dès qu'elle est venue au contact; et ce qui en est une preuve encore plus frappante, c'est qu'alors elle attire les corps naturels, ou plutôt elle est attirée par eux, parce qu'elle est plus mobile. Cette expérience peut être faite avec l'électroscope de Coulomb, ou avec *l'aiguille isolée* (on appelle ainsi l'aiguille de la *figure* 57, lorsqu'elle est posée sur une plaque de substance

non conductrice, ou bien lorsqu'elle est simplement portée sur son pivot, par une chape isolante; par exemple, une chape de verre ou d'agate). On peut aussi la varier d'une autre manière, avec une feuille d'or qui flotte dans l'air. Dans tous les cas, chaque corps électrique, quel qu'il soit, repousse toujours le corps léger qu'il vient de toucher.

Mais si l'on prend deux pendules isolés, l'un qui soit électrisé par le verre, et repoussé par lui, l'autre électrisé par la résine, et pareillement repoussé par elle, on observera ce phénomène remarquable : que le verre attire puissamment le pendule qui a été électrisé par la résine, *et vice versâ*, que la résine attire aussi très-vivement le pendule qui a été électrisé par le verre; on pourra même observer que les pendules s'attirent l'un l'autre, tandis que deux pendules touchés avec le même corps électrique se repoussent mutuellement (*Fig.* 58). Donc, l'électricité du verre et celle de la résine ne sont pas identiques, puisque chacune attire ce qui est repoussé par l'autre. Ces deux électricités, différentes dans leur origine et dans leurs effets, doivent porter aussi des noms différens : la première est appelée *électricité vitrée*, et la seconde *électricité résineuse*.

Ainsi nous sommes conduits à cette conséquence importante : qu'il y a deux électricités telles, que chacune se repousse et attire l'autre.

Sans avoir éprouvé les autres corps, nous pouvons être assurés d'avance que leur électricité est résineuse ou vitrée; car s'ils agissent sur un pendule électrisé, il faut bien qu'ils le repoussent ou qu'ils l'attirent. C'est, au reste, ce qu'il est facile de vérifier sur tous les corps. Cette belle découverte des deux électricités a été faite par Dufay, physicien français, en 1733. (*Mém. de l'Académie des Sciences*, 1733).

Quelques physiciens donnent à l'électricité vitrée le nom

d'*électricité positive*, et à l'électricité résineuse celui d'*électricité négative*; il nous-arrivera souvent d'employer ces dénominations, bien qu'elles tiennent à un système où l'on essaie d'expliquer tous les phénomènes par une seule électricité, qui serait tantôt *en excès* ou *en plus*, tantôt *en défaut* ou *en moins*.

332. *Des fluides électriques et de l'état naturel des corps.* — De la rapidité avec laquelle l'électricité se répand sur toute l'étendue des corps conducteurs, on conclut qu'elle est un fluide excessivement mobile; et, de l'opposition qui existe entre les électricités du verre et de la résine, on conclut que ce fluide est double, c'est-à-dire qu'il y a deux fluides électriques, comme il y a deux fluides magnétiques. Ces deux fluides, *combinés* entre eux par leur attraction mutuelle, ou *neutralisés* l'un par l'autre, constituent *l'état naturel* des corps; mais viennent-ils à être *décomposés* ou *séparés* par une cause quelconque, les actions contraires qu'ils exercent au dehors ne peuvent plus se compenser exactement, et le corps dans lequel cette *décomposition* a eu lieu est un corps électrisé; il est *électrisé vitreusement* si c'est le fluide vitré qui domine, et *résineusement* si c'est le fluide résineux. Quant au mode d'existence du fluide électrique dans l'intérieur des corps, tous les phénomènes semblent indiquer qu'il est répandu dans les intervalles qui séparent les atomes, et que là il peut être, de proche en proche, décomposé et recomposé, suivant les forces qui le sollicitent. Il y a toutefois une différence fondamentale entre le fluide électrique et le fluide magnétique : celui-ci est enfermé dans les élémens magnétiques, il peut s'y mouvoir, mais il n'en peut sortir; tandis que le fluide électrique est libre dans tous les corps; il peut traverser dans tous les sens toute l'étendue de leur masse, et même il peut en sortir pour se répandre et s'accumuler sur les corps voisins. Cette vérité résulte évidemment de toutes les expériences que nous avons déjà rapportées, et

nous la verrons confirmée par l'ensemble des phénomènes électriques.

Lorsque nous développons de l'électricité résineuse ou vitrée, dans un corps qui était d'abord à l'état naturel, il faut donc que l'électricité contraire se trouve pareillement développée, ou bien qu'elle soit détruite par la cause décomposante. Or, la destruction d'un agent naturel ou d'une force n'étant pas moins impossible que la destruction de la matière elle-même, nous pouvons être assurés que jamais l'une des électricités n'est développée sans l'autre. C'est au reste ce que l'on peut vérifier par l'expérience, en frottant l'un contre l'autre deux disques isolés par des manches de verre (*Fig.* 59) : lorsque après le frottement on les tient unis, ils ne donnent aucun signe électrique ; mais dès qu'on les sépare, il est facile de reconnaître que l'un possède l'électricité vitrée, et l'autre la résineuse. Ces disques peuvent être en verre, en résine, en bois ou en métal, et si l'on veut donner plus de variété à l'expérience, on y colle des fourrures, des étoffes, du papier, etc. ; car l'espèce d'électricité ne dépend que des surfaces frottantes.

Un corps naturel possédant les deux électricités en égale proportion, il semble d'abord qu'il n'y ait pas de raison pour qu'il prenne ou qu'il conserve l'un des fluides de préférence à l'autre : aussi est-il susceptible de devenir par le frottement, tantôt résineux et tantôt vitré : par exemple ; le verre est vitré quand on le frotte avec la laine ou la soie, et il est résineux quand on le frotte avec une peau de chat, une peau de loutre, et plusieurs autres fourrures. Il y a pareillement des corps qui font prendre à la résine l'électricité vitrée, tandis que beaucoup d'autres lui font prendre la résineuse. Pour définir rigoureusement chacun des fluides, il convient donc d'ajouter que le fluide vitré est produit par le verre frotté avec la laine, et le résineux produit par la résine frottée avec la peau de chat, la laine ou la soie.

Concevons que l'on dresse une liste de tous les corps, en

les rangeant par ordre de *tendances électriques*, de telle sorte que chacun soit vitré avec les suivans, et résineux avec les précédens; alors on pourra reconnaître que des circonstances presque imperceptibles feront changer la place d'un corps dans cette liste : par exemple, une élévation de température le prédisposera à prendre l'électricité résineuse et le fera redescendre de plusieurs rangs, tandis que le refroidissement le fera remonter, en le rendant plus vitré ; une surface plus polie le fera pareillement remonter, tandis qu'une surface plus rugueuse le fera redescendre ; c'est ce qu'il est facile de vérifier sur un tube de verre dépoli. La couleur, la disposition des molécules ou des fibres, le sens de la friction, et même la pression plus ou moins forte du corps frottant, pourront produire des résultats analogues; par exemple, un ruban de soie noire prend toujours l'électricité résineuse, quand on le frotte avec un ruban blanc, et des rubans de la même pièce étant frottés en croix, celui qui est immobile prend l'électricité vitrée et l'autre la résineuse. Il y a même des substances, comme le *disthène*, qui, sur certaines parties de leur surface, prennent l'électricité vitrée, et la résineuse sur d'autres, sans qu'on puisse y reconnaître la moindre différence de température ou d'aspect. On peut varier indéfiniment ces expériences, avec des rubans de laine ou de soie, des bandes de papier, des pièces de fourrure et des corps conducteurs, que l'on isole très-bien en les supportant par des tuyaux de plume.

334. *De la communication de l'électricité.* — L'électricité se communique au contact, et peut aussi se communiquer à distance ; mais dans tous les cas son mode de communication dépend de la conductibilité des corps et de l'étendue de leur surface.

Au contact, les corps très-mauvais conducteurs ne prennent ou ne perdent de l'électricité que dans l'étendue de leur contact; les très-bons conducteurs la prennent ou la perdent dans toute l'étendue de leur surface, et les corps intermédiaires, pour leur conductibilé, présentent des résultats intermédiaires, et prennent ou perdent l'électricité autour des points de contact, dans une étendue d'autant plus grande qu'ils sont meilleurs conducteurs. Ainsi, des balles de verre, de soufre ou de résine, qui touchent des tubes de verre électrisés, des bâtons de résine ou des conducteurs métalliques, ne s'électrisent jamais que dans les points qu'elles ont de commun avec les corps électriques. Des morceaux de papier ou de carton, légèrement humectés, s'électrisent à une certaine distance autour du contact, et les corps métalliques isolés sont, après le contact, électrisés sur toute leur étendue; par conséquent leur électricité est d'autant moins sensible que leur surface est plus grande. S'ils communiquent au sol, leur surface est infinie, et l'électricité qu'ils prennent, tout-à-fait insensible: on dit alors que l'électricité s'est écoulée dans le sol ou dans le *réservoir commun*, parce qu'en effet elle s'est répandue sur tout le globe de la terre.

Quand le corps électrisé est lui-même conducteur, il importe peu qu'on le touche par un point ou par un autre: la perte qu'il éprouve se fait sentir sur toute sa surface, et pour le ramener à l'état naturel, il suffit de le mettre un instant en communication avec le sol, tandis que les mauvais conducteurs ne sont déchargés de leur électricité qu'après avoir été touchés dans tous leurs points.

L'électricité qui se communique *à distance* se répand sur les corps à raison de leur conductibilité, comme celle qui se communique au contact; mais à son passage elle présente le phénomène curieux de *l'étincelle électrique*. Il n'est pas nécessaire qu'un tube soit très-fortement électrisé pour qu'on voie, à la distance de plus d'un pouce, briller une vive étincelle quand on en approche une tige de métal ou même la jointure du doigt: en même temps on entend un bruit sec, qui semble jaillir avec l'étincelle; nous verrons plus tard la cause du bruit et celle de la lumière. Quand le corps électrisé est métallique, et qu'il offre une grande surface, comme les conducteurs de la machine, l'étincelle part à plus d'un pied de distance; sa lumière prend un éclat éblouissant, et le bruit qui l'accompagne frappe l'air comme un coup de fouet. C'est Otto de Guericke, l'inventeur de la machine pneumatique, qui vit le premier l'étincelle électrique; et plus tard, Dufay, dont nous venons de parler, excita une grande admiration, en démontrant que du corps d'un homme on peut faire jaillir des étincelles et des lames de feu, comme des conducteurs de la machine. Pour en faire l'expérience, il faut monter sur un gâteau de résine bien sec, ou sur un isoloir ayant les pieds de verre, et communiquer avec la machine, soit médiatement en la touchant avec la main, soit immédiatement en la touchant avec un tige ou une chaîne de métal; la personne qui se trouve dans cette position ne reçoit aucun choc lorsqu'on tourne la machine pour développer de l'électricité; seulement elle éprouve sur la peau, et surtout à la figure, l'impression d'un souffle léger; ses cheveux se hérissent et laissent échapper des aigrettes de lumière; alors si on approche d'elle la jointure du doigt, ou quelque corps conducteur, on en tire de longues étincelles, et l'on éprouve soi-même une *commotion électrique* qui n'a rien de dangereux. Si l'étincelle ne part qu'à la distance d'un pouce, on ne sent qu'une légère piqûre; si elle part à deux ou trois pouces, la sensation se fait sentir jusqu'au coude, et tout l'avant-bras se fléchit d'un mouvement involontaire et irrésistible; l'étincelle qui part à une distance plus grande, comme à six ou huit pouces, se fait sentir jusqu'à la poitrine, et produit un ébranlement dans tout le corps : alors on est averti qu'il n'est pas prudent de pousser l'expérience plus loin. Pendant ce temps-là la personne isolée, qui communique à la machine, ressent à peu près les mêmes secousses que la personne qui l'approche pour en tirer des étincelles.

De ce qu'on n'est pas brûlé par la lumière électrique, il n'en résulte pas que ce soit une lumière sans chaleur : en effet, nous verrons par les expériences suivantes que, dans beaucoup de cas, l'électricité agit comme le feu, et qu'elle devient souvent un agent chimique des plus puissans.

Une bougie qui vient d'être éteinte se rallume à l'instant lorsqu'on tire une étincelle à travers la mèche encore chaude.

L'étincelle peut enflammer l'éther et même l'alcool; ces liquides sont dans un petit vase de métal, que l'on approche d'un corps électrisé, de manière que l'étincelle parte à la surface du liquide; le corps électrisé peut être une personne isolée communiquant avec la machine.

Le pistolet de Volta est représenté *figure* 60; c'est un petit vase en métal qui se ferme par un bouchon de liége; un fil de cuivre terminé par deux petites boules b, b' passe du dedans au dehors sans toucher les parois; pour cela on le mastique avec de la cire dans un tube de verre tt'; l'étincelle qui entre par ce fil doit passer de la boule b' à la paroi opposée, en traversant le gaz qui remplit le pistolet. Si ce gaz est détonant, s'il est par exemple un mélange d'hydrogène et d'air, ou mieux encore d'hydrogène et d'oxigène, dans les proportions qui font l'eau, l'étincelle détermine l'action chimique, la détonation a lieu, le bouchon est lancé au loin et de l'eau est formée.

On doit à M. Wollaston un procédé ingénieux pour décomposer l'eau par l'électricité ordinaire : on fait déposer de l'or dans un tube de verre d'un diamètre très-fin, qui est fermé à l'une de ses extrémités; ensuite cette extrémité est usée avec une lime, jusqu'au point de découvrir à la loupe les premières parcelles métalliques; ce tube est recourbé (*Fig.* 62) et placé dans un vase d'eau communiquant au sol; un fil de métal qui touche l'or intérieur, communique avec une puissante machine; l'électricité est forcée de passer de la machine dans le tube, de sortir de celui-ci par la petite pointe de métal qui a été mise à découvert, pour se répandre ensuite dans l'eau, et de là dans le sol : or, dans ce passage presque infiniment étroit qui lui est laissé, elle exerce contre l'eau une telle action, que l'on aperçoit de petites bulles de gaz s'élever à la file, et les gaz recueillis sont bien de l'hydrogène et de l'oxigène mélangés; ce qui est une preuve certaine de la décomposition de l'eau.

Ces expériences suffisent pour nous donner une idée de la puissance chimique de l'électricité, et, dans la suite des phénomènes curieux que nous avons encore à étudier, nous serons prévenus que les fluides électriques ne traversent pas la masse pondérable des corps sans y exercer des actions moléculaires, et sans développer dans leurs derniers élémens des forces d'agrégation et de ségrégation non moins énergiques que celles que développe la chaleur.

CHAPITRE II.

De l'Electricité par influence.

335. *Un corps électrisé décompose à distance les électricités naturelles de tous les corps conducteurs.* — Nous venons de voir que chacun des fluides électriques attire le fluide de nom contraire, et repousse celui de même nom; ces attractions et répulsions n'ont pas lieu seulement sur les fluides libres et déjà décomposés, mais elles s'exercent aussi sur les fluides combinés; et il résulte de là qu'un corps conducteur peut, *sans rien perdre et sans rien recevoir*, être constitué dans un état électrique particulier, qui naît de la cause agissante à laquelle il est soumis, et qui cesse avec elle. C'est cette électricité produite à distance, que l'on appelle *électricité par influence.*

Par exemple, un anneau de cuivre *nn'* (*Fig.* 63), portant deux fils de métal très-fins et deux balles de sureau, est soutenu sur un tube ou sur un crochet en verre; on le présente à un corps R, électrisé résineusement, et à la distance de plus d'un pied, l'on voit les deux balles qui s'écartent l'une de l'autre pour prendre la position *bb'*. A une distance plus petite la divergence est plus grande, sans que l'étincelle jaillisse entre l'anneau et le corps électrisé. Les balles *bb'* sont donc chargées d'une même électricité, et même il est facile de reconnaître que cette électricité est résineuse, comme celle du corps R qui agit sur l'anneau et sur elles. Cependant il n'en faudrait pas conclure qu'il y a une communication électrique au travers de l'air; car, en éloignant l'anneau, soit lentement, soit rapidement, la divergence diminue à mesure que la distance augmente, et elle devient tout-à-fait nulle quand la distance est assez grande; ce qui n'arriverait pas si les balles ou l'anneau avaient reçu du corps R une électricité quelconque. Tout le phénomène se passe donc dans les balles et l'anneau, et dans les fils de métal qui les joignent. Ce système de corps conducteurs a ses fluides naturels décomposés par l'influence du corps électrisé; tout le fluide vitré qui résulte de cette décomposion se rassemble dans l'anneau, où il est appelé par l'attraction de R, et tout le fluide résineux est refoulé dans les balles par la répulsion. Ainsi, ces deux fluides sont simplement *déplacés*, dans le système conducteur; ils se rejoignent par leur attraction mutuelle, et se recomposent dès que la distance du corps électrisé est trop grande pour les maintenir séparés.

Pour ne laisser aucun doute sur cette vérité fondamentale, il suffit de venir toucher l'anneau avec un petit *plan d'épreuve* (1) que l'on retire à l'instant, et de montrer qu'en effet ce plan d'épreuve est chargé d'électricité vitrée, tandis que les balles divergent par de l'électricité résineuse. On dit quelquefois qu'un corps est dans *la sphère d'activité* ou hors de la sphère d'activité d'un corps électrisé, suivant qu'il en ressent ou n'en ressent pas l'influence; mais il faut remarquer que ces expressions, dont on peut se servir sans inconvénient, sont bien moins relatives au corps électricité lui-même qu'au corps que l'on soumet à son influence : rigoureusement, la sphère d'activité d'un corps électrisé s'étend à l'infini, et la distance à laquelle nous pouvons rendre ses effets sensibles dépend de la mobilité des appareils que nous employons.

(1) Le *plan d'épreuve* est un petit disque de clinquant ou de papier doré, de quelques lignes de diamètre, qui est collé par son bord ou par son centre à une longue aiguille de gomme laque.

On peut encore disposer l'expérience de la manière suivante : *cc'* (*Fig.* 64) est un *excitateur* (on nomme ainsi une tige de cuivre terminée comme le représente la figure ; le plus souvent elle peut se tirer et s'allonger comme une lunette) ; on suspend à chacune de ses extrémités un double pendule à fil de lin ou de métal, et on le place sur un isoloir *s* ; alors on approche un corps électrisé R, et l'on observe une divergence dans les balles : si le corps est électrisé résineusement, comme le représente la figure, l'électricité vitrée se porte et s'accumule dans la partie de l'excitateur qui en est la plus voisine, et la résineuse est refoulée à l'extrémité opposée ; c'est ce qu'on peut vérifier en approchant un tube de verre électrisé ou un bâton de résine, ou en prenant de l'électricité avec le plan d'épreuve pour en reconnaître la nature. Le contraire arriverait si le corps R était électrisé vitreusement.

Un corps électrisé par influence agit à son tour, pour électriser les corps voisins qui se trouvent dans sa sphère d'activité, et ces actions successives peuvent se propager jusqu'à de grandes distances. Il suffit de jeter les yeux sur la *figure* 66, pour voir la disposition que l'on peut donner aux appareils dans ces expériences. M est un conducteur de la machine, C un premier cylindre isolé, C' un second cylindre pareil, B une boule de cuivre, et *b* une petite balle de sureau. La divergence des balles indique la présence de l'électricité, et les signes + et — marquent son espèce.

Lorsqu'un corps conducteur est déjà chargé d'électricité, il n'en éprouve pas moins l'influence d'un autre corps électrisé ; une seule expérience suffit pour montrer combien de phénomènes curieux peuvent résulter de ce principe. Le petit anneau à pendules, de la première des expériences qui précèdent, est électrisé résineusement ; on lui présente un corps électrisé résineusement comme lui, et la divergence des balles augmente. Donc son électricité résineuse est repoussée et refoulée dans les balles, par l'électricité résineuse qui agit sur lui par influence; ou, si l'on veut, ses électricités naturelles sont séparées; la résineuse est refoulée dans les balles, où elle s'ajoute à la résineuse qui s'y trouve déjà, tandis que la vitrée est appelée dans l'anneau, où elle neutralise une égale portion de résineuse, en se recomposant avec elle. La charge primitive de l'anneau et celle du corps qu'on lui présente peuvent être telles que, pendant l'action par influence, l'anneau se trouve encore électrisé résineusement, ou qu'il reprenne son état naturel, ou même qu'il se montre avec une charge d'électricité vitrée. C'est ce que l'on peut vérifier avec le plan d'épreuve. Ces phénomènes sont plus apparens, lorsqu'on donne à l'anneau une charge primitive d'électricité vitrée; alors, sous l'influence des corps résineux, qu'on en approche graduellement, les balles se rapprochent peu à peu, reviennent au contact, et divergent de nouveau; ce qui prouve d'une manière évidente que leur électricité vitrée a été peu à peu appelée dans l'anneau, qu'elle y est venue en totalité; et qu'enfin, pour une moindre distance du corps agissant, il s'est fait une décomposition nouvelle qui refoule du fluide résineux dans les balles, et qui leur donne une nouvelle divergence.

336. *Les corps électrisés par influence retombent à leur état primitif dès que l'influence cesse.* — Puisque la décomposition par influence est instantanée dans les corps conducteurs, la récomposition doit être instantanée dès qu'on détruit la cause décomposante. Or, on peut en général la détruire de deux manières : soit graduellement, en tirant des corps électrisés de petites étincelles avec un corps isolé, ou en augmentant la distance du corps conducteur qui reçoit son influence; soit subitement, en tirant du corps électrisé un étincelle totale, qui le décharge complètement lorsqu'il est lui-même conducteur. Dans le premier cas, la recomposition est graduelle comme la diminution de la force, et l'on s'en aperçoit à la divergence

des balles, qui diminue de plus en plus; dans le second cas, les deux électricités séparées par influence se rejoignent par leur attraction mutuelle, et se recomposent en totalité, comme on le voit par le rapprochement des balles, qui est subit et complet. Dans ces phénomènes, ni l'un ni l'autre des fluides ne sort de la masse qui reçoit l'influence électrique; mais ils éprouvent tous deux un mouvement de translation dans l'étendue de cette masse, soit quand ils se séparent, soit quand ils se rejoignent; et ces mouvemens rapides de l'électricité produisent dans les molécules pondérables des secousses mécaniques ou des effets chimiques très-remarquables.

Par exemple, une grenouille, préparée et disposée, comme on le voit dans la *figure* 65, semble n'éprouver aucun effet lorsqu'on tourne lentement la machine qui charge d'électricité vitrée le conducteur *c*; cependant son électricité naturelle est décomposée par influence, la résineuse est appelée en R, tandis que la vitrée est repoussée dans le sol par le fil s, et dès qu'on tire une étincelle au conducteur, la recomposition subite des électricités de la grenouille imprime à tout son corps une sorte de convulsion, qui la fait sauter comme si elle s'élançait par un mouvement volontaire; preuve frappante que, dans le retour à l'état naturel, les molécules des corps sont agitées par les fluides qui se pressent pour se rejoindre. Les commotions de cette espèce s'appellent *le choc en retour*. L'expérience serait tentée sans succès sur une grenouille tuée depuis cinq ou six heures; mais elle réussit très-bien avec une grenouille qui vient d'être coupée et dépouillée, et mieux encore avec une grenouille vivante, telle qu'elle sort de l'eau.

En présence d'une puissante machine, un homme qui communique au sol éprouve des secousses analogues; on en peut faire l'expérience avec un conducteur d'une grande superficie : deux personnes placées aux deux extrémités de ce conducteur, n'éprouvent pas d'effets sensibles pendant qu'il se charge; mais l'une d'elles s'approchant assez près pour tirer des étincelles, l'autre, à l'instant, éprouve toute la violence du choc en retour, sans qu'il paraisse aucune trace d'électricité ni de lumière, entre elle et le conducteur chargé.

Parmi les malheureuses victimes frappées de la foudre, on en compte un assez grand nombre qui sont mortes subitement, par la seule influence de la *queue du nuage;* car un nuage orageux est analogue au conducteur de l'expérience précédente; il décompose par influence les électricités naturelles de tous les corps conducteurs qui sont dans sa sphère d'activité; et quand l'éclair jaillit, c'est toujours entre lui et l'un de ces corps: celui-ci est foudroyé *directement*, par ce qu'on appelle alors la *tête du nuage*, et les autres sont foudroyés *par influence* ou *par le choc en retour.*

Quand le corps conducteur qui reçoit l'influence électrique n'est pas en communication directe avec le sol, il se peut faire qu'il perde peu à peu celle de ses électricités qui est repoussée, et qu'ensuite, la cause décomposante étant subitement détruite, il perde tout à coup, par une seule étincelle, l'autre électricité qui s'est accumulée sur sa surface. C'est ce qu'il est facile de vérifier avec un pistolet de Volta convenablement disposé en présence des conducteurs de la machine.

367. *En touchant les corps conducteurs, lorsqu'ils sont soumis à l'influence, on en peut tirer l'une ou l'autre électricité; mais on ne peut les charger que d'une seule électricité, en les mettant en communication avec le sol.* — Reprenons l'un des cylindres isolés de la figure 66, et supposons que ses électricités naturelles soient décomposées par l'influence de la machine; son fluide résineux étant appelé en R, son fluide vitré repoussé en V, et la *ligne neutre n n'* marquant sur sa surface les points qui séparent les deux fluides contraires; dans cet état, si l'on vient le toucher avec un plan d'é-

preuve, on prendra de l'électricité résineuse dans la région n R; de la vitrée dans la région n V, et l'on ne prendrait point d'électricité sensible sur la ligne neutre $n n'$. Mais, si au lieu de toucher le cylindre avec un plan d'épreuve très-petit, on vient le mettre en communication avec le sol, on obtiendra des résultats tout-à-fait différens : s'il communique au sol par un point de la région n V, tout le fluide vitré s'écoule, et le fluide résineux reste en totalité, maintenu par l'attraction du fluide vitré de la machine; s'il communique au sol par un point de la région n R, c'est *encore le fluide vitré* qui s'écoule, et le fluide résineux qui reste. Phénomène remarquable, très-facile à vérifier, et aussi très-facile à expliquer; car le fil de métal qui établit la communication avec le sol, éprouve lui-même la décomposition par influence; son fluide vitré est refoulé dans le sol, tandis que son fluide résineux est attiré, passe sur le cylindre, et neutralise, en s'y répandant, tout le vitré qui s'y trouve; le résultat est le même que si le cylindre avait été en communication avec le sol, avant d'éprouver l'influence des conducteurs de la machine. Or, si en touchant la région n R, avec le plan d'épreuve, qui est très-petit, on en tire de l'électricité résineuse, et si en la touchant avec le sol qui est très-grand, on en tire de la vitrée, il faut bien qu'il existe des corps isolés, d'une certaine dimension, qui n'en pourraient tirer ni l'un ni l'autre des fluides. Cette conséquence est importante, et nous ne la présentons ici que pour indiquer d'avance, 1° que dans la décomposition par influence, le lieu et la forme de la ligne neutre dépendent d'une foule de conditions, et 2° que dans le contact des corps électrisés il se produit des phénomènes très-complexes.

368. *Des électroscopes et de leurs usages.* — Nous avons déjà fait connaître le pendule électrique, l'aiguille électrique et l'électroscope de Colomb; mais on a été conduit par les phénomènes de l'électricité par influence, à construire d'autres électroscopes qui conservent mieux l'électricité

qu'on leur donne, et qui sont plus propres à donner approximativement une idée des forces électriques qui les sollicitent. Tous ces appareils se composent essentiellement d'un *vase en verre*, d'un *conducteur fixe* et d'un *conducteur mobile.*

Le *vase en verre* a la forme d'une cloche ou d'un flacon; l'orifice supérieur est étroit, et le fond peut être de verre (*Fig.* 69); mais le plus souvent il est en métal (*Fig.* 67 et 68), et alors il porte deux boules de cuivre (*Fig.* 67), ou bien il communique à deux petites lames d'étain *ee'* (*Fig.* 68), qui sont collées verticalement sur les parois intérieures de la cloche.

Le *conducteur fixe* est une petite lame métallique, qui se termine en haut par une boule (*Fig.* 67 et 68) ou par un anneau (*Fig.* 69); elle est mastiquée avec de la gomme laque dans le col du vase, et même pour plus de précautions l'on vernit la surface extérieure du verre jusqu'à une distance *vv'*.

Le *conducteur mobile* est suspendu à l'extrémité inférieure du conducteur fixe; c'est de sa nature que dépend le nom de l'électroscope : dans *l'électroscope à pailles*, il se compose de deux pailles légères, que l'on suspend au conducteur fixe par de petits anneaux de fil de métal très-fin (*Fig.* 69); dans *l'électroscope à lames d'or*, il se compose de deux lames d'or qui se collent par la simple apposition, sur l'extrémité aplatie du conducteur fixe (*Fig.* 68); dans *l'électroscope à balles de sureau*, il se compose de deux fils de métal très-fins, qui s'attachent comme les pailles, et qui portent à leur extrémité inférieure de petites balles de sureau *bb'* (*Fig.* 67). Ces conducteurs mobiles viennent dans leur plus grande divergence, toucher les boules *ss'* ou les lames d'étain *ee'*, pour se décharger de leur électricité; car s'ils allaient toucher la surface du verre, ils y resteraient adhérens et lui communiqueraient une électricité qui pourrait pendant long-temps troubler les résultats.

Les expériences dont nous avons parlé (365 et 366) suffisent pour indiquer l'usage des électroscopes : lorsqu'on voudra simplement reconnaître la présence de l'électricité dans un corps, il faudra l'approcher graduellement du conducteur fixe de l'électroscope, et observer la divergence toujours croissante des conducteurs mobiles ; de deux corps de même forme, placés à la même distance, celui qui produira la moindre divergence aura évidemment la moindre force électrique ; mais les intensités ne seront pas proportionnelles aux angles d'écart, elles suivent une loi beaucoup plus compliquée. Lorsqu'on voudra reconnaître l'espèce d'électricité que possède un corps, il faudra préalablement donner à l'électroscope une électricité connue ; ce qui se fait de la manière suivante : on approche un corps électrique, et en même temps on touche avec le doigt le bouton de l'électroscope ; le fluide *repoussé* passe dans le sol (367), et en retirant le doigt *d'abord*, et *ensuite* le corps électrisé, l'électroscope reste chargé du fluide *attiré* ; c'est-à-dire du fluide contraire à celui du corps qu'on lui présente. Dans cet état, tout corps qu'on en approche, et qui augmente sa divergence, est certainement chargé de la même électricité que l'électroscope ; mais l'inverse n'a pas lieu : tout corps qui diminue la divergence, n'est pas certainement chargé d'une électricité contraire à celle de l'électroscope ; car les corps conducteurs, pris dans leur état naturel, doivent eux-mêmes produire cet effet sur les conducteurs mobiles, à cause de la décomposition par influence qu'ils éprouvent. Ainsi, l'augmentation de divergence est une épreuve décisive, tandis que la diminution est une épreuve incertaine ; à moins toutefois que cette diminution ne soit très-grande, et que le corps qui la produit, étant approché davantage, ne soit capable de déterminer une divergence contraire, après avoir ramené jusqu'au contact les conducteurs mobiles de l'électroscope.

Quand l'air est humide, l'électricité se perd promptement, et il serait impossible alors de faire des expériences comparatives avec les électroscopes, si l'on n'avait soin de dessécher l'air qu'ils contiennent, avec quelques fragmens de muriate de chaux; et même il est bon de dessécher aussi l'air qui les environne, en les enveloppant d'une cage, au fond de laquelle on place des corps propres à absorber l'humidité.

369. *De l'électrophore.*— Cet instrument, imaginé par Volta, repose encore sur les principes de l'électricité par influence; il se compose d'un *gâteau* de résine G (*Fig.* 70), d'un *plateau* P auquel est adapté un manche isolant *m*. La résine est coulée dans un moule en bois ou en métal : il importe que sa surface supérieure soit sensiblement plane, le plateau est en cuivre avec un rebord arrondi, ou simplement en bois revêtu d'étain, son diamètre est moindre d'un ou deux pouces que celui du gâteau. Après avoir électrisé toute la surface de la résine en la battant avec une peau de chat, on pose sur elle le plateau par son manche isolant, et avec le doigt on en tire une étincelle; c'est son électricité résineuse qui s'écoule dans le sol; ensuite en relevant le plateau, on le trouve fortement chargé d'électricité vitrée. On peut répéter l'expérience plusieurs centaines de fois de suite sans qu'il soit nécessaire de donner au gâteau une nouvelle charge avec la peau de chat. L'électricité de la résine agissant par influence sur les électricités naturelles du plateau à travers la mince couche d'air qui l'en sépare, y produit une grande décomposition, et l'électricité vitrée qu'elle attire, ne peut pas venir la neutraliser, parce qu'elle ne peut pas s'accumuler sur un point pour vaincre la résistance de l'air. L'électrophore vaut à lui seul une machine électrique.

370. *Expériences diverses.*—Devant le conducteur *c* de la machine est un timbre *t* communiquant au sol, et un pendule isolé (*Fig.* 71); le conducteur électrisé vitreusement attire d'abord le pendule, le charge d'électricité

vitrée, et ensuite le repousse : le timbre, au contraire, étant, par l'influence du conducteur, électrisé résineusement dans sa partie antérieure, attire le pendule quand le conducteur le repousse, le décharge de son électricité vitrée, pour lui en donner de la résinense, et le repousse vers le conducteur, qui l'attire à son tour. De là les oscillations rapides du pendule, qui se continuent aussi long-temps que l'on tourne la machine pour électriser le conducteur.

Au lieu du timbre on peut prendre une boule de métal, et au lieu du pendule une *araignée* faite en liége, un peu brûlé à sa surface, et suspendue à un fil de soie ; à cause de l'imparfaite conductibilité du liége, les pates de l'araignée semblent s'attacher pendant quelques instans aux corps électrisés qu'elles touchent (*Fig.* 72).

Une feuille d'or battu, placée sur un petit plateau de métal communiquant au sol, et à quelques pouces au dessous du conducteur de la machine, est alternativement attirée et repoussée, et exécute ainsi une série d'oscillations analogues à celles du pendule; c'est de cette manière que l'on fait la danse des pantins, en disposant de petits bons-hommes de liége diversement ornés, entre deux plateaux de métal, distans de cinq ou six pouces, dont l'un communique au sol, et l'autre au conducteur de la machine.

Ces expériences, qui ne semblent que des jeux d'enfans, ont suggéré à Volta une ingénieuse idée pour expliquer le phénomène de la grêle. Nous reviendrons sur ce sujet dans la Météorologie; mais nous pouvons dès à présent indiquer l'expérience par laquelle Volta imite les divers mouvemens que les grelons exécutent entre les nuages, avant de tomber en masse sur la terre. *c* (*Fig.* 74) est une grande cloche en verre, dont le fond est de métal et communique au sol; le plateau supérieur *p* communique à la machine, et dès que l'électricité se fait sentir, les balles de sureau qui étaient tranquilles sur le fond, s'élèvent, le touchent, retombent et s'élèvent de nouveau : pendant qu'elles exécutent ces mouvemens alternatifs, elle se heurtent de mille manières, et donnent une idée de cette espèce de cliquetis ou de bruissement que l'on entend dans les nuages quelques instans avant la chute de la grêle.

CHAPITRE III.

Des forces électriques.

371. *Les attractions et les répulsions électriques sont en raison composée des quantités de fluide, et en raison inverse du carré des distances.* — Cette loi fondamentale des actions électriques a été découverte par Coulomb, comme la loi fondamentale des actions magnétiques, et c'est par des moyens analogues, savoir : par la balance de torsion et par les oscillations d'une petite aiguille, qu'il est parvenu à en démontrer la vérité. La balance électrique diffère peu de la balance magnétique : dans la construction de cette dernière, il faut éviter soigneusement l'emploi des corps ferrugineux; dans la construction de la première, il faut éviter avec le même soin l'emploi des corps conducteurs. On la construit de la manière suivante : sur une table en bois très-sec, on établit par incrustation quatre grandes glaces carrées, de 30 à 40 pouces de côté (*Fig.* 75); leurs bords verticaux sont travaillés de manière qu'ils se joignent très-exactement, et on les colle ensemble, de peur que l'air n'y puisse trouver quelque issue. Une cinquième glace, un peu plus grande, s'ajuste sur les premières pour fermer exactement l'appareil; elle est percée de deux ouvertures circulaires, l'une au centre, sur laquelle s'élève un tube de verre T, de 12 à 15 pouces de hauteur et de 2 ou 3 pouces de diamètre, et l'autre sur le côté, par laquelle on introduit les corps électrisés. Au dessus du tube de verre est un micromètre pareil à celui de la balance magnétique (*Fig.*36); le fil de cuivre ou d'argent qui est fixé au treuil de ce mi-

cromètre porte à sa partie inférieure une légère aiguille en gomme laque, très-bien équilibrée, et terminée par une petite balle de sureau ou par un disque de clinquant de 6 à 8 lignes de diamètre. Sur le contour de la cage, et vers le milieu de sa hauteur, est une bande de papier qui porte les degrés; le fil de torsion doit toujours, comme nous l'avons vu (327), passer par le centre de ces divisions. Au fond de la balance on met du muriate de chaux dans une capsule, pour absorber l'humidité de l'air.

Pour déterminer, avec cet appareil, la loi des répulsions électriques, on donne d'abord de l'électricité à la balle de l'aiguille suspendue; et ensuite, à l'extrémité d'un tube de verre ou d'un fil de soie, enduit de gomme laque, est une autre balle électrisée de la même manière, que l'on fait descendre dans la balance, avec la précaution de la maintenir à très-peu près sur la circonférence que la balle mobile peut décrire dans son mouvement révolutif. La répulsion s'exerce entre ces deux balles comme entre deux pôles magnétiques de même nom, et l'expérience s'achève en effet, comme celle que nous avons rapportée (318). En donnant aux balles des électricités contraires, on détermine aussi la loi des attractions électriques comme celles des attractions magnétiques.

Pour démontrer que les attractions et les répulsions sont en raison composée des quantités d'électricités, il faut s'appuyer sur ce principe évident de lui-même : que deux sphères conductrices et de même rayon, qui sont mises en contact, se partagent également les électricités qu'elles possèdent. Ainsi, après avoir observé la force de torsion qui fait équilibre à l'action attractive ou répulsive des deux balles à une distance connue, si l'on vient toucher l'une d'elles avec une troisième balle isolée, qui lui soit exactement pareille, on lui enlève la moitié de l'électricité qu'elle possède, et l'on reconnaît que, pour la même distance, la force de torsion se trouve réduite à moitié. En prenant une seconde fois, par le même procédé, la moitié du fluide qui reste encore sur l'une ou sur l'autre des balles, on réduirait encore la force à la moitié de sa valeur, et si l'on prenait simultanément la moitié du fluide qui se trouve sur chacune des balles, la force serait réduite au quart de ce qu'elle était.

Coulomb a encore constaté les mêmes lois et avec la même précision, en faisant osciller, devant un globe électrisé, une petite aiguille de gomme laque suspendue à un fil de soie, et portant à l'une de ses extrémités un disque de clinquant, destiné à recevoir l'un ou l'autre fluide. Cet appareil devient tout-à-fait semblable à celui que nous avons décrit (320); seulement, la réaction électrique qui s'exerce alors entre le globe et le disque est la seule cause des oscillations; d'où il résulte que, pour des charges ou pour des distances différentes, les intensités des forces sont entre elles comme les carrés des nombres d'oscillations que l'aiguille exécute dans le même temps.

372. *De la perte de l'électricité par l'air et par les supports.*—L'électricité des corps disparaît avec le temps : elle se dissipe dans l'air ou s'écoule dans le sol; c'est un fait qui se constate par toutes les expériences électriques. Ne pouvant empêcher cette déperdition, nous devons nous attacher à la rendre plus lente, plus régulière et plus mesurable; sans cela toute comparaison serait impossible entre les forces, puisqu'à chaque instant elles seraient variables et changeraient irrégulièrement suivant des lois inconnues.

La perte, par les supports isolans, se fait en partie au travers de leur substance, et en partie sur la mince couche d'humidité dont ils sont très-souvent revêtus. Cette dernière cause est très-influente pour le verre et la soie, qui absorbent la vapeur d'eau avec une grande avidité; c'est pourquoi il est toujours nécessaire d'enduire la surface de ces corps d'une couche de gomme laque, soit en les plongeant dans de la gomme laque fondue, soit en les couvrant d'un vernis de cette substance. Avec cette précaution, les supports de verre et de soie, et ceux de gomme laque pure, isolent à peu près au même degré : il paraît même, d'après les expériences de Coulomb, qu'ils peuvent isoler complétement les faibles charges électriques, lorsqu'ils ont une longueur de 15 ou 20 pouces, et qu'on prend soin de les chauffer avant l'expérience, pour vaporiser l'humidité qui s'y attache. Cependant, puisqu'ils n'isolent complètement que sous la condition d'avoir une grande longueur, il est évident qu'ils s'imprègnent toujours d'une petite quantité d'électricité, et l'on conçoit ainsi qu'une charge plus forte, réagissant sur elle-même avec plus d'énergie, repousse le fluide jusqu'à l'extrémité du support et le force à passer dans le sol, par un écoulement lent mais continu. On reconnaît qu'un corps est parfaitement isolé, lorsqu'en le soutenant par plusieurs supports il éprouve la même perte que s'il était soutenu par un seul, et l'on est alors bien assuré que la perte qu'il éprouve est due au contact de l'air.

La perte de l'air est due en grande partie à la vapeur d'eau qui est toujours plus ou moins abondante dans l'atmosphère, car elle augmente à mesure que l'hygromètre marche à l'humidité : le fait est si frappant que, par exemple, si l'on souffle sur un tube électrisé ou sur un bâton de résine, il ne reste pas de trace de son électricité; il en est de même quand on souffle sur un corps conducteur isolé; mais, dans ce cas, il ne faut pas souffler de trop près, de peur de recevoir la commotion. L'électricité qui s'écoule ainsi par la vapeur d'eau se répand de proche en proche dans l'atmosphère environnante, et il est probable que la transmission ne se fait pas sans que les molécules de vapeur éprouvent une grande agitation. Toute la perte d'électricité qui se fait dans l'air n'est pas due à la présence de la vapeur : l'air le plus complètement desséché par le muriate de chaux, par l'acide sulfurique ou par les autres corps absorbans, laisse encore échapper, avec le temps, une certaine proportion du fluide électrique des corps qu'il enveloppe. On en peut faire l'expérience dans la balance de Coulomb, après avoir desséché l'air qu'elle contient et après avoir électrisé la balle de l'aiguille et la balle fixe. Supposons, par exemple, que ces deux balles soient maintenues à 20° de distance, par une torsion de 250° du micromètre supérieur ; la force qui fait équilibre à la répulsion électrique est alors de $250 + 20 = 270°$; avec le temps on verra les deux balles se rapprocher, et après 1' il faudra détordre le micromètre supérieur de 6°, par exemple, pour la remettre à la distance primitive de 20°. Ainsi, en 1', *la force électrique perdue* sera celle qui fait équilibre à 6° de torsion ; et si l'on veut avoir son rapport à la *force électrique moyenne* qui a lieu pendant cette minute, il suffira de remarquer qu'au commencement cette force était 270° ; qu'à la fin elle était $244 + 20 = 264$, dont la moyenne est $\frac{270 + 264}{2} = 267$; d'où il résulte enfin que la perte a été, pendant une minute, $\frac{6}{267} = \frac{1}{44,5}$; c'est-à-dire un quarante-quatrième à peu près de la force moyenne.

C'est de cette manière que Coulomb est parvenu à évaluer exactement la perte par l'air : dans les jours secs, on trouve souvent qu'elle n'est par minute que $\frac{1}{60}$ ou même $\frac{1}{70}$ de la force moyenne ; mais dans les temps un peu humides elle est quelquefois de $\frac{1}{20}$: alors il est à peu près impossible de faire des expériences exactes. Lorsqu'il y a peu de variations atmosphériques soit dans la chaleur, soit dans la direction du vent, la perte par l'air reste sensiblement la même, dans le cours d'une journée, et l'on peut facilement comparer la perte qui a lieu dans la balance à celle qui a lieu au-dehors sur un corps conducteur électrisé : pour cela on vient toucher ce corps avec une balle isolée ou avec un plan d'épreuve que l'on reporte à l'instant dans la balance ; on le met en contact avec la balle de l'aiguille, et l'on observe la répulsion ; puis, après quelques minutes, on répète la même expérience, en ayant soin toutefois de remettre à l'état naturel le plan d'épreuve et la balle mobile, et alors on observe une répulsion moindre; ce qui est une marque certaine qu'au second contact le corps avait moins d'électricité, puisqu'il en a moins donné au plan d'épreuve. Or, en admettant, comme nous le verrons plus loin, qu'un corps donne au plan d'épreuve qui le touche, *au même endroit* et *de la même manière*, des quantités d'électricité proportionnelles à celles qu'il possède, on voit que les charges électriques du corps, aux deux époques du contact, seront proportionnelles aux forces de torsion, et qu'ainsi il sera facile de déterminer la perte qu'il a éprouvée dans l'intervalle. Ces moyens de comparer les forces électriques, et de calculer ce qu'elles doivent être à chaque instant, lorsqu'on sait ce qu'elles sont à une époque donnée, est une des plus belles inventions qui aient été faites en électricité; c'est par là seulement que Coulomb a pu poser, et qu'il a en effet posé, les principes fondamentaux de la science.

673. *Distribution de l'électricité à la surface des corps conducteurs.* — L'électricité naturelle est uniformément répandue dans toute la masse d'un corps conducteur, et elle y paraît accumulée en quantité indéfinie, comme la chaleur et le magnétisme; mais dès qu'un fluide est libre ou séparé de l'autre, il réagit sur lui-même par sa force répulsive, et toutes ses molécules tendent sans cesse à se disperser, jusqu'à ce qu'elles trouvent un obstacle qui les arrête. Un corps qui serait parfaitement conducteur n'offrirait dans toute sa masse aucune résistance à cette dispersion; et le fluide, parvenu rapidement à sa surface, en sortirait pour se répandre plus loin, s'il y rencontrait encore un espace également perméable. Le vide laissant passer l'électricité, un corps électrisé qui serait placé au milieu du vide perdrait à l'instant tout son fluide libre; ainsi la terre est probablement, parmi les planètes, la seule qui puisse être électrisée à sa surface, puisqu'elle est la seule qui pa-

raisse avoir une atmosphère autour d'elle. Nous verrons que les métaux eux-mêmes n'ont pas une conductibilité parfaite; cependant le fluide électrique passe avec une telle rapidité, d'un point à un autre de leur masse, que nous pouvons, du moins pour le moment, supposer que l'électricité dont ils sont chargés n'a aucune résistance à vaincre pour se mouvoir dans leur substance. Il résulte de cette hypothèse que l'électricité libre, développée en un point quelconque d'un conducteur métallique, vient toujours à sa surface où elle se trouve arrêtée par l'air environnant. Mais comment s'arrange-t-elle dans la masse entière du conducteur? Faut-il, pour l'équilibre, qu'elle s'y répande uniformément, comme l'air se répand dans un ballon? ou bien faut-il que ses molécules, obéissant à leur force répulsive, viennent s'accumuler et se presser contre l'air qui enveloppe sa surface, ou contre les corps non conducteurs qui la couvrent? Voici trois expériences qui peuvent jeter quelque lumière sur ce point fondamental de la théorie : 1°. Un globe isolé (*Fig.* 76) est recouvert de deux hémisphères en papier métallique ou en clinquant, que l'on peut à volonté mettre ou enlever, au moyen de deux manches de verre v et v': on l'électrise dans cet état; ensuite on enlève rapidement les hémisphères, et le globe ainsi dépouillé de son enveloppe est aussi dépouillé complètement de son électricité. Donc le fluide se porte à la surface, et s'y accumule de telle sorte qu'il n'en reste pas à l'intérieur.

2° Une sphère de 7 ou 8 pouces de diamètre, ayant une petite cavité de 8 ou 10 lignes de largeur et de 1 pouce de profondeur, est isolée et chargée d'électricité; lorsqu'on vient avec le plan d'épreuve la toucher à sa surface, on y prend du fluide; mais lorsqu'on la touche au fond de la cavité, le plan d'épreuve reste sensiblement à l'état naturel.

3° Enfin, deux sphères conductrices de même rayon sont électrisées ensemble, et ensuite séparées; on vient toucher l'une d'elles avec une sphère pleine en métal, et l'autre avec une sphère de même rayon que la précédente, mais faite avec du clinquant ou du papier doré, ou simplement en collant des feuilles d'étain ou d'or battu sur un globe de résine; après le contact on essaie, avec le plan d'épreuve et la balance, les forces électriques des deux premières sphères, et on les trouve exactement pareilles : donc la sphère pleine en métal n'a pas plus enlevé d'électricité à la première que la sphère *superficielle* n'en a enlevé à la seconde; ce qui est une preuve évidente que l'électricité libre ne réside jamais dans l'intérieur des corps, qu'elle est toujours à la surface, et même qu'elle n'y occupe qu'une épaisseur insensible; car si la couche de fluide électrique devait être plus épaisse qu'une feuille d'or battu, la sphère superficielle n'en prendrait pas autant que la sphère pleine.

Ces preuves expérimentales sont encore confirmées par une preuve mathématique : car cet arrangement de fluide électrique dans son état d'équilibre est une conséquence rigoureuse de la répulsion, qui agit sur ses molécules en raison inverse du carré de la distance.

De ce que le fluide électrique, repoussé par lui-même, forme à la surface des corps une épaisseur moindre qu'une feuille d'or battu, il n'en faudrait pas conclure que cette épaisseur est insensible, et qu'elle n'entre pour rien dans les phénomènes. Les dimensions qui échappent à la prise directe de nos sens n'en sont pas moins comparables entre elles; et les épaisseurs infiniment petites des couches électriques peuvent être décuples ou centuples l'une de l'autre, comme les épaisseurs qui se comptent par toises ou par mètres. Sur un globe conducteur électrisé (*Fig.* 77), tout étant symétrique autour du centre, il est évident que la couche électrique doit avoir partout la même épaisseur; ainsi elle est comprise entre la surface *e e'* du globe, où elle s'arrête contre l'air, et une autre surface *i i'*, pareillement sphérique, qui passe *au dessous* ou *au dedans* de la première, d'une quantité infiniment petite; cette surface *intérieure* de la couche électrique est sa surface *libre*; il semble d'abord qu'une molécule de fluide, telle que *m*, ne puisse être en équilibre dans cet état; mais en concevant le plan *p m p'*, on verra que, si tout le fluide qui est au dessus tend, par sa répulsion, à précipiter la molécule *m* vers le centre, tout le fluide qui est au dessus tend, au contraire, à la repousser vers la surface; et l'on démontre mathématiquement que, par la loi de la raison inverse du carré de la distance, ces deux forces opposées doivent exactement se faire équilibre. Il n'en est pas de même d'une molécule M de la surface extérieure; celle-ci est repoussée loin du centre par toutes les molécules du fluide; de là l'effort continuel qu'elle exerce contre l'air ou contre les corps non conducteurs sur lesquels elle s'appuie.

M. De Laplace a démontré que le fluide électrique a une force répulsive qui est partout proportionnelle à son épaisseur; et comme la pression qu'il exerce contre l'air ou contre les obstacles qui l'arrêtent est en raison composée de sa force répulsive et de son épaisseur, il en résulte que cette pression, en chaque point, ou sur chaque élément de surface, est proportionnelle au carré de l'épaisseur de la couche qui se trouve en ce point ou sur cet élément. Ainsi, le fluide électrique répandu sur les corps conducteurs, peut être considéré comme les fluides pondérables contenus dans des vases contre lesquels ils exercent des pressions: quand ces vases sont assez résistans, le fluide est contenu; quand ils sont trop faibles pour résister à la pression, les parois crèvent et le fluide s'écoule: pour le fluide électrique, le vase est le corps conducteur, la paroi est l'air qui l'enveloppe, ou la couche de vernis non conducteur qui le couvre; et quand l'épaisseur de l'électricité est assez grande, elle fend l'air ou elle perce la couche de vernis; et l'étincelle jaillit, ce qui est la marque d'un écoulement rapide du fluide. Quand la couche électrique est arrêtée et maintenue en équilibre, il est évident que la somme des actions qu'elle exerce sur un point intérieur quelconque, tel que N, est toujours nulle; sans cela elle opérerait par influence une nouvelle décomposition des fluides naturels qui sont en ce point, et l'équilibre serait troublé.

Sur un ellipsoïde de révolution (*Fig.* 80), l'épaisseur électrique n'est plus la même aux différens points de la surface : il résulte des conditions mathématiques dont nous venons de parler, qu'au pôle p et en un point q de l'équateur les épaisseurs sont entre elles comme les rayons cp et cq, par conséquent les pressions sont entre elles comme les carrés de cp et cq. Par exemple, si l'ellipsoïde est très-allongé, de telle sorte que $cp=100\ cq$, la pression au point p sera 10,000 fois plus grande qu'au point q; c'est donc toujours par l'extrémité la plus amincie de l'ellipsoïde que le fluide devra s'écouler.

Une pointe très-aiguë peut toujours être considérée comme étant le pôle d'un ellipsoïde de révolution très-allongé; ainsi, quelque faible que soit la charge électrique d'un tel corps, le fluide qui s'accumule à son sommet y formera toujours une épaisseur assez grande pour vaincre la résistance de l'air : de là *le pouvoir des pointes*, qui avait été découvert par Franklin avant qu'il fût expliqué par la théorie. On dit quelquefois que les pointes ont le pouvoir d'attirer le fluide électrique; c'est précisément le contraire qu'il faut dire : elles ont la propriété de laisser écouler le fluide dont elles sont chargées. On peut faire une foule d'expériences sur cette propriété; nous indiquerons les suivantes.

1° Une pointe aiguë étant placée sur les conducteurs de la machine, il devient impossible de leur donner de l'électricité et d'en tirer des étincelles; le fluide se dissipe par la pointe à mesure qu'il se développe par le mouvement de la machine.

2° Une pointe communiquant au sol, étant présentée

aux conducteurs de la machine à un pied de distance, il devient pareillement impossible de les charger. L'électricité du conducteur décompose par influence les électricités de la pointe ; elle repousse dans le sol celle de même nom et attire celle de nom contraire, qui s'accumule à la pointe, et qui s'échappe à travers l'air pour venir neutraliser celle du conducteur.

3° Un *timbre à pointe* (*Fig.* 73) étant sous les conducteurs de la machine, à deux ou même à trois pieds de distance, le bruit des petits pendules p et p' annonce l'écoulement de l'électricité. Cette expérience est la même que la précédente ; les lignes noires représentent sur la figure les fils qui doivent être non conducteurs.

Nous devrons revenir sur les propriétés des pointes, lorsque nous parlerons de la lumière électrique, et surtout lorsque, dans la Météorologie, nous aurons à étudier l'électricité atmosphérique et la construction des paratonnerres.

Les angles et les arêtes des corps conducteurs présentent des phénomènes analogues à ceux des pointes ; c'est pourquoi il faut éviter soigneusement toutes les formes anguleuses dans les appareils qui sont destinés à conserver l'électricité.

Les résultats précédens nous conduisent à une question générale, dont nous pouvons maintenant comprendre le sens et l'étendue : des corps conducteurs sont donnés, on connaît leurs formes et leurs grandeurs ; les uns sont à l'état naturel, les autres ont des charges connues d'électricité résineuse ou vitrée ; on les met en présence pour former un système connu de position ; on suppose que les fluides réagissent simplement sans passer d'un corps à l'autre, et l'on demande quel est l'état électrique d'un point quelconque de ce système ; c'est-à-dire, quelle espèce d'électricité s'y trouve, et quelle épaisseur elle y forme.

Coulomb a donné un moyen expérimental de résoudre

ce problème dans toute son étendue. Voici le principe sur lequel il repose : quand un plan d'épreuve très-mince et assez petit, est posé tangentiellement sur une surface électrisée, et retiré perpendiculairement sans la toucher par ses bords, il est chargé sur chaque face d'une épaisseur électrique qui est la moitié de celle que possédait la surface au point de contact. Coulomb a démontré ce principe en déterminant le rapport suivant lequel l'électricité se partage entre une sphère et un plan circulaire qui vient la toucher par son centre, et qui est retiré perpendiculairement. Mais on peut encore s'en rendre compte d'une autre manière : quand le plan d'épreuve est tangent à une surface, il se confond avec l'élément qu'il touche, il prend en quelque sorte sa place, relativement à l'électricité, ou plutôt il devient lui-même l'élément sur lequel le fluide se répand; ainsi, quand on retire ce plan, on fait la même chose que si l'on avait découpé sur la surface un élément de même épaisseur et de même étendue que lui, et qu'on l'eût enlevé pour le porter dans la balance sans qu'il perdît rien de l'électricité qui le couvre; une fois séparé de la surface, cet élément n'aurait plus dans ses différens points qu'une épaisseur électrique moitié moindre, puisque le fluide devrait se répandre pour en couvrir les deux faces. Ce principe posé, l'expérience n'exige plus que de l'habitude et de la dextérité : après avoir touché un point de la surface avec le plan d'épreuve, on l'apporte dans la balance, où il partage son électricité avec le disque de l'aiguille qui lui est égal, et l'on observe la force de torsion à une distance connue. On répète la même expérience, en touchant un autre point, et le rapport des forces de torsion est le rapport des répulsions électriques; on en prend la racine carrée pour avoir le rapport des épaisseurs. Ainsi, le génie de Coulomb a donné en même temps aux mathématiciens la loi fondamentale suivant laquelle la matière électrique s'attire et se repousse; et aux physiciens une balance nouvelle et des principes d'expérience, au moyen desquels ils peuvent en quelque sorte sonder l'épaisseur de l'électricité sur tous les corps, et déterminer les pressions qu'elle exerce sur les obstacles qui l'arrêtent.

Le problème général dont nous venons de parler, et qui peut être dans tous les cas si facilement et si complètement résolu par l'expérience, peut être attaqué aussi par l'analyse mathématique. M. Poisson a publié deux Mémoires sur ce sujet (*Mém. de l'Institut*, 1811, 1re et 2e parties); en s'appuyant sur la loi de Coulomb, et sur quelques théorèmes fondamentaux de l'attraction des sphéroïdes démontrés par M. De Laplace, il parvient à des équations générales, qu'il résout ensuite, pour le cas d'un ellipsoïde ou de deux sphères, au moyen de ces savans artifices de calcul qui lui sont si familiers.

Dans l'impossibilité où nous sommes de faire connaître ce travail, même par extrait, nous nous contenterons de citer quelques-uns des résultats les plus remarquables; ils sont d'autant plus décisifs pour prouver l'exactitude de l'analyse, que Coulomb les avait démontrés par l'expérience (*Mém. de l'Académie*, 1787).

1°. Quel que soit le rapport des rayons de deux sphères électrisées, quand elles se touchent, l'épaisseur électrique est nulle au point de contact.

2°. A partir du point de contact l'épaisseur électrique croît lentement; dès qu'elle devient sensible, elle est plus grande sur la sphère du plus grand rayon; mais ensuite, à une certaine distance, elle commence à croître plus rapidement sur la plus petite sphère, de telle sorte qu'elle y est toujours plus grande à une demi-circonférence de distance du point de contact.

3°. En ces points, diamétralement opposés au point de contact, le rapport des épaisseurs est d'autant plus grand que la petite sphère est plus petite; mais il tend vers une limite qui est 4,2.

4°. Quand on sépare ces sphères, et qu'on les soustrait à leur action mutuelle, l'épaisseur électrique est toujours plus grande sur la plus petite; le rapport de ces épaisseurs tend pareillement vers une limite, qui est $\frac{5}{3}$.

5°. Quand on écarte seulement ces sphères à des distances diverses, de manière qu'elles restent soumises à leur influence mutuelle, leur électricité commune étant, par exemple, la vitrée, la petite sphère prend l'électricité *résineuse* au point *le plus voisin* de la grande sphère, et à une certaine distance autour de ce point; elle continue d'être électrisée *résineusement dans cette partie*, à mesure qu'on l'éloigne, mais de moins en moins; quand l'intervalle qui sépare les sphères est (dans les circonstances les plus favorables) égal à peu près au demi-rayon de la plus grande, l'électricité résineuse disparaît; et au delà, la petite sphère devient vitrée sur toute sa surface, comme la plus grande. Quand le rayon de la petite sphère surpasse le sixième du rayon de la grande, l'électricité résineuse paraît encore; mais elle disparaît avant que l'intervalle des sphères soit égal au demi-rayon de la plus grande.

6°. Quand une petite sphère, prise à l'état naturel, est électrisée par l'influence d'une sphère plus grande, elle réagit sur celle-ci pour troubler l'épaisseur uniforme de sa couche électrique, et alors cette épaisseur va en décroissant depuis le point le plus voisin de la petite sphère jusqu'à une distance de $\frac{3}{4}$ de circonférence; au delà elle redevient croissante jusqu'au point diamétralement opposé.

374. *Des machines électriques.* — Les machines électriques se composent d'un corps frottant, d'un corps frotté et d'un conducteur isolé.

Le corps frotté est quelquefois un grand cylindre en verre, mais le plus souvent il n'est qu'une glace circulaire P P' (*Fig.* 78 et 81), qui peut avoir jusqu'à six pieds de diamètre: c'est ce qu'on appelle *le plateau* de la machine : il est porté sur un axe XX', que l'on met en mouvement au moyen de la manivelle M.

Le corps frottant se compose ordinairement de deux paires de coussins élastiques F, F' (*Fig.* 78, 79 et 81); ils sont rembourrés de crin; la face qui touche le plateau est en cuir, et la face opposée est une bande de bois ou de métal; chaque paire de coussins presse le plateau; on ajoute quelquefois un ressort *r* et une vis *v* pour varier à volonté la pression (*Fig.* 79).

Le conducteur de la machine est en laiton, sa forme se rapproche le plus possible du cylindre et de la sphère; on l'isole par de longues colonnes en verre, vernies à la gomme laque, L, *l*, *l'*.

Avant de mettre la machine en activité, on sèche avec des réchauds les colonnes et le plateau, on ôte les coussins, pour les frotter l'un contre l'autre, après avoir mis entre eux du deuto-sulfure d'étain, que l'on appelle *or musif.* Les coussins remis en place et convenablement pressés, on ajuste les garnitures ou les *armatures* en taffetas T, T', qui couvrent de chaque côté deux quarts opposés du plateau, et l'on tourne la manivelle dans le sens de ces armatures. La machine ordinaire (*Fig.* 78) ne donne que de l'électricité vitrée; la machine de Van-Marum (*Fig.* 80 et 81) donne à volonté l'électricité résineuse ou la vitrée.

Lorsqu'on veut avoir l'électricité vitrée, on tourne l'arc A'A' verticalement, de manière que les cylindres CC' qui sont à deux ou trois lignes du plateau, aboutissent près de l'extrémité des garnitures en taffetas, et l'arc *aa'* horizontalement, de manière que les cylindres *cc'* touchent les coussins. Alors la machine étant mise en mouvement, le plateau s'électrise vitreusement; son électricité, maintenue par les taffetas, ne se dissipe pas dans l'air; elle vient en présence des cylindres C C', décompose par influence leurs électricités naturelles, repousse la vitrée dans l'arc A A' et dans le globe G, tandis qu'elle attire la résineuse qui s'échappe en étincelle, et qui vient la neutraliser : c'est ainsi que les conducteurs s'électrisent vitreusement. En même temps, l'électricité résineuse des coussins se répand dans les globes gg', dans l'arc aa', et de là dans le sol, par la chaîne hh'.

Lorsqu'on veut recueillir l'électricité résineuse, on dispose l'arc AA' horizontalement, de manière qu'il touche les coussins, dont il reçoit l'électricité résineuse, et l'on relève verticalement l'arc aa' qui communique toujours au sol, pour qu'il puisse décharger sans cesse le plateau et le remettre à l'état naturel; cette position des conducteurs mobiles est représentée dans les *figures* 79 et 81, par des lignes ponctuées.

Dans tous les cas, il y a une limite à la tension électrique que peuvent prendre les conducteurs; en effet, le plateau se charge, en passant sur les coussins, d'une épaisseur finie d'électricité vitrée. Cette électricité agit toujours par influence pour décomposer les électricités des conducteurs, et elle les décompose aisément quand ils sont à l'état naturel; mais quand ils sont eux-mêmes chargés d'électricité vitrée, la décomposition devient de plus en plus difficile, et l'on conçoit qu'il y a une limite où elle devient tout-à-fait impossible; alors le plateau ne peut plus produire aucune accumulation nouvelle, fût-il même animé d'une vitesse infinie de rotation. Les conducteurs pourraient, avec le temps, arriver à cette limite, s'ils n'éprouvaient aucune déperdition par l'air et par les supports; mais la perte qu'ils épouvent devant se compenser à chaque instant, il faut que leur charge soit moindre afin que le plateau puisse encore décomposer leur électricité naturelle; et alors plus la rotation est rapide, plus ils reçoivent d'électricité dans le même temps : ainsi la limite de tension électrique que les conducteurs peuvent recevoir dépend de leur étendue, des qualités électriques du plateau et de sa vitesse de rotation.

Lorsqu'on veut tirer des étincelles à de grandes distances,

on fait communiquer aux conducteurs des machines, des *conducteurs secondaires* qui se chargent comme les premiers. Toute l'électricité qui couvre le système se déchargeant d'un seul coup, il est facile, en donnant aux surfaces une étendue convenable, de produire des lames de feu de plusieurs pieds d'étendue; mais il faut que la machine soit assez puissante pour compenser à chaque instant les pertes que font de si grandes surfaces, soit par le contact de l'air, soit par les supports.

CHAPITRE IV.

De l'Électricité dissimulée.

375. *De la dissimulation de l'électricité, et de sa recomposition lente ou subite.*—Concevons deux disques conducteurs c c' (*Fig.* 82) mis en présence et séparés par une lame non conductrice N N' en verre ou en résine; quand le disque c reçoit par exemple de l'électricité vitrée, et le disque c' de la résineuse, ces deux électricités s'attirent au travers de la lame non conductrice N N', et en pressent les deux faces opposées par l'effort qu'elles font pour se rejoindre; on dit alors que ces électricités sont *dissimulées*; et, en effet, quand les disques sont chargés, on peut les toucher l'un ou l'autre sans que leur fluide s'écoule dans le sol, mais il faut les toucher *séparément* et non pas *simultanément*; le fluide de celui qui est touché n'obéit pas à la force répulsive qui lui est propre, parce qu'il est attiré et retenu par le fluide de l'autre. Ainsi les plus fortes charges électriques s'accumulent sur les disques, se pressent sur les faces opposées de la lame non conductrice, et restent dissimulées l'une par l'autre tant que l'on n'offre d'issue dans le sol qu'à *l'un* des deux fluides. Supposons que les deux disques soient mathématiquement de même forme et de même grandeur; que la lame N N' soit bien plane sur ses deux faces, et partout également épaisse; et que la machine ou la source quelconque qui donne de l'électricité vitrée au disque c, par le moyen du fil *f*, soit exactement de même force que celle qui donne de l'électricité résineuse au disque c', par le fil *f'*, de telle sorte que tout soit symé-

trique de part et d'autre du plan pp' qui passe au milieu de l'épaisseur de NN'. Alors il est évident que les deux disques auront toujours des charges égales, et que dans les points symétriquement placés sur chacun d'eux les épaisseurs ou les tensions électriques seront aussi toujours les mêmes. Cela posé, voici un principe fondamental de l'électricité dissimulée : c'est qu'après avoir donné à l'appareil une charge quelconque, et l'avoir isolé ensuite en supprimant la communication des fils ff' sans les laisser toucher au sol, il arrive toujours que la *dissimulation est incomplète*, c'est-à-dire qu'il n'existe aucun point sur les disques ni sur les fils où la tension électrique soit tout-à-fait nulle. Cette tension est très grande sur les faces intérieures i et i'; et là, quand les surfaces ont assez d'étendue, les fluides peuvent presser la lame NN' avec tant de force qu'ils s'ouvrent un passage au travers de sa substance et la percent pour se rejoindre; si cette lame est de résine ou de soufre, il se fait alors une multitude de petites fissures imperceptibles; mais si elle est de verre mince, les fluides ne font qu'un seul trou, par lequel ils se précipitent avec éclat pour se recomposer. Sur les faces extérieures e, $é$, et sur les fils ff', la tension électrique qui s'exerce contre l'air est très-faible en comparaison de la tension intérieure : mais elle existe, comme on peut s'en assurer avec le plan d'épreuve, ou même en présentant la jointure du doigt successivement à chaque disque ou à chaque fil, car on en tire de petites étincelles. La dissimulation ne peut pas être complète, parce que les fluides accumulés pour la plus grande partie sur les faces intérieures i et i', restent encore séparés par l'épaisseur de la lame non conductrice NN'; et que c'est au contact seulement qu'ils peuvent être neutralisés en totalité l'un par l'autre. Ainsi la dissimulation est d'autant plus parfaite que la lame non conductrice est plus mince; mais en même temps, plus la lame est mince, et moins elle offre de résistance à la pression électrique. C'est là, comme nous le verrons tout à l'heuse, ce qui limite le degré d'accumulation que nous pouvons donner à l'électricité.

L'appareil étant chargé comme nous venons de le dire, les électrités dissimulées peuvent se recomposer subitement ou lentement.

La *recomposition subite* se détermine de la manière suivante : on prend par ses manches isolans *m m'* *l'excitateur b c b'* (*Fig.* 83), dont les deux arcs en cuivre *b c*, *c b'* sont mobiles autour de la charnière *c*, on touche l'un des disques avec la boule *b*, et on approche de l'autre disque la boule *b'*, à un ou deux pouces de distance, l'étincelle jaillit avec beaucoup d'éclat et de bruit, et l'appareil est déchargé. Par la tension électrique qui est au point de contact *b*, une partie du fluide vitré se répand sur tout l'excitateur; alors le fluide résineux est moins attiré qu'il n'était, son épaisseur diminue sur la face *i'* et augmente sur la face extérieure *e'*, d'où il attire le fluide vitré qui est en *b* : cette attraction fait affluer le fluide vitré vers *b'*, il s'accumule en cet endroit, il diminue sur le disque c, et en même temps le fluide résineux, devenu plus libre, se porte et s'accumule vers la face extérieure de c' où il est maintenant attiré; enfin la tension est assez forte pour s'ouvrir un passage dans l'air, et tout le fluide se précipite et se recompose à l'instant.

La *recomposition* lente offre des phénomènes curieux, et montre mieux encore le jeu des électricités dissimulées. Les disques étant électrisés et isolés (*Fig.* 84), deux petits pendules *p p'* communiquant avec leurs faces extérieures éprouvent une répulsion produite par l'électricité qui est libre sur ces faces; en touchant le disque c, par exemple, on en tire une petite étincelle, le pendule *p* retombe et le pendule *p'* se relève à l'instant comme si le disque c' eût pris une charge nouvelle; mais cet accroissement de répulsion résulte seulement du fluide résineux qui est devenu libre par la perte de vitré qu'a éprouvée le disque c; on touche ensuite le disque c', son pendule retombe, et celui de c se relève; on retourne au disque c : le même phénomène se reproduit, ainsi de suite alternativement, jusqu'à ce que l'appareil soit complètement déchargé.

Nous avons supposé que les disques recevaient de l'électricité, l'un d'une source résineuse et l'autre d'une source vitrée, et que chacun d'eux en recevait des quantités égales; mais le plus souvent on n'emploie qu'une seule machine; le disque c, par exemple, est mis en communication avec elle, et le disque c' en communication avec le sol; alors celui-ci se charge *par influence*, et la charge qu'il prend est toujours moindre que la charge de c. Quand les communications sont rompues, le pendule p' est au repos et le pendule p diverge; mais la perte par l'air se trouvant proportionnellement plus grande sur le disque c, on voit son pendule s'abaisser peu à peu, tandis que le pendule p' se relève, et l'égalité de divergence une fois établie, la perte par l'air devient égale; les deux pendules retombent ensemble, d'autant plus lentement que l'air est plus sec. Au lieu de deux disques séparés par une lame de verre, on peut employer, pour les expériences précédentes, un simple carreau de verre, sur les faces duquel on colle des feuilles d'étain, en laissant à découvert sur les bords un espace de deux ou trois pouces que l'on vernit pour augmenter son inconductibilité. (*Fig.* 85.)

376. *Des condensateurs.* Tous les appareils dans lesquels on accumule de l'électricité dissimulée se composent essentiellement de deux lames conductrices, séparées par une lame non conductrice, et on les nomme en général des *condensateurs*, parce qu'en effet le fluide électrique paraît se condenser en se dissimulant. Ces appareils changent de forme et de nom suivant les usages auxquels on les destine.

Ceux qui nous ont servi aux expériences précédentes (*Fig.* 82, 83, 84 et 85) sont des *condensateurs à lames de verre*; ils sont capables d'accumuler de grandes quantités d'électricité, mais à cause de l'épaisseur du verre ils ne peuvent être chargés que par des machines, par des électrophores, ou en général par des sources électriques d'une grande tension.

Le *condensateur à taffetas* (*Fig.* 86) est composé d'un disque en bois B B', revêtu d'un taffetas vernissé tt', et d'un plateau conducteur cc' à manche isolant m; le plateau étant mis en communication avec une source électrique, soit directement, soit au moyen de la tige à boule gb, le fluide se répand sur toute sa surface, agit par influence, au travers du taffetas, sur les électricités naturelles du disque en bois qui doit communiquer au sol, et l'appareil se charge en raison de la tension de la source qui lui fournit du fluide. Ensuite on soulève le plateau perpendiculairement pour le séparer du taffetas, et pour reconnaître, par l'électroscope ou par la balance, l'espèce et la quantité de l'électricité qui le charge. Le taffetas est moins épais que le verre, mais aussi il est moins solide, d'où il résulte que ce condensateur prend toujours plus d'électricité que le précédent, et qu'il ne peut jamais résister à des charges aussi fortes; il est bon pour essayer le fluide des sources qui n'ont pas une grande tension.

Le condensateur à lames d'or (*Fig.* 87) n'est autre chose qu'un électroscope à lames d'or, sur lequel on adapte deux plateaux métalliques, minces et bien dressés; le supérieur cc' est mobile et s'enlève par un manche isolant, l'inférieur ff' est fixé à la garniture gg' de la cloche hh', et la lame non conductrice qui les sépare est disposée avec beaucoup d'art et de soin. Après avoir séparé les plateaux, on les enduit successivement, avec un pinceau, de plusieurs couches d'un vernis très-liquide formé par la dissolution de la gomme laque dans l'alcool; ce vernis sèche, et la pellicule qu'il forme est suffisante pour arrêter l'électricité; son épaisseur n'est pas de un dixième de millimètre. Ainsi les plateaux sont presque en contact, et la dissimulation de l'électricité est aussi complète qu'il soit possible; à cet égard, le condensateur à lames d'or est le plus parfait que l'on connaisse; mais les couches minces de vernis n'offrant que très-peu de résistance, il ne peut supporter que les plus faibles charges. Par exemple, quand on a épuisé presque toute l'électricité des conducteurs de la machine, de manière qu'ils ne donnent plus aucun signe aux électroscopes les plus sensibles, si on les fait communiquer au plateau inférieur du condensateur, en mettant le plateau supérieur en communication avec le sol, et qu'après un instant on rompe les communications en *commençant* par celle du sol, puis qu'on enlève le plateau supérieur, on observera une grande divergence dans les lames; presque toute l'électricité qui restait aux conducteurs sera venue s'accumuler et se condenser dans le plateau inférieur. Cet appareil nous servira plus tard à une foule de recherches sur l'électricité, qui se développe soit par le simple contact des corps, soit par les actions chimiques auxquelles ils sont soumis. Pour les expériences délicates, il est bon de tenir la cloche du condensateur enveloppée d'une cage en verre, dans laquelle on dessèche l'air avec quelque corps absorbant.

377. *De la bouteille de Leyde, et des batteries électriques.* — Un vase en verre, revêtu à l'extérieur d'une feuille d'or ou d'étain montant jusqu'à quelques pouces des bords, et pareillement revêtu à l'intérieur, ou seulement rempli de quelques substances conductrices, d'eau, de grenaille de plomb, de feuilles d'or ou de clinquant, forme ce qu'on appelle une *bouteille de Leyde* (*Fig.* 88), ou une *jarre électrique* (*Fig.* 89); la tige *t b* s'appelle *le bouton*, *le crochet* ou *l'intérieur* de la bouteille, parce qu'elle sert en effet à mettre la face intérieure en communication avec le sol ou avec les sources électriques. Tout l'espace compris entre le goulot *g g'* et l'*armature extérieure a a'* est verni avec beaucoup de soin.

Pour charger la bouteille, on la tient à la main par *la panse* ou par l'armature extérieure, et l'on met le bouton en communication avec les conducteurs de la machine, soit au contact, soit plutôt à une petite distance, afin de voir jaillir une foule d'étincelles qui se succèdent rapidement d'abord, puis qui se ralentissent de plus en plus, et qui indiquent ainsi le degré de la charge. L'électricité vitrée des conducteurs passe dans la bouteille, se répand sur toute la surface intérieure, et de là, agissant par influence à travers l'épaisseur du verre, elle décompose les électricités naturelles de l'armature extérieure, attire la résineuse, qui s'accumule et se condense sur la paroi de verre, et repousse la vitrée, qui s'écoule dans le sol par la main et par le corps, qui lui offrent un passage. On pourrait charger la bouteille en sens inverse, en tenant le crochet à la main, et en présentant la panse aux conducteurs; mais, dans tous les cas, la communication de l'une des faces avec le sol n'est pas moins essentielle que la communication de l'autre avec la machine. Quelquefois la bouteille se décharge spontanément avec beaucoup d'éclat: tantôt l'étincelle part entre le bouton et l'armature extérieure; alors on peut recommencer la charge: tantôt elle part à travers l'épaisseur du verre; alors la bouteille est percée et hors de service.

Quand la bouteille est chargée, on la pose avec précaution sur un isoloir, et l'on peut la décharger subitement avec l'excitateur (375), ou lentement, en tirant alternativement de la panse et du bouton une foule de petites étincelles.

L'électricité dissimulée ne reste pas sur les armatures intérieure et extérieure: elle les quitte pour s'attacher au verre, et se presser sur sa surface. C'est ce que l'on démontre au moyen de la bouteille à *armatures mobiles* (*Fig.* 90); après l'avoir chargée et posée sur un isoloir, on enlève l'intérieur, qui n'emporte avec lui que très-peu d'électricité; on enlève ensuite le verre, en laissant sur l'isoloir l'enveloppe extérieure, qui ne donne pareillement que de faibles signes électriques; mais les deux armatures ayant été touchées et remises à l'état naturel, si l'on rapporte le verre dans l'armature extérieure, et l'armature intérieure dans le verre, la bouteille ainsi recomposée a presque la même charge qu'elle avait primitivement, ce qui prouve d'une manière frappante que, dans la séparation des pièces, ces deux électricités étaient restées attachées à la surface du verre; on pourrait encore s'en assurer en étendant une main dans l'intérieur du verre, et l'autre à l'extérieur, lorsqu'on vient de le dépouiller de ses armatures, car on ne manquerait pas de recevoir ainsi une forte commotion.

Lorsqu'on présente à la bouteille plusieurs conducteurs pour la décharger, l'électricité choisit toujours le meilleur : ainsi, en pressant avec une main, une chaîne ou un fil de métal sur la panse, on peut impunément avec l'autre main apporter au bouton l'autre extrémité de la chaîne ou du fil, la décharge passe par le métal et jamais par le corps; cependant il est toujours bon de s'assurer d'avance qu'il n'y a pas de solution de continuité dans le métal, ou qu'il n'est pas trop mince pour laisser passer tout le fluide; car un fil excessivement fin ne suffirait pas pour détourner le coup.

On mesure la charge d'une bouteille par la distance à laquelle jaillit l'étincelle entre le bouton intérieur et un autre bouton communiquant avec l'intérieur (*Fig.* 92); la tige tq est divisée, on l'avance doucement au moyen de la vis v, et l'on observe la distance à laquelle l'étincelle est partie. Pour que les expériences fussent comparatives, il faudrait que, la boule B restant la même, tous les boutons des diverses bouteilles eussent les mêmes dimensions.

Nous rapporterons maintenant diverses expériences dont on pourra facilement se rendre compte au moyen de ce qui précède.

Dans *le carillon* de la figure 93 l'un des timbres communique à l'extérieur de la bouteille, et l'autre à l'intérieur; la petite balle de métal est suspendue par un fil isolant, les oscillations sont d'autant plus rapides que la distance des timbres est plus petites; par un temps sec, et pour de médiocres charges on en peut toujours compter plusieurs centaines.

L'araignée de Franklin, dont nous avons parlé (370) (*Fig.* 72), peut aller et venir entre les faces d'une bouteille ordinaires pendant plus d'un quart d'heure avant de l'avoir complètement déchargée.

Les figures de Leichtenberg semblent indiquer une différence essentielle entre les deux électricités résineuse et vitrée; on peut les obtenir avec un conducteur ordinaire communiquant à la machine, mais on les obtient plus belles et plus régulières au moyen de la bouteille de Leyde. Pour cela on prend une bouteille chargée et l'on trace des figures sur un gâteau de résine très-sec, d'abord avec le bouton, qui contient par exemple l'électricité vitrée, et ensuite avec la panse, qui contient l'électricité résineuse. Après cela, avec un soufflet qui contient un mélange de soufre et de minium très-bien pulvérisé, on souffle sur le gâteau de résine et l'on distingue alors les traces électriques que la bouteille a laissées sur la résine. Les traces vitrées deviennent jaunes et les résineuses deviennent rouges, parce que dans la poudre mélangée le soufre est électrisé résineusement et le minium vitreusement. Ces traces sont très-différentes : les jaunes sont comme *hérissées* en filets divergens, tandis que les rouges offrent partout des contours arrondis.

Le perce-carte (*Fig.* 100) offre un phénomène curieux; chaque pointe étant mise en communication avec l'une des faces de la bouteille, l'étincelle part et la carte est percée d'un trou plus grand qu'un trou d'épingle; des deux côtés, on observe autour du trou un petit bourrelet et des filamens tirés en dehors, comme si le fluide était parti du milieu de la carte pour sortir par ses deux faces. M. OErsted explique ce fait et beaucoup d'autres analogues, en supposant que l'électricité n'éprouve pas un mouvement de translation dans les corps, mais seulement un mouvement de vibration par lequel s'opèrent, autour de chaque molécule, des décompositions et recompositions successives; ainsi le fluide vitrée qui se présente au point *a* décompose les fluides naturels des molécules qu'il rencontre, attire le résineux avec lequel il se recombine par une étincelle, repousse le vitré, qui va à son tour décomposer les fluides naturels des molécules suivantes, attirer le résineux pour se recombiner avec lui par une nouvelle étincelle, et repousser le vitré; et ainsi de suite, de sorte qu'il y a autant d'étincelles que de molécules de matière pondérable : on peut rendre cette supposition sensible en faisant passer la décharge électrique par des grains de métal enfilés dans de la soie et séparés l'un de l'autre. Nous reviendrons plus tard sur cette importante théorie, qui semble confirmée par tous les faits de l'électricité chimique.

Le trou de la carte ne se fait pas à égale distance des deux pointes ; mais, dans l'air ordinaire, il se fait toujours près de la pointe résineuse, et dans l'air raréfié sous la cloche de la machine pneumatique, il s'en éloigne pour se rapprocher de plus en plus de la pointe vitrée. Ce fait, constaté par M. Trémery, reste sans explication.

Pour percer le verre par la décharge électrique, on change un peu la disposition de l'appareil précédent, parce qu'il est alors nécessaire de mettre à l'extrémité de l'une des pointes une goutte d'un liquide conducteur, une goutte d'huile par exemple, qui touche immédiatement le verre dans une étendue un peu considérable. Le *perce-verre* est représenté dans la figure 101.

On enflamme les liqueurs spiritueuses avec la bouteille de Leyde plus sûrement qu'avec l'étincelle directe du conducteur de la machine. On peut même enflammer du coton roulé dans le lycopode ou dans la résine pulvérisée.

C'est au moyen de la bouteille de Leyde que l'on a essayé d'apprécier la vitesse avec laquelle le fluide électrique se transmet dans les corps. Des fils de métal isolés, dont l'ensemble forme une lieue, transmettent instantanément la décharge électrique; ces expériences furent faites en France et en Angleterre, de 1745 à 1750. A cette époque on essaya pareillement la transmission de l'électricité par l'eau et par le sol sec ou humide : en partant d'un point donné, un fil de métal de plusieurs centaines de toises de longueur, isolé sur des piquets de bois très-sec, s'en allait s'enfoncer dans le sol par son autre extrémité, après avoir traversé des rivières et des terrains de différentes natures; au point de départ, il était mis en communication avec l'une des faces de la bouteille; tandis que le sol était mis en communication avec l'autre face, les fluides ne pouvaient se joindre qu'après avoir traversé toute la longueur du fil métallique et toute l'étendue du sol et de l'eau, depuis la seconde extrémité du fil jusqu'au lieu de l'observation; et, malgré tant d'espace et tant d'obstacles, la décharge de la bouteille était instantanée, comme si elle eût été faite par l'excitateur ordinaire. Dans un point quelconque de cette longue chaîne, on pouvait enflammer des liqueurs spiritueuses, et c'était alors un spectacle fort étonnant de voir l'alcool s'enflammer par du feu qui venait de traverser une rivière.

La *commotion* de la bouteille de Leyde est assez forte pour être dangereuse; elle passe par les bras et la poitrine, lorsque, une main tenant la panse de la bouteille, l'autre en vient toucher le bouton. Alors les faibles charges se font sentir dans l'avant-bras seulement, les charges un peu plus fortes se font sentir au coude, et les charges plus fortes encore donnent une vive douleur à la poitrine. Pour faire passer la commotion entre deux points donnés du corps, il suffit d'établir des armatures sur ces deux points, c'est-à-dire des plaques de métal que l'on fait communiquer aux deux faces de la bouteille.

Lorsque plusieurs personnes forment *la chaîne* en se tenant par la main, si la première touche la panse de la bouteille et la dernière le bouton, tout le cercle reçoit instantanément la commotion; les personnes qui sont au milieu éprouvent un choc un peu moins vif que celles qui touchent la bouteille. On était autrefois fort curieux de savoir jusqu'où pouvait s'étendre cette puissance du choc électrique; et après l'avoir tenté sur des cercles nombreux, on l'essaya sur un régiment rangé en bataille, qui fut, dit-on, renversé d'un seul coup.

Les *batteries électriques* (*Fig.* 103) sont des réunions de plusieurs bouteilles de Leyde, ou de plusieurs jarres, dont tous les intérieurs communiquent au moyen des tiges de métal t, t', t'', et dont les extérieurs communiquent pareillement, parce que le fond de la caisse en bois B, B', sur lequel ils reposent, est une lame de plomb. Lorsqu'on veut charger ensemble plusieurs batteries, on fait communiquer tous les intérieurs entre eux et tous les extérieurs au sol; et pour juger le degré de charge, on emploie le petit électromètre à pendule (*Fig.* 91), qui s'ajuste sur les conducteurs de la machine; au commencement, et pendant les premiers tours du plateau, le pendule est presque au repos, parce que les batteries condensent tout le fluide qui se développe; mais peu à peu le pendule s'élève, et, par les divers angles d'écart qu'il prend, on juge des divers degrés de sa tension électrique, et par conséquent, des divers degrés de tension de l'intérieur des batteries, car celles-ci sont toujours dans le même rapport que les premières.

Une batterie peut se décharger comme la bouteille de Leyde, soit lentement, soit rapidement; mais il faut redoubler de précaution pour n'en pas recevoir le choc. L'épaisseur du verre des jarres et la tension de la machine restant les mêmes, la force d'une batterie peut être évaluée par l'étendue de la surface qui se charge; cent pieds carrés condensent cent fois plus d'électricité qu'un seul pied carré, et il faut un homme fort robuste pour soutenir, sans danger, le choc d'un pied carré chargé par une machine ordinaire.

Nous allons indiquer quelques-uns des phénomènes les plus remarquables, que l'on peut produire au moyen de ces grandes accumulations d'électricité.

Tous les corps qui reçoivent le choc sont placés entre les deux branches *b* et *b'* de l'*excitateur universel*, qui est représenté dans la *figure* 104. L'une de ces branches communique avec l'extérieur de la batterie au moyen de la chaîne *C*; l'autre communique avec une chaîne *C'* qui se termine à la boule isolée *B*; lorsqu'on veut faire passer l'étincelle, on prend la boule *B* par l'extrémité de son manche isolant, on l'approche subitement de l'intérieur de la batterie : l'étincelle part et les fluides se recomposent dans tout le circuit *B*, *C' b' b C*.

Un fil de fer de plusieurs pouces de longueur étant mis entre les branches de l'excitateur, une faible décharge l'échauffe, une forte le fait rougir, une plus forte le fait jaillir en petits globules fondus, qui sont lancés au loin, et une plus forte encore le fait disparaître en vapeur. Avec une puissante machine, Van-Marum en a fondu cinquante pieds de longueur.

Une bande étroite de feuille d'étain, de trois ou quatre pouces de longueur, est volatilisée par une batterie ordinaire, la vapeur s'oxide, et forme de longs filamens flottans dans l'air, semblables à des toiles d'araignée.

Les autres métaux peuvent aussi s'échauffer, rougir, se fondre et s'oxider; mais en les prenant de même longueur et de même diamètre, des charges égales ne produisent pas sur tous les mêmes effets; ceux qui sont plus mauvais conducteurs, comme le platine et le fer, éprouvent, à égalité de dimensions, de plus grands effets de chaleur que l'or et le cuivre, qui sont les meilleurs conducteurs.

Les fils de soie dorés présentent un phénomène singulier, qui montre avec quelle rapidité les molécules de matière conductrice sont saisies par le choc électrique : l'or qui les couvre est volatilisé et oxidé sans que la chaleur soit seulement capable de rompre la soie. Pour rendre cette expérience plus sensible, on appuie sur le fil une feuille de papier blanc, sur laquelle on voit, après le choc, une large trace de couleur brune. Par le même moyen, on peut enlever la dorure sur un livre ou sur une autre surface non conductrice, pourvu qu'elle n'ait pas trop d'étendue.

On se sert de cette propriété pour faire des *empreintes électriques : dcpr* (*Fig.* 94) est une *découpure* en papier, à laquelle sont collées deux bandes de feuilles d'étain F, F'; d'un côté, on la couvre d'une feuille d'or, qui touche l'étain par deux de ses bords; de l'autre, on la couvre d'un ruban de satin; et pour assurer le contact, on met tout ce système sous la *presse pp'* (*Fig.* 95). Les deux bandes d'étain étant mises en communication avec les deux faces de la batterie, l'étincelle part, l'or se volatilise, et, par tous les *jours* de la découpure, il passe sur le ruban, où il fait une empreinte de couleur brune très-régulière.

Les fortes charges font une impression remarquable sur les masses métalliques. Priestley a observé qu'elles en liquéfient la surface à l'endroit où elles les traversent; si le métal est peu fusible, on n'aperçoit, après le passage de l'étincelle, qu'un *cercle de fusion* d'une ou deux lignes de diamètre; mais s'il est très-fusible, comme le plomb, l'étain ou l'alliage de D'Arcet, on aperçoit autour du cercle central jusqu'à trois *anneaux de fusion*, d'une largeur sensible, concentriques, et séparés les uns des autres par des intervalles d'environ une ligne.

En répétant ces expériences curieuses, M. Fusinieri a constaté un autre fait, qui mérite toute l'attention des physiciens. C'est le *transport* des matières solides par le courant électrique (*Giornale di Fisica*, *Chimica*, etc., novembre 1825); par exemple, en disposant un disque d'argent poli à égale distance, entre une boule d'or qui communique avec l'intérieur d'une petite batterie, et une boule d'argent qui communique avec l'extérieur, on observe après la décharge deux taches d'or parfaitement égales en diamètre et en intensité, sur les deux faces du disque d'argent. Les autres métaux sont pareillement transportés au travers de tout l'espace que peut franchir l'étincelle, et ils viennent, sur toutes les surfaces qu'ils rencontrent, se déposer en couches très-minces, tantôt à l'état d'oxide, tantôt à l'état métallique. M. Fusinieri a fait un grand nombre d'expériences intéressantes sur ce sujet; et il a observé que la matière pondérable qui est ainsi emportée et déposée par le courant électrique, paraît conserver une grande volatilité, car il arrive souvent que les taches qu'elle forme s'effacent avec le temps.

Quand l'étincelle passe dans un liquide, elle éclate et brille comme dans l'air; presque toujours le liquide est lancé de toutes parts avec une grande force.

Elle éclate de même dans la *poudre à tirer*, et en détermine l'explosion. L'on en peut faire l'expérience avec de petites cartouches de deux ou trois lignes de diamètre, et de quinze ou vingt lignes de longueur; deux fils de fer, traversant les bouts opposés de la cartouche, viennent aboutir vers son milieu, à une petite distance l'un de l'autre; c'est en franchissant leur intervalle que l'étincelle enflamme la poudre.

Dans les gaz l'étincelle produit une expansion si grande et si subite qu'elle peut lancer une petite balle au moyen du *mortier électrique*, qui est représenté *figure* 96. Kinnersley, qui observa le premier ce phénomène remarquable, inventa aussi un appareil pour en mesurer l'intensité. C'est un tube en verre, fermé et armé par ses deux bouts (*Fig.* 102). L'étincelle part entre les deux boules *bb'*; et un liquide qui s'élève en même temps dans le tube latéral *tt'*, donne la mesure de l'expansion. Cet appareil se nomme le *thermomètre de Kinnersley*.

Les mauvais conducteurs sont percés ou brisés par la décharge d'une forte batterie; une pierre plate, de plusieurs lignes d'épaisseur, est percée comme le verre mince; un cylindre de bois, de deux ou trois pouces de diamètre et d'un demi-pouce d'épaisseur, peut être fendu en éclats par une décharge qui passe dans le sens des fibres.

A la surface de quelques substances l'étincelle laisse une traînée lumineuse qui brille pendant plusieurs secondes et quelquefois pendant plus d'une minute; cette espèce de phosphorescence est rouge ou violacée sur la craie, verdâtre sur le sucre, sur certains spaths calcaires cristallisés et sur le grès de Fontainebleau.

Il ne faut pas des batteries très-fortes pour tuer des oiseaux, des lapins, et même des animaux de plus grande taille; ils tombent subitement, et l'observation anatomique n'a pu découvrir jusqu'à ce jour quels organes sont blessés; cependant, par les convulsions qu'ils éprouvent quand le choc est trop faible pour les foudroyer, on peut juger que le système nerveux est violemment attaqué.

378. *Les piles électriques* sont des espèces de batteries dont on ne charge que la première et la dernière face. La *figure* 97 représente une série de bouteilles de Leyde, tellement disposées, que l'extérieur de chacune communique avec l'intérieur de la suivante; l'intérieur de la première est en contact avec les conducteurs de la machine, et l'extérieur de la dernière en contact avec le sol. C'est ce qu'on appelle la charge par *cascade*. Un tel système forme une *pile* dont chaque bouteille est un *élément*; il se décharge en totalité lorsqu'on établit la communication entre les deux extrémités, l'étincelle est alors moins forte que s'il n'y avait qu'une seule bouteille; mais on peut aussi en décharger telle partie que l'on veut, ou même décharger chaque bouteille séparément. Si, après avoir isolé la pile, on cherche à re-

connaître sa tension électrique, on n'y trouve que du fluide vitré à un bout et du fluide résineux à l'autre; toutes les bouteilles ou *élémens* intermédiaires paraissent sensiblement à l'état naturel. Cependant, si l'on brise la pile, en détachant un, deux, trois ou quatre élémens, chaque partie détachée, chaque fragment, sera une pile complète, montrant aux deux bouts les deux fluides contraires, et n'ayant au milieu aucune électricité sensible. Cette disposition des fluides est, comme on voit, tout-à-fait analogue à la disposition des fluides magnétiques. On peut construire une pile avec des carreaux de verre armés sur les deux faces, et communiquant entre eux par des bandes de feuille d'étain. La *figure* 105 représente une pile de cette espèce.

CHAPITRE V.

De la Lumière électrique.

379. *Conditions générales pour que l'électricité donne de la lumière.* — Les plus grandes charges électriques accumulées sur les corps, soit directement, soit par dissimulation, ne donnent jamais aucune apparence lumineuse quand l'équilibre est établi et que le fluide est en repos. Ainsi, la première condition de la lumière électrique est le mouvement des fluides ou la rupture de leur équilibre. Cette condition, toujours nécessaire, n'est pas toujours suffisante; il faut encore que la tension des fluides qui détermine leur mouvement soit une force assez considérable. Par exemple, l'électricité d'une machine ordinaire ne donne point de lumière sensible quand elle s'écoule dans le sol par un fil de métal; tandis qu'une machine puissante peut environner d'une auréole brillante un fil de fer de cinquante pieds de long, communiquant au sol aussi parfaitement qu'il soit possible (Van-Marum, *Description de la grande machine du musée de Teyler*). La tension nécessaire à la production de la lumière est tout-à-fait dépendante de l'état, de la forme et de la conductibilité du milieu dans lequel les fluides électriques doivent se mouvoir : quelquefois de faibles tensions donnent une lumière éclatante; d'autres fois, les plus fortes tensions que l'on puisse accumuler ne donnent pas la moindre apparence lumineuse.

380. *Lumière électrique dans l'air et dans les gaz sous la pression de l'atmosphère.* — La distance à laquelle on

peut tirer l'étincelle d'un corps électrisé dépend surtout de la conductibilité de sa substance, de l'étendue de sa surface et de l'épaisseur de la couche électrique dont il est chargé; car la seule condition pour que l'étincelle parte, est que la tension de l'électricité puisse vaincre la pression de l'air. Dans les corps à formes anguleuses, cette condition se trouve remplie, même pour des charges assez faibles (366), et le fluide se dissipe spontanément, en formant des *aigrettes* de lumière, qui brillent dans les ténèbres, et dont les traits divergens ont quelquefois plusieurs pouces de longueur. Dans les corps à formes arrondies, il faut de très-puissantes charges pour que l'étincelle parte d'elle-même; mais si on leur présente un conducteur communiquant au sol, il s'exerce à l'instant une action par influence : les fluides se déplacent en vertu de la conductibilité, s'accumulent en raison de l'étendue des surfaces, et l'étincelle jaillit dès que la pression de l'air est vaincue sur l'un ou l'autre des corps qui sont mis en présence. Une machine est très-forte quand elle peut, sans le secours des conducteurs secondaires, donner des étincelles à vingt ou trente pouces. A cette distance, la lumière électrique forme un sillon de feu dont les sinuosités sont tout-à-fait analogues aux zigzags de l'éclair.

Pour multiplier les étincelles que donne une machine, il suffit de multiplier les solutions de continuité du conducteur, par lequel le fluide s'écoule dans le sol. C'est sur ce principe que reposent tous les jeux de la lumière électrique.

Avec des *grains* de métal, enfilés dans de la soie, et maintenus par des nœuds à quelques millimètres de distance, on peut composer des chaînes, des guirlandes ou des dessins qui paraissent resplendissans de feu pendant tout le temps que l'on tourne la machine avec laquelle ils communiquent. Entre le dernier grain et l'avant-dernier la lumière paraît au même instant qu'entre le premier et le second, tant est rapide la communication de l'électricité dans toute la longueur de la chaîne.

Les *tubes étincelans* (*Fig.* 99) se composent avec de petits losanges de feuilles d'étain (*Fig.* 98), que l'on colle sur le verre, en approchant leurs pointes à de très-petites distances l'une de l'autre; l'étincelle jaillit au même instant, entre tous ces losanges, et le tube paraît illuminé dans toute sa longueur.

Les *carreaux étincelans* offrent à l'œil des dessins plus fins et plus variés : on les forme en collant sur un carreau de verre ordinaire de petites bandes de feuille d'étain, *bb'*, *cc'*, etc. (*Fig.* 107), qui forment un ruban continu, depuis A jusqu'en B; ensuite on enlève, avec une pointe, toutes les parties de ces bandes qui se trouvent sur les contours du dessin que l'on veut rendre visible. Chacune de ces solutions de continuité est marquée par une étincelle lorsqu'on fait passer le fluide de la machine de B en A, ou de A en B. On peut de cette manière représenter avec assez de vérité des figures de toute espèce; c'était le grand amusement des électriciens du siècle dernier.

Le *carreau magique* est autrement disposé; l'une de ses faces est recouverte d'une feuille d'étain, et l'autre d'une espèce de vernis contenant beaucoup d'*aventurine*; l'électricité s'accumule par dissimulation; quand l'étincelle part, on voit sur la face aventurinée des traits de feu qui serpentent dans tous les sens.

C'est aussi dans l'obscurité qu'il faut étudier les phénomènes des pointes : alors, quand on les met en communication avec les conducteurs d'une forte machine, on aperçoit de brillantes aigrettes, comme celle qui est représentée dans la *figure* 106. A l'extrémité de la pointe on ne distingue qu'un seul trait de feu, qui se divise à une petite distance et se ramifie en une foule de petits filets étincelans.

L'électricité résineuse ne donne jamais des aigrettes aussi divergentes et aussi allongées que l'électricité vitrée;

ce phénomène singulier est bien digne d'attention, puisqu'il semble offrir un caractère distinctif entre les deux fluides électriques.

Les pointes qui sont en communication avec le sol donnent aussi des aigrettes, même quand elles se trouvent à plusieurs pieds de distance des corps électrisés.

En tirant des étincelles un peu fortes sur un morceau de drap ou de soie couvert de poussière métallique, ou frotté avec des feuilles minces d'or ou d'argent, on observe des effets analogues à ceux du carreau magique. La lumière paraît en mille endroits à la fois, et se ramifie dans tous les sens sur l'étendue de sa surface.

Des pointes de corps conducteurs encore plus fines et plus rapprochées donnent une espèce de *phosphorescence* continue ; par exemple, les lames d'or très-minces, collées sur du verre, du cuir ou du bois, paraissent illuminées pendant tout le temps que l'électricité les traverse, et sur certains corps mauvais conducteurs, la phosphorescence se prolonge pendant plusieurs minutes après le passage du fluide.

Ces apparences lumineuses que nous offre l'électricité des machines sont une imitation très-faible, et cependant très-exacte de plusieurs phénomènes qu'on observe dans le ciel et sur la terre au moment des orages. Elles nous serviront de principes pour expliquer, dans la Météorologie, toutes les formes de la lumière électrique, telles que l'éclair, les langues de feu qui paraissent au sommet des mâts ou sur les flèches des tours élevées, et une foule d'autres météores qui étaient, pour les anciens, un sujet d'effroi et de superstition.

581. *Lumière électrique dans le vide, dans les vapeurs et dans les gaz raréfiés.* — Un tube de huit ou dix pieds de longueur, dans lequel on a fait le vide, étant mis par l'une de ses extrémités en communication avec une machine ordinaire, et par l'autre en communication avec le

sol, on aperçoit tout son volume intérieur éclairé d'une vive lumière. L'électricité, ne trouvant plus qu'une faible résistance dans l'air qui reste, se dissipe au large dans toute la capacité du tube, et s'écoule en marquant partout son passage par des traits de feu. Quand les communications sont bien établies, la lumière paraît fixe et uniforme ; mais si à l'extérieur du tube on approche un corps conducteur, elle se porte vers lui, et en même temps elle prend plus d'éclat. Il arrive presque toujours qu'un tube qui a servi à ces expériences donne encore des espèces d'éclairs long-temps après avoir été séparé de la machine.

Pour observer les diverses apparences de la lumière électrique suivant les différens degrés de raréfaction de l'air, on emploie l'appareil qui est représenté dans la figure 108 ; c'est un vase en verre de forme ellipsoïde que l'on appelait autrefois *l'œuf philosophique* ; à l'une de ses extrémités il porte un tube à robinet, et à l'autre une tige à bouton, passant dans une boîte à cuir. Quand le vide est fait, aussi parfaitement qu'il soit possible, l'électricité passe librement en remplissant de lumière toute la capacité du vase ; quand on laisse rentrer un peu d'air, la lumière devient moins diffuse, elle se resserre, et forme entre les deux boutons *b* et *b'* des arcs de couleur pourpre ; une quantité d'air un peu plus grande donne encore moins de diffusion à la lumière, et ainsi de suite jusqu'au moment où le fluide ne peut plus s'écouler qu'en jaillissant d'un bouton à l'autre sous forme d'étincelles.

Comme avec les meilleures machines nous ne pouvons faire le vide qu'à deux millimètres, il reste encore dans les expériences précédentes, une quantité d'air qui peut avoir une grande influence et sur la formation de la lumière et sur sa couleur. Le vide barométrique étant le plus parfait que nous puissions obtenir, il est curieux de voir si le passage de l'électricité au travers des vapeurs si rares du mercure produirait encore des phénomènes lumineux.

Dès 1660, Picard avait remarqué qu'un baromètre devient lumineux lorsqu'on l'agite dans les ténèbres; plus tard on a constaté que ce phénomène est dû à l'électricité qui se développe par le frottement du mercure contre les parois intérieures du tube; enfin Cavendish imagina de faire un *double baromètre*, de manière que l'électricité donnée à l'une des cuvettes fût obligée de traverser le vide pour aller sortir par l'autre cuvette, et s'écouler dans le sol. Dans ce vide, plus parfait que les précédens, la matière électrique offre encore les mêmes phénomènes: elle remplit de lumière tout l'espace qu'elle traverse, et l'on reconnaît que des tensions même très-faibles sont suffisantes pour la faire passer du sommet de la première colonne au sommet de la seconde.

Les couleurs de la lumière électrique sont très-changeantes, et les changemens qu'elle présente sont dépendans de la force de l'étincelle, et de la pression du gaz qu'elle traverse; cependant pour la même force et la même pression, il y a des gaz et des vapeurs qui semblent donner de préférence les teintes rougeâtres, tandis que d'autres donnent les teintes jaunes, bleues ou violacées.

382. *Causes de la lumière électrique.* — Quelques auteurs ont pensé que le fluide électrique, en s'ouvrant de force un passage au travers des corps, les comprimait au point de les rendre lumineux; ainsi, d'après cette hypothèse, les vapeurs de mercure dans le vide barométrique seraient elles-mêmes comprimées et refoulées avec tant de violence, qu'elles dégageraient de la chaleur et de la lumière. Il n'y a point de faits positifs pour démontrer la fausseté de cette opinion, ni même son insuffisance.

Cependant il y a une autre supposition qui est aujourd'hui plus généralement admise, et qui nous semble plus vraisemblable; elle paraît avoir été faite, pour la première fois, par Ritter, et elle a été depuis développée par un grand nombre de savans, surtout par MM. Davy, Œrsted et

Berzélius. Elle consiste à regarder tous les atomes de la matière pondérable comme les élémens entre lesquels s'accomplissent toutes les décompositions et toutes les recompositions électriques; les atomes posséderaient primitivement l'un des fluides; les uns, que l'on appelle *électro-positifs*, posséderaient primitivement le fluide positif ou vitré; les autres, que l'on appelle *électro-négatifs*, posséderaient primitivement le fluide négatif ou résineux : les premiers, enveloppés de fluide neutre, auraient attiré du fluide négatif, tandis que les derniers, au contraire, auraient attiré du fluide positif, de telle sorte qu'ils seraient l'un et l'autre à l'état naturel. Cela posé, imaginons une seule file d'atomes électro-positifs ou électro-négatifs, et l'un des fluides qui se présente pour la parcourir; il est évident qu'il se manifestera subitement autant de petites étincelles qu'il y a d'atomes, à peu près comme il arrive à la chaîne des grains de métal dont nous avons parlé; pour plusieurs files d'atomes, le phénomène serait le même, et dans le vide du double baromètre, les atomes dispersés de la vapeur de mercure seraient la vraie cause de la lumière qu'on observe. Enfin, dans le vide absolu, on ne sait ce qui arriverait, car le fluide neutre étant homogène et sans solutions de continuité, on ne peut rien dire des effets qu'il éprouve, puisqu'on ne sait rien sur le mode d'agrégation des deux fluides qui le constituent.

Bien que cette hypothèse semble appuyée par tous les faits connus, il est bon cependant de la mettre à de nouvelles épreuves, et de la regarder plutôt comme un moyen de chercher la vérité, que comme la vérité elle-même.

CHAPITRE VI.

Du mouvement des Corps électrisés.

583. Toutes les expériences précédentes nous conduisent à regarder la matière électrique comme un fluide subtil enveloppant les atomes des corps, et remplissant peut-être les intervalles plus ou moins grands qui existent entre eux. Ce fluide, dans son état neutre, exerce sans doute quelque action sur lui-même; mais jusqu'à présent les effets qui en résultent nous restent complètement inconnus; c'est seulement quand il est décomposé, qu'il se manifeste à nous par des phénomènes particuliers. Alors il exerce une action sur la matière pondérable, il lui imprime des mouvemens variés, et l'on croirait d'abord qu'il la sollicite directement par des forces attractives ou répulsives. Cependant un examen plus attentif nous fait voir que, si les atomes de matière sont agités par les fluides électriques, ils ne peuvent l'être que par une action indirecte de pression ou d'impulsion. De telle sorte que les mouvemens des corps électrisés ne sont que des mouvemens secondaires, dans lesquels la matière n'est point une puissance, mais une simple résistance, recevant passivement toutes les directions que lui imprime le fluide électrique. Et il est curieux de voir comment des masses pondérables peuvent être déplacées et emportées par un fluide impondérable.

584. *Mouvement des corps non conducteurs électrisés.* — Il ne paraît pas qu'il existe aucune attraction à distance, ni même aucune affinité entre le fluide électrique et la sub-

stance des corps non conducteurs; car tous ces corps perdent leur électricité dans le vide. D'après cela, si nous considérons deux balles de gomme laque, par exemple, chargées l'une et l'autre d'une même électricité et mises en présence, la seule force qui les sollicite, est la répulsion de toutes les molécules du fluide dont elles sont revêtues; l'effet immédiat de cette force serait donc d'écarter ces molécules, et de les disperser de toutes parts, si elles pouvaient se mouvoir librement; par exemple, si les deux balles étaient dans le vide, elles resteraient immobiles, tandis que leur électricité obéissant à sa répulsion propre, se disséminerait jusqu'aux limites de l'espace; mais, suspendues au milieu de l'air, qui est un mauvais conducteur, le fluide qui les couvre est arrêté dans tous les sens, ou plutôt, il trouve dans tous les sens une résistance à vaincre. Celles de ses molécules qui s'appuient sur l'air ne peuvent se mouvoir sans pousser l'air devant elles, et celles qui s'appuient sur la substance des balles de gomme laque ne peuvent se mouvoir non plus sans les pousser comme un obstacle qui s'oppose à leur marche. C'est par ce double effet que les balles sont mises en mouvement et écartées l'une de l'autre.

Pour rendre le phénomène plus sensible, on pourrait concevoir que les balles de gomme laque, après avoir été électrisées, ont eu leur surface recouverte d'une couche de substance imperméable à l'électricité, de telle sorte que le fluide qui les charge soit comme emprisonné entre ces deux matières non conductrices. Alors il est évident que toutes les actions répulsives qui s'exercent entre les molécules électriques, se transmettent immédiatement aux molécules pondérables par le fait seul de la résistance passive qu'elles opposent. La couche d'air qui enveloppe les corps fait précisément l'office de cette couche imperméable à l'électricité.

On prouve, de la même manière, que les balles chargées de fluides contraires doivent être entraînées et attirées par l'effort que font les molécules de ces fluides pour se rejoindre.

Le même raisonnement s'applique à tous les corps non conducteurs quelle que soit leur forme; et il est visible que, si un corps non conducteur, pris dans son état naturel, n'est jamais attiré ni repoussé par un corps électrisé, c'est simplement parce que ses fluides n'étant point décomposés par influence et séparés l'un de l'autre, il éprouve toujours deux actions contraires, l'une attractive, et l'autre répulsive, qui sont sans cesse égales et qui se détruisent.

385. *Mouvement des corps conducteurs électrisés.* — Nous avons vu (350) que, dans son état d'équilibre sur un corps conducteur, l'électricité forme une couche d'une certaine épaisseur, ayant deux surfaces, l'une qui s'appuie sur l'air environnant, et l'autre qui est libre dans la substance même du corps. Les molécules de la surface libre ne peuvent jamais, à elles seules, imprimer aucun mouvement à la matière pondérable, puisqu'elles ont la facilité de se déplacer dans toute la masse sans y éprouver aucune résistance sensible. Tous les mouvemens des corps conducteurs électrisés sont donc le résultat des diverses pressions que le fluide exerce contre l'air, ou, en général, contre les enveloppes imperméables qui limitent leurs surfaces; car on peut toujours assimiler l'air qui touche un corps conducteur à une enveloppe imperméable qui ferait corps avec lui. Cela posé, si l'on imagine des sphères conductrices, il est visible que, chargées d'une même électricité, elles se repoussent, surtout par les régions de leurs surfaces les plus éloignées l'une de l'autre; tandis que, chargées d'électricités contraires, elles s'attirent, surtout par les régions les plus voisines; ce n'est pas toutefois que les molécules de la surface libre n'aient aucune part au phénomène, car elles sont maintenues au lieu qu'elles occupent par des forces ou des répulsions contraires, qui prennent leur appui contre la couche d'air environnante.

Un corps conducteur, à l'état naturel, est toujours attiré par un corps électrisé, parce que ses fluides étant séparés par influence, et celui de nom contraire étant toujours appelé dans la région la plus voisine, l'attraction qui s'exerce sur lui est toujours plus efficace que la répulsion qui s'exerce sur l'autre à une distance plus grande.

386. *Mouvemens produits par l'écoulement de l'électricité.* — Sur un pivot conducteur *cp*, communiquant à la machine (*Fig.* 110), on pose en équilibre une petite tige de métal *tt'*, dont les deux bouts sont aiguisés et recourbés en sens contraire; et dès qu'on tourne la machine, cet appareil, que l'on appelle le *tourniquet électrique*, prend un mouvement de rotation très-rapide, comme si les extrémités des pointes étaient vivement repoussées. Le même phénomène se produit sur des tourniquets à plusieurs tiges (*Fig.* 112); et, lorsqu'on est dans les ténèbres, on observe, pendant le mouvement, des aigrettes de feu qui s'élancent de chaque pointe. L'électricité résineuse et la vitrée présentent une différence à l'égard de la lumière (380), mais elles n'en présentent aucune à l'égard du mouvement. Cette rotation curieuse s'explique de la manière suivante :

Le fluide électrique, répandu partout sur la surface des tiges du tourniquet, exerce partout une pression sur l'air environnant, comme l'eau et les autres fluides pondérables pressent, dans tous les points, les parois des vases qui les contiennent; si le fluide électrique ne trouvait point d'issue, les pressions opposées seraient toujours égales et l'appareil resterait au repos; mais dès qu'il s'écoule par une pointe, il n'exerce plus de pression sur l'orifice de l'écoulement, et la pression qui s'exerce au point opposé détermine le mouvement par un véritable *recul*, tout-à-fait pareil à celui qui s'exerce dans le tourniquet à gaz ou dans le tourniquet hydraulique.

387. *Mouvemens produits par une décomposition in-*

stantanée.—Concevons une sphère conductrice, de cuivre par exemple, communiquant au sol par un fil très-fin, et posée sur un plan non conducteur indéfini, où elle n'est retenue que par son poids ; imaginons qu'au dessus d'elle, à une certaine distance, on dispose un corps capable de recevoir ou de conserver les plus fortes charges électriques. Il est évident que, si la spère est très-petite, elle sera emportée par l'attraction qu'elle éprouve, et viendra de bas en haut, malgré son poids, se précipiter sur le corps qui la sollicite par influence ; mais il est évident aussi que, son diamètre et son poids augmentant, il arrivera une certaine limite où la puissance électrique sera tout-à-fait insuffisante pour la soulever ; l'étincelle partira entre elle et le corps électrisé qui la sollicite sans qu'elle en reçoive le moindre mouvement, à peu près comme l'étincelle part des conducteurs de la machine sans qu'ils soient entraînés et arrachés de leurs supports.

Cependant on observe des effets de la foudre qui semblent contraires à ce principe : on a vu souvent de grandes masses transportées à plusieurs centaines de pas, et surtout des pièces de métal arrachées de leurs scellemens par un effort équivalent à plusieurs milliers de kilogrammes. Ces phénomènes me paraissent dépendre d'une différence dans la décomposition des fluides naturels par des actions lentes ou par des actions subites. Dans le premier cas, la conductibilité suffit au déplacement des fluides, et ils ont le temps de se transporter et de s'arranger à la surface, où ils exercent contre l'air une pression qui est bientôt capable de le repousser ; dans le second cas, tous les atomes de la masse éprouvent, simultanément et subitement, une décomposition de leurs fluides naturels ; ils sont saisis avec tant de violence que l'arrangement voulu par les lois de l'équilibre n'a pas le temps de s'accomplir, et les masses sont ainsi entraînées par des forces incomparablement plus grandes que celles qui pourraient trouver leur point d'appui contre l'air.

CHAPITRE VII.

Des diverses causes qui développent de l'électricité.

388. Nous avons vu que deux surfaces quelconques s'électrisent par le frottement, l'une prenant le fluide vitré et l'autre le résineux; nous avons vu pareillement que la tension de l'électricité qui se développe dans ces circonstances, dépend de la nature des corps, de l'état de leur surface et de leur température; c'est sur ces principes que repose la construction des machines; et bien que nous puissions, par leur disposition présente, accumuler de grandes charges électriques en frottant des plateaux de verre poli contre des coussins de quelques pouces carrés d'étendue, il est probable que de nouvelles recherches sur ce point important nous fourniront des moyens encore plus efficaces d'activer la décomposition des fluides et par conséquent de produire des tensions plus fortes. Les théories qui expliquent si complètement la distribution des fluides électriques sur les corps, leur équilibre et leurs mouvemens, nous laissent dans une ignorance absolue sur les causes premières de leur séparation. Pourquoi le frottement donne-t-il naissance à l'électricité? c'est une question qu'aucune théorie ne peut résoudre. Ainsi, de nos jours, les physiciens sont réduits, comme autrefois, à faire des essais, et à tenter au hasard des expériences qui déterminent enfin quelques conditions précises de ce phénomène fondamental. L'énumération de toutes les causes qui développent de l'électricité est le seul secours que la science actuelle puisse offrir à

leurs recherches. L'électricité n'est pas seulement développée par le frottement, elle l'est encore par la pression, par la chaleur, par le contact et par les affinités moléculaires.

389. *Développement de l'électricité par pression.*—On pose un disque de métal sur un taffetas gommé; on le relève ensuite, au moyen d'un manche isolant, après l'avoir un peu pressé, et l'on trouve de l'électricité résineuse sur ce disque, et de la vitrée sur le taffetas. Cette expérience, que l'on doit à M. Libes, n'offre pas un caractère décisif. L'adhérence qui s'établit entre la surface du métal et la surface visqueuse du vernis produit un effet assez analogue au frottement. Mais M. Haüy est parvenu à développer de l'électricité dans un grand nombre de corps à surfaces lisses et polies, dans de telles circonstances, que le phénomène est bien certainement dû à la pression et non pas au frottement. Par exemple, un fragment de spath calcaire, à faces parallèles, étant pressé un instant entre les doigts, acquiert une charge très-sensible d'électricité vitrée; il en est de même de la topaze, de la chaux fluatée, du mica, de l'arragonite, du quartz et de plusieurs autres substances. Toutefois, l'espèce d'électricité qu'elles prennent dépend de la nature du corps qui les presse. M. Haüy a découvert en même temps une propriété très-curieuse des cristaux électriques par pression; c'est la faculté qu'ils ont de conserver leur électricité pendant plusieurs heures et quelquefois même pendant plusieurs jours. La chaux carbonatée est, sous ce rapport, la substance la plus remarquable; elle possède une telle *force conservatrice*, qu'après avoir été pressée un instant, elle donne encore, au bout de *onze* jours, des signes électriques sensibles (*Annales de Chimie*, tome 5). C'est sur cette propriété que repose la construction de l'aiguille électrique de M. Haüy, représentée dans la *figure* 111; elle ressemble à l'aiguille ordinaire, avec cette seule différence, qu'à l'une des extrémités, au

lieu d'un petit globule de métal, se trouve adaptée une petite lame de chaux carbonatée *cc'*, que l'on électrise en la pressant entre les doigts ; cet électroscope, conservant très-bien sa force primitive, est un des plus simples et des plus commodes pour comparer approximativement les tensions électriques des différens corps qu'on lui présente. Ainsi, la faculté de développer de l'électricité par une pression donnée, celle de prendre tel ou tel fluide, et celle de le conserver plus ou moins long-temps, sont autant de caractères qui peuvent servir à distinguer et à classer les cristaux.

390. *Des électricités produites par la chaleur.* — La tourmaline a la propriété d'attirer et de repousser les corps légers : dans les Indes, et surtout à Ceylan, où cette pierre est très-commune, on s'amuse de cette propriété depuis bien des siècles, à peu près comme au temps de Platon les Grecs s'amusaient des attractions de l'aimant. Un phénomène aussi curieux ne pouvait échapper à l'attention des voyageurs ou même des commerçans. Les Hollandais firent connaître les tourmalines en Europe, et depuis une centaine d'années les propriétés électriques dont elles jouissent exercent la sagacité des physiciens. Voici les résultats généraux qui ont été découverts et constatés par Canton, Wilson, Priestley, Bergmann, Æpinus et Haüy. Toutes les tourmalines qu'ils employaient dans leurs expériences avaient une forme cylindrique ou prismatique plus ou moins allongée : l'*axe de cristallisation* est l'axe du prisme ou du cylindre.

1°. Quand une tourmaline est électrique, elle présente toujours vers les extrémités de son axe deux *pôles contraires*, l'un agissant par du fluide vitré, et l'autre par du fluide résineux ; sa région moyenne ne donne aucun signe d'électricité. Les fluides électriques qui se développent dans la tourmaline sont donc distribués à peu près comme les fluides magnétiques, qui deviennent libres dans un aimant cylindrique ou prismatique.

2°. Une tourmaline étant brisée transversalement pendant qu'elle est électrique, chacun de ses fragmens offre deux pôles, disposés dans le même sens que les pôles primitifs; autre analogie remarquable entre le fluide électrique des tourmalines et le fluide magnétique des aimans.

Il était nécessaire d'énoncer ces deux lois générales de la distribution des fluides dans les tourmalines, pour comprendre les conditions du développement de l'électricité et les singularités qu'elles présentent.

3°. Pour chaque tourmaline, il y a deux limites de température entre lesquelles sont compris tous les phénomènes électriques; au dessus de la limite supérieure et au dessous de la limite inférieure, la tourmaline se comporte comme les autres corps et ne manifeste plus d'*électricité polaire*. Ces limites paraissent être souvent 10° et 150°; elles sont en général peu différentes pour des tourmalines de même dimension, mais elles peuvent varier beaucoup avec la longueur.

4°. Entre ces limites, quand on chauffe une tourmaline régulièrement, c'est-à-dire de manière qu'elle éprouve à peu près les mêmes accroissemens de chaleur sur tous les points de sa surface, ses pôles électriques commencent à paraître, le vitré à un bout, le résineux à l'autre, et ils restent ainsi pendant tout le temps que la température *change* et *s'élève*.

5°. Une tourmaline ayant ses pôles par échauffement, si on la refroidit régulièrement, ses pôles disparaissent un instant pour reparaître ensuite, mais en changeant de position, le vitré prenant la place du résineux *et vice versâ*, et ces pôles, par *refroidissement*, inverses des premiers, se maintiennent pendant tout le temps que la température *change* et *s'abaisse*.

6°. La vertu polaire semble dépendre du *changement* de température, de telle sorte qu'à une température donnée, une tourmaline peut se présenter dans trois états différens, savoir : à l'état naturel si elle a été maintenue long-temps à cette température; avec ses pôles par échauffement si elle y arrive en s'échauffant; avec ses pôles par refroidissement si elle y arrive en se refroidissant.

7°. M. Haüy a quelquefois remarqué un renversement des pôles pendant l'élévation de température, et un renversement contraire pendant le refroidissement; ce phénomène, qui ne se produit pas toujours, pourrait dépendre d'une différence de température entre les couches de la surface et les couches centrales.

8°. Une tourmaline, chauffée ou refroidie par une de ses extrémités seulement, paraît pendant quelques instans ne posséder qu'une seule électricité dans toute sa longueur; mais comme on voit toujours les deux électricités se développer en même temps, dans tous les autres phénomènes électriques, quels qu'ils soient, il est naturel de supposer que, dans ce cas, exceptionnel en apparence, les deux fluides s'y trouvent encore, inégalement distribués dans la longueur ou dans l'épaisseur de la tourmaline, et par conséquent inégalement perceptibles.

Pour vérifier toutes ces lois de l'électricité de la tourmaline, quelques observateurs, comme Priestley, la faisaient chauffer et refroidir pendant qu'elle était suspendue à un fil de cocon, et M. Haüy la posait sur un petit appareil représenté dans la *figure* 109.

Il existe un grand nombre de cristaux qui offrent des propriétés électriques analogues à celles de la tourmaline; nous les avons rassemblés dans le tableau suivant : ceux qui sont marqués de la lettre H ont été étudiés ou découverts par M. Haüy; les autres, beaucoup moins énergiques, ont été découverts plus récemment par le docteur Brewster (*Edinburgh journal of science*, n° 2, octobre 1824, pag. 208). En même temps, nous avons ajouté la composition minéralogique de ces cristaux, d'après M. Beudant.

Tableau des cristaux électriques par la chaleur.

1 Diamant.				
2 Soufre.				
3 Zinc oxidé (H).				
4 Quartz.				
5 Carbonate de chaux.	Acide carbonique. Chaux.	44 56		
6 Carbonate de plomb.	Acide carbonique. Oxide de plomb.	16 84		
7 Sulfate de baryte.	Acide sulfurique. Baryte.	34 66		
8 Sulfate de strontiane.	Acide sulfurique. Strontiane.	44 56		
9 Magnésie boratée (H).	Acide borique. Magnésie.	68 32		
10 Chaux fluatée.	Acide fluorique. Chaux.	28 72		
11 Sulfure d'arsenic.	Soufre. Arsenic.	39 61		
12 Scolézite.	Silicate d'alumine. Tri-silicate de chaux. Eau.	49 38 13	Silice. Alumine. Chaux. Eau.	48 25 14 13
13 Mésotype (H).	Bi-silicate d'alumine. Tri-silicate de plomb. Eau.	51 40 9	Silice. Alumine. Soude. Eau.	49 26 16 9
14 Mésolite.	Mélange de scolézite et de mésotype.			
15 Analcime.	Bi-silicate d'alumine. Bi-silicate de soude. Eau.	62 27 11	Silice. Alumine. Soude. Eau.	55 21 13 11
16 Prehnite (H).	Silicate d'alumine. Bi-silicate de chaux.	52 48	Silice. Alumine. Chaux.	50 25 25
17 Axinite.	Silicate d'alumine. Bi-silicate de chaux.	35 65	Silice. Alumine. Chaux.	51 18 31
18 Grenat.	Silicate d'alumine. Silicate de fer.	39 61	Silice. Alumine. Bi-oxide de fer.	38 20 42
19 Diopside.	Bi-silicate de chaux. Bi-silicate de magnésie.	53 47	Silice. Chaux. Magnésie.	57 25 18
20 Émeraude.	Bi-silicate d'alumine. Quadri-silicate de glucine.	52 48	Silice. Alumine. Glucine.	68 18 14
21 Topaze.	Fluate tri-siliceux. Alumine.	41 59	Acide fluorique. Silice. Alumine.	8 33 59
22 Tourmaline (H).	Silicate d'alumine. Soude.	90 10	Silice. Alumine. Soude (1).	43 47 10
23 Titane silicéo-calcaire ou sphène (H).	Acide silicio-titanique. Chaux.	81 19	Oxide de titane. Silice. Chaux.	48 33 19

(1) Quelquefois la soude est remplacée par la lithine.

24 Acide tartarique.
25 Acide citrique.
26 Tartrate de soude et de potasse.
27 Oxalate d'ammoniaque.
28 Oxi-muriate de potasse.
29 Sulfate de soude et de magnésie.
30 Sulfate d'ammoniaque.
31 Sulfate de fer.
32 Sulfate de magnésie.
33 Prussiate de potasse.
34 Acétate de plomb.
35 Carbonate de potasse.
36 Oxi-muriate de mercure.
37 Sucre (cristallisé).

Les conditions pour que les corps prennent l'électricité polaire semblent être une cristallisation régulière et une conductibilité imparfaite; car les forces, quelles qu'elles soient, qui déterminent la séparation des fluides, ne peuvent produire un résultat sensible, qu'en supposant qu'elles ne se détruisent pas l'une l'autre; ce qui arriverait infailliblement dans un état de conductibilité parfaite ou d'agrégation confuse. Aussi M. Haüy a-t-il trouvé des rapports remarquables entre la forme des cristaux et l'espèce d'électricité qu'ils montrent à chacune de leurs extrémités.

L'observation de M. Brewster, sur le diamant et le soufre natif, est très-importante, en ce qu'elle prouve que l'hétérogénéité des élémens constitutifs n'est pas une condition nécessaire de la séparation des fluides.

391. L'électricité qui se développe *au contact des corps* et dans les *actions chimiques* qu'ils exercent les uns sur les autres sera l'objet des chapitres suivans.

CHAPITRE VIII.

ÉLECTRICITÉ GALVANIQUE.

De l'Électricité développée au contact.

392. *Découverte du galvanisme.* — En 1789, Galvani, médecin et professeur à Bologne, observa un phénomène singulier : ayant eu l'occasion de préparer des grenouilles pour divers sujets de recherches, il les suspendit par hasard à un balcon de fer par de petits crochets de cuivre qui passaient entre les nerfs lombaires et la colonne dorsale ; disposées ainsi, ces grenouilles, mortes et mutilées, éprouvaient de vives convulsions. Un observateur vulgaire aurait pu remarquer le fait, mais il en aurait facilement imaginé quelque explication spécieuse, et son esprit satisfait se serait occupé d'autre chose. Galvani fut moins prompt dans ses jugemens; doué d'une attention pénétrante et d'une rare sagacité, il saisit dans ce phénomène un principe nouveau, et en fit sortir cette branche féconde de la physique, qui est maintenant connue sous le nom de *galvanisme*. Il reconnut, d'abord, que les grenouilles, coupées, dépouillées et suspendues, comme nous l'avons dit, n'éprouvent pas des convulsions permanentes : pour que leurs membres s'agitent, il faut que le vent, ou quelque autre cause accidentelle, vienne mettre quelque point de leurs muscles en contact avec la tige de fer qui porte le crochet de cuivre. Cette condition est indispensable, et l'on peut s'en assurer par l'expérience : pour cela, on coupe une grenouille vivante, on la dépouille rapidement, et, passant la pointe des ciseaux sous les deux nerfs lom-

baires qui paraissent comme des fils blancs de chaque côté de la colonne vertébrale, on enlève, en deux coups, les deux ou trois vertèbres inférieures; ainsi, les nerfs lombaires sont mis à nu, et forment la seule attache qui lie encore les membres inférieurs aux vertèbres supérieures; un fil de cuivre, qui passe entre les deux nerfs et qui les touche, va s'accrocher à un fil de fer recourbé et assez long pour venir toucher les jointures ou les muscles. A chaque contact, les jambes se replient et s'agitent, et cette moitié d'une grenouille morte semble reprendre vie pour sauter. Ces effets peuvent se reproduire encore au bout de quelques heures; mais le plus souvent les convulsions s'affaiblissent assez promptement, et, après vingt ou trente minutes, on n'observe plus que de légères palpitations dans la fibre des muscles.

Voilà donc un fait régulier, constant et bien caractérisé, dont on connaît les conditions, et qui peut se reproduire à volonté; c'est en établissant ce point fondamental que Galvani a ouvert une nouvelle carrière, et distingué les commotions dont il s'agit de ces mouvemens vagues et convulsifs que l'on observe souvent dans les insectes, les reptiles et les poissons, long-temps après les diverses mutilations qu'on leur a fait subir. Préoccupé de quelque système sur un fluide nerveux ou sur un fluide vital, Galvani ne tarda pas à imaginer une explication du phénomène, qui fût en rapport avec ses idées du moment. Les commotions de la grenouille, dit-il, sont excitées par un fluide qui passe des nerfs aux muscles, au moyen de la communication extérieure que l'on établit entre eux; ce fluide existe dans les nerfs, il traverse l'arc conducteur, c'est-à-dire le crochet de cuivre et la tige de fer, et vient à l'instant du contact se précipiter sur les muscles, et les contracter à peu près comme ferait une décharge électrique.

L'explication est séduisante : elle fut accueillie avec transport, et le fluide nouveau fut appelé *fluide galvanique*.

Le bruit de cette découverte se répandit bientôt en Allemagne, en France et en Angleterre; partout on s'empressait de répéter, de varier les expériences; le phénomène lui-même excitait une grande admiration; mais l'espérance de saisir, dans les corps animés, un fluide subtil, un principe de vie, donnait encore une nouvelle ardeur à l'active curiosité des savans. D'ailleurs, ces idées paraissaient à une époque de grandes découvertes et de grandes réformes; tous les esprits étaient en mouvement et comme emportés par l'attrait de la nouveauté.

On reconnut d'abord une analogie remarquable entre le fluide galvanique et le fluide électrique; c'est qu'on n'obtient jamais de commotions dans les grenouilles, lorsqu'on établit la communication entre les nerfs et les muscles au moyen des corps mauvais conducteurs de l'électricité. Dès lors, il s'éleva une discussion parmi les physiciens; les uns soutenaient, avec Galvani, qu'une analogie n'est pas une identité, et que le fluide nouveau, bien qu'il ne pût traverser ni le verre ni la résine, n'en était pas moins un fluide vital, distinct des fluides qui se développent dans la nature inorganique; les autres étaient loin de supposer qu'un seul fait, commun entre deux causes, pût établir leur identité : mais ils demandaient qu'on leur montrât des effets galvaniques qui ne pussent être produits par l'électricité; ajoutant, avec raison, qu'une faible étincelle agit, comme le galvanisme, pour donner aux grenouilles de vives commotions. Malgré cette différence d'opinions, l'on s'accordait volontiers à regarder les corps vivans comme chargés d'un fluide électrique ou non électrique, et à les assimiler, en quelque sorte, à une bouteille de Leyde, les nerfs représentant l'intérieur de la bouteille et les muscles l'extérieur. En même temps, on poursuivait de toutes parts les expériences sur des animaux de toute espèce pour observer leur sensibilité galvanique et la variété des phénomènes qu'ils présentaient, lorsqu'on établissait la communication entre leurs muscles et leurs nerfs au moyen d'un arc conducteur. Tous les corps vivans éprouvent, dans ces circonstances, des effets plus ou moins remarquables : souvent même il n'est pas nécessaire de dénuder ni les muscles ni les nerfs ; par exemple, une pièce de cuivre étant posée sur la langue et une pièce de fer dessous, on éprouve une saveur très-prononcée à l'instant où les deux pièces se touchent ; il se trouve des personnes assez sensibles pour voir en même temps une lueur passer devant leurs yeux.

Toute hypothèse est bonne quand elle fait faire des découvertes, et l'hypothèse de Galvani eut son moment de succès ; mais pour la rendre féconde, il fallait admettre des considérations vagues, des données incertaines ; il fallait se jeter dans des questions compliquées sur les fonctions vitales et sur les mystères de l'organisation ; ces questions, sans cesse agitées parmi les hommes, et toujours insolubles, commençaient à reprendre vogue ; les meilleurs esprits s'y laissaient entraîner ; et l'on ne sait combien de fausses routes auraient été ouvertes à l'esprit humain, ni avec quelle ardeur on s'y serait jeté, si un homme d'un génie hardi n'eût mis un terme à toutes ces vaines tentatives. Cet homme fut Volta. Déjà célèbre par plusieurs découvertes ingénieuses sur l'électricité, Volta, professeur à Pavie, répétait, avec une inquiète attention, toutes les expériences de Galvani et de ses disciples ; plein d'enthousiasme pour les faits, il ne donnait qu'une adhésion conditionnelle aux hypothèses ; enfin, il saisit, avec une admirable sagacité, une condition du phénomène dont l'importance avait échappé jusque-là aux plus habiles observateurs. Quand l'arc conducteur, qui établit la communication entre les muscles et les nerfs, est d'un seul métal, la contraction est toujours peu sensible ; au contraire, elle est toujours vive et forte quand l'arc conducteur est composé de deux métaux. L'expérience en est représentée dans la *figure* 113 : la partie ombrée de l'arc est en zinc, l'autre est en cuivre ; il importe que les métaux soient nets et bien décapés au point où ils touchent la grenouille et surtout au point où ils se touchent entre eux. Cette condition posée, Volta en tire la conséquence suivante : Il est vrai, dit-il, qu'il y a du fluide en jeu dans cette expérience ; mais la grenouille n'est point une bouteille de Leyde ; le fluide qui l'agite n'est point dans ses muscles ni dans ses nerfs, il est dans les métaux ; il se développe par leur contact, et il n'est autre chose que du fluide électrique ordinaire. Une idée aussi contraire à tout ce que l'on connaissait alors sur les propriétés électriques et sur la conductibilité des métaux, ne pouvait être admise sans opposition ; il est vrai que l'hypothèse de Galvani était épuisée ; elle ne produisait plus de faits nouveaux, mais elle avait l'avantage d'expliquer tous les faits connus, et d'établir entre eux une liaison séduisante. Les opinions furent partagées. A quoi servent les deux métaux, disaient les partisans de Galvani, si ce n'est à établir une communication plus complète entre les muscles et les nerfs, et à donner au fluide un écoulement plus libre ? A quoi pourraient-ils servir, répondaient les partisans de Volta, s'il n'y avait qu'une communication à établir ; un seul métal ne serait-il pas suffisant ? Et, de part et d'autre, on tentait des expériences nouvelles, autant, peut-être, pour soutenir l'opinion qu'on avait adoptée que pour la mettre à l'épreuve ; car il y a aussi dans les discussions scientifiques une sorte de conviction prématurée, à laquelle on se laisse trop souvent entraîner. Galvani, sans nier l'efficacité des deux métaux, essayait de démontrer qu'un seul métal excite des contractions ; et, en effet, une grenouille, préparée et jetée sur un bain de mercure, éprouve des palpitations très-sensibles ; elle en éprouve pareillement lorsqu'on touche à la fois les muscles et les nerfs avec du plomb très-pur, ou avec un autre métal dans lequel l'analyse chimique ne découvre rien d'étranger. Loin de contester ces phénomènes, Volta les annonçait lui-même, et il en tirait des preuves à l'appui de son opinion. Il est vrai qu'un seul métal agit; mais frottez-en l'extrémité sur un autre métal, il agira encore avec beaucoup plus d'énergie. Les parcelles imperceptibles qui s'y attachent lui donnent une hétérogénéité suffisante; c'est au contact du métal et de ces parcelles étrangères que l'électricité se développe. Ce qui est homogène pour l'analyse chimique n'est point homogène absolument; et, d'ailleurs, si l'art ou la nature pouvaient nous donner un métal d'une pureté parfaite, ce métal agirait encore; dès qu'il touche les muscles ou les nerfs, il y a hétérogénéité aux points du contact, et, par conséquent, de l'électricité produite. Enfin, la substance des muscles et celle des nerfs sont assez différentes entre elles pour donner de l'électricité quand elles se touchent; et, en effet, en repliant les muscles cruraux sur les nerfs lombaires, on obtient des palpitations sensibles, surtout si la grenouille est très-vive et très-rapidement préparée.

393. *Preuves directes du développement de l'électricité par le contact.* — L'idée du développement de l'électricité au contact des corps hétérogènes ne s'accréditait que lentement; la sévérité des théories physiques en réclamait des preuves encore plus directes et plus décisives, et Volta ne fut pas long-temps à les produire. Un appareil qu'il avait inventé quelques années auparavant lui en fournit les moyens; c'est le condensateur, que nous avons décrit (376), et qui est représenté *figure* 87.

L'expérience se fait de la manière suivante: Après s'être assuré que le condensateur garde bien le fluide qu'on lui donne, et après l'avoir remis à l'état naturel, on établit, avec les doigts mouillés, une communication entre son plateau supérieur et le sol; en même temps une plaque de zinc, communiquant pareillement au sol, est mise en contact avec le plateau inférieur; un seul instant suffit, on rompt les communiations, on enlève le disque supérieur, et l'on observe une divergence sensible dans les lames d'or. D'où vient cette électricité? Il est évident qu'elle n'a pu être développée qu'au contact du cuivre avec la lame de zinc; c'est là qu'une force particulière a exercé son action pour séparer les fluides naturels et pour les mettre en mouvement; le fluide vitré qu'elle a fait passer sur le zinc s'est écoulé dans le sol; le fluide résineux qu'elle a poussé sur le cuivre du plateau inférieur s'y est accumulé par dissimulation, en agissant sur les fluides naturels du plateau supérieur; et, ce plateau étant enlevé, toute l'électricité résineuse, dissimulée dans le plateau inférieur, se répand librement, passe dans les lames, et produit la divergence qu'on y observe.

En substituant à la lame de zinc une lame de même métal que le plateau, nul effet n'est produit. Mais tous les autres métaux produisent une divergence dans les lames; le plomb, l'étain, le fer, le bismuth et l'antimoine prennent, comme le zinc, l'électricité vitrée, et donnent au plateau une charge résineuse: tandis que l'or, l'argent, le palladium et le platine produisent un effet contraire; ils prennent une charge résineuse, et donnent au cuivre du plateau une charge vitrée. Ces expériences sont décisives; mais elles ne donnent pas encore de la force qui développe l'électricité l'idée complète que l'on doit en avoir; car on pourrait supposer qu'elle agit seulement à l'instant du contact, et qu'elle dérive peut-être du frottement ou de la pression qui s'exerce alors entre les surfaces métalliques. Pour lever tous les doutes à cet égard, Volta eut l'ingénieuse idée de faire une *plaque double* (*Fig.* 118), dont les deux moitiés, l'une en zinc et l'autre en cuivre, se trouvent soudées à la jonction *ss'*. Or, en prenant à la main le zinc de cette plaque, et en touchant avec son cuivre le plateau inférieur du condensateur, tandis que le plateau supérieur communique au sol, on obtient la même divergence dans les lames que si le zinc eût immédiatement touché le cuivre du plateau. Donc, dans la plaque double, après des années de contact, la force agit encore entre le zinc et le cuivre, comme si ces deux métaux venaient de se toucher à l'instant.

394. *De la force électromotrice.* — Cette force nouvelle, qui s'exerce entre les substances hétérogènes, est ce qu'on appelle la *force électromotrice ;* elle naît du contact, elle réside à la surface de jonction, et là, elle agit pour décomposer l'électricité naturelle, séparant sans cesse les deux fluides, faisant passer le vitré sur l'un des corps et le résineux sur l'autre. Ainsi, la plaque double (*Fig.* 118) étant isolée, il est impossible qu'elle soit jamais à l'état naturel. Voici les principaux caractères de cette force :

Elle produit la décomposition des fluides naturels et empêche leur recomposition; par le premier effet, le fluide vitré est poussé sur le zinc, se disperse sur toute son étendue en vertu de sa répulsion propre, tandis que le fluide résineux est pareillement poussé et dispersé sur le cuivre; par le second effet, ces fluides contraires sont maintenus en présence, l'un à droite, l'autre à gauche de la surface de contact, sans pouvoir franchir cette surface et se recomposer en vertu de leur attraction mutuelle. Pour avoir une idée plus précise de cette résistance, on peut concevoir un moment qu'il n'y ait pas de décomposition au contact, et que l'on donne artificiellement un peu de fluide vitré au zinc; alors ce fluide ne passerait pas sur le cuivre, la force électromotrice serait comme un obstacle pour l'arrêter; si, au contraire, on donnait au zinc un peu de fluide résineux, il est probable que ce fluide passerait en *totalité* sur le cuivre : on aurait les phénomènes inverses en électrisant le cuivre, résineusement ou vitreusement.

Comme obstacle à la recomposition, la force électromotrice a une limite; c'est-à-dire qu'elle n'est pas capable d'arrêter des charges quelconques de fluide vitré sur le zinc, ou de fluide résineux sur le cuivre; dès que ces charges, acquises naturellement par le contact ou données artificiellement, atteignent une certaine tension, elles peuvent franchir la surface de jonction pour se répandre au large ou pour se recombiner; mais, dans ce cas, la force électromotrice arrête encore tout ce qu'elle peut arrêter. On admet qu'en représentant, en général, par $+t$ la tension du fluide vitré qui se trouve sur le zinc, et par $-t'$ la tension du fluide résineux qui se trouve sur le cuivre, la différence $t+t'$ des deux tensions est une quantité constante, quelles que soient les charges de fluide vitré ou résineux. Si le cuivre était chargé de vitré comme le zinc, sa tension serait alors représentée par $+t'$, et la différence $t-t'$ serait encore la même. C'est cette différence des deux tensions que l'on appelle *tension maximum*, parce qu'elle est en effet le maximum de ce que la force électromotrice peut arrêter et retenir pour empêcher l'équilibre ordinaire.

Comme cause de décomposition, la force électromotrice est instantanée et permanente : permanente, parce qu'elle est toujours prête à agir dès que la tension n'est pas ce qu'elle doit être pour l'équilibre galvanique; et instantanée, parce qu'il ne lui faut qu'un instant inappréciable pour porter cette tension à son maximum. On reconnaît que cette tension est très-faible, parce qu'une lame de zinc ne charge pas le condensateur lorsqu'elle est isolée, tandis qu'elle le charge en un instant lorsqu'elle communique au sol.

Les tensions électriques, développées et retenues par la force électromotrice, ne sont pas les mêmes au contact de tous les corps. Les métaux sont bons *électromoteurs*, bien que l'on observe entre eux des différences très-marquées; et l'on dit, en général, que les autres substances ne sont point électromotrices, parce qu'en effet elles ne produisent au moyen du condensateur que des résultats insensibles: mais, lorsqu'on les éprouve avec des instrumens plus délicats, on reconnaît qu'elles développent aussi de l'électricité par le contact; seulement, les tensions qu'elles produisent sont incomparablement plus faibles que celles des métaux.

Ainsi, la force électromotrice découverte par Volta est une force universelle qui s'exerce au contact de toutes les molécules des substances hétérogènes, qui décompose sans cesse les fluides électriques, et qui donne naissance à des forces nouvelles, dont les effets se font sentir à la matière pondérable. Or, les élémens qui composent la terre, soit à sa surface, soit à diverses profondeurs, sont mêlés et confondus de telle sorte qu'il y a partout hétérogénéité entre les parcelles qui se touchent : combien de substances diverses sont mises en contact dans les plus petits des êtres organisés, et combien de réactions électriques s'y doivent développer ! La terre végétale, les pierres, les roches, les laves, les couches géologiques, sont-elles autre chose qu'une agrégation de principes différens, entre lesquels la force électromotrice doit agir aussi avec plus ou moins d'intensité? On aperçoit, d'une seule vue, tout ce qu'il y a de fécond dans cette découverte, et nous verrons que les premiers observateurs n'ont pas été trompés dans leurs espérances, quand ils ont cru que les principes du galvanisme deviendraient la clef d'une foule de phénomènes.

CHAPITRE IX.

De la pile de Volta.

395. *Principes sur lesquels repose la construction de la pile.* — La pile se construit avec trois corps différens : deux sont métalliques et bons électromoteurs, et le troisième est non métallique, bon conducteur et très-faiblement électromoteur.

Les métaux qu'on emploie avec le plus d'avantage sont le zinc et le cuivre, le premier forme les *élémens positifs* de la pile, le deuxième les *élémens négatifs* ; deux élémens réunis ou soudés ensemble, l'un positif et l'autre négatif, composent ce qu'on appelle *une paire* ou *un couple*.

Le corps non métallique est ce qu'on appelle le *conducteur* ; tantôt c'est une *rondelle humide*, c'est-à-dire une rondelle de drap ou de carton imbibée d'eau pure ou de quelque dissolution acide, alcaline ou saline ; tantôt c'est la dissolution elle-même ; d'autres fois c'est un corps sec, et alors la pile est ce que l'on appelle une *pile sèche*.

Concevons une plaque de cuivre, ou un élément négatif, communiquant au sol par le fil conducteur non métallique représenté par *f* (*Fig.* 119). Sur sa surface supérieure posons une plaque de zinc de même dimension : à l'instant du contact, la force électromotrice exerce son action ; le fluide résineux qu'elle développe passe sur le cuivre, et s'écoule dans le sol ; le fluide vitré au contraire passe sur le zinc, et s'y accumule jusqu'à ce qu'il y ait acquis la tension maximum que la force électromotrice soit capable de retenir; il ne faut pour cela qu'un moment inappréciable; cette tension, ou plutôt l'épaisseur électrique qui la produit, étant prise pour unité, nous dirons que le cuivre est à l'état naturel, tandis que le zinc est couvert d'une épaisseur 1 d'électricité vitrée. Si par quelque moyen nous allions enlever au zinc une partie du fluide qui le couvre, il n'aurait plus l'épaisseur 1 qu'il doit avoir; la force électromotrice le reproduirait à l'instant par un nouveau développement qui réparerait exactement la perte, et par un égal développement de résineux qui s'écoulerait dans le sol. A chaque portion de fluide que l'on viendrait de la sorte enlever au zinc, il y aurait une réparation subite pour reproduire sans cesse l'épaisseur 1, qui est l'état de l'équilibre galvanique; et si l'on établissait par exemple la communication du zinc avec le sol par un fil *non métallique*, son fluide vitré s'écoulerait sans cesse, et serait sans cesse réparé; en même temps le fluide résineux développé sur le cuivre s'écoulerait de même; tellement que, si l'on approchait l'un de l'autre les deux fils non métalliques qui touchent le zinc et le cuivre, les fluides se recomposeraient à leur point de contact, et l'on aurait *une circulation* électrique continue; les fluides seraient séparés au contact des métaux, et recomposés au contact des fils conducteurs non électromoteurs qui communiquent avec eux.

Cela posé, laissons le cuivre seulement communiquer au sol, et sur le zinc plaçons une rondelle humide. Il est évident qu'elle partagera l'électricité vitrée du zinc, mais que, la perte étant réparée à l'instant, l'épaisseur sera 1 sur la rondelle et sur le zinc, comme elle était d'abord.

Il en sera de même encore si nous posons une plaque de cuivre sur la rondelle humide, puisqu'il n'y a point de force électromotrice entre ces corps.

Mais si nous posons une deuxième plaque de zinc sur cette deuxième plaque de cuivre, le phénomène sera plus compliqué, et c'est ici que se montre le véritable principe de l'accumulation de l'électricité dans la pile. Supposons pour un moment que l'action de la force électromotrice soit suspendue dans ce deuxième couple : alors il est évident que le zinc prendrait une épaisseur 1 de fluide vitré, comme l'a fait la rondelle humide et la plaque de cuivre, et dès que la force électromotrice agira, cette épaisseur deviendra égale à 2 sur ce 2e zinc, puisqu'elle doit toujours excéder de 1 celle du cuivre avec lequel il est en contact. En même temps le fluide résineux qui sera développé sur le cuivre sera détruit par le fluide vitré qui s'y trouve, et il se fera dans le premier couple un nouveau développement par lequel le 1er zinc sera ramené à une épaisseur 1, ainsi que la rondelle humide et le 2e cuivre. Au moyen de cet arrangement, le 2e zinc doit donc avoir pour son équilibre une épaisseur de fluide vitré double de celle qui se trouve sur le premier.

On voit que par le même principe la 2e rondelle humide et le 3e cuivre auront la même épaisseur 2, tandis que le 3e zinc aura une épaisseur 3. Le 4e zinc aura une épaisseur 4, le 5e une épaisseur 5, etc...., le 10e une épaisseur 10.... le 100e une épaisseur 100...., et le 1000[e] une épaisseur 1000.

Ainsi, rien ne limite l'épaisseur électrique que l'on peut accumuler au sommet d'une semblable pile, puisque rien ne limite le nombre des élémens que l'on peut superposer ; et le 1er zinc étant, comme nous avons vu, une source inépuisable d'électricité vitrée dont l'épaisseur est 1, le 1000[e] zinc est une source inépuisable dont l'épaisseur se trouve égale à 1000. Telle est l'admirable invention au moyen de laquelle Volta est parvenu à développer et accumuler une épaisseur électrique indéfiniment croissante sans frottement ni pression, et par la seule puissance du contact de certains corps disposés dans un ordre déterminé. La pile que nous venons de construire est nommée *pile à colonne :* nous continuerons de nous en servir pour démontrer plusieurs propriétés remarquables qui sont communes à toutes les piles dont nous verrons plus loin la construction.

396. *De la pile isolée.* — L'extrémité de la pile qui se termine par une plaque de zinc s'appelle *l'extrémité zinc, l'extrémité positive*, ou *le pole positif:* celle qui se termine par le cuivre s'appelle *l'extrémité cuivre, l'extrémité négative*, ou *le pôle négatif.* Dans la disposition dont nous venons de parler, le pôle négatif communiquait au sol, le pôle positif était isolé, et sur toute la pile il y avait du fluide vitré dont l'épaisseur allait croissant, depuis le 1er zinc où elle était 1, jusqu'au 100e zinc où elle était 100, en supposant que la pile eût 100 couples. Concevons une autre pile toute pareille, avec cette seule différence que le pôle positif communique au sol, tandis que le pôle négatif reste isolé, il est évident qu'il y aura partout du fluide résineux dont l'épaisseur ira croissant, depuis le 1er cuivre (c'est-à-dire celui qui touche le zinc communiquant au sol) où elle sera 1, jusqu'au 100e cuivre où elle sera 100. Et si maintenant nous mettons ces deux piles bout à bout, en interposant seulement une rondelle humide entre les deux pôles qui communiquaient au sol, nous n'aurons qu'une seule pile de 200 couples, dont chaque moitié conservera l'équilibre électrique qu'elle avait d'abord : ainsi le milieu sera à l'état naturel, même après avoir supprimé les fils de communication; à partir de là on aura d'un côté de l'électricité vitrée, de l'autre de l'électricité résineuse; ces électricités ne pourront pas se rejoindre, et leurs épaisseurs, toujours croissantes par différences égales pour chaque couple, seront 100 à chaque pôle. Si l'on vient ensuite à troubler cet équilibre en prenant de l'électricité à l'un des pôles, le *zéro*, ou le point qui est à l'état naturel, se déplacera pour un instant; le pôle touché aura une épaisseur moindre que 100, et l'autre une épaisseur plus grande; mais bientôt, la perte par l'air diminuant plus rapidement l'épaisseur électrique du pôle le plus fort, le zéro reviendra

au milieu, et l'équilibre sera rétabli. Ainsi dans toute pile isolée l'arrangement définitif de l'électricité est tel que le milieu est à l'état naturel, tandis que les deux moitiés sont chargées de fluides contraires, l'épaisseur de ces fluides augmentant de 1, en passant d'un couple au suivant.

397. *De la pile en activité.* — Les pôles de la pile isolée étant des sources *indéfinies* d'électricités contraires, il est évident que, si l'on met chacun d'eux en communication avec un fil de métal, le fil partagera le fluide du pôle qu'il touche, et l'on aura ainsi deux conducteurs, l'un positif, l'autre négatif, qui étant mis en présence devront donner une recomposition *continuelle*. C'est en effet ce que représente la *figure* 114; les deux fils (que l'on nomme aussi quelquefois les deux pôles de la pile) étant approchés à une petite distance, on voit jaillir une étincelle, une autre la suit de près, puis une autre, et ainsi de suite; c'est un courant de feu continu, c'est une batterie inépuisable qui se décharge toujours sans être jamais déchargée..

Lorsqu'on met les fils conducteurs en contact immédiat, et que l'on ferme ainsi le circuit de la pile, les étincelles disparaissent, mais tous les effets électriques ne sont pas détruits. Les fluides se développent encore dans tous les couples, entre tous les élémens, et ne cessent de venir se recomposer dans tous les points des fils conducteurs qui rejoignent les deux pôles de la pile. Ainsi au dehors tout paraît immobile, et au dedans tout est en activité et en mouvement. Une des preuves les plus frappantes de cette rapide circulation de l'électricité est le phénomène que présente un fil métallique un peu fin, que l'on interpose entre les conducteurs, pour fermer le circuit : si ce fil est un peu long, il devient chaud subitement; un peu plus court, il devient rouge, et plus court encore, il devient rouge-blanc; alors, suivant la nature du métal, il entre en fusion et tombe en gouttes, brûle avec éclat, ou reste inaltérable, persistant dans cet état d'incandescence pendant tout le temps que la pile est en activité.

L'eau, les acides, les oxides, les sels et tous les corps, pour peu qu'ils soient conducteurs, éprouvent des effets remarquables lorsqu'on les place dans le *courant* de la pile, c'est-à-dire lorsqu'on les dispose entre les pôles, de manière qu'ils forment une partie du circuit, et que leur substance soit traversée par les fluides contraires, comme les fils métalliques des expériences précédentes. Mais avant d'étudier ces effets, il importe de prendre une idée de ce qui constitue la force de la pile.

398. *De la force de la pile.* — On peut distinguer dans une pile la force de *production*, la force de *propagation*, et la force de *tension*.

1°. La *force de production* est dépendante de la force électromotrice, c'est-à-dire de l'énergie avec laquelle les fluides sont séparés au contact des élémens. Nous avons déjà dit que tous les métaux ne prennent pas en se touchant des charges ou des épaisseurs électriques égales; ainsi deux piles tout-à-fait pareilles, mais construites avec des métaux différens, ne pourront pas produire dans le même temps une même quantité de fluide. Il arrive heureusement que le zinc et le cuivre, qui se rencontrent partout et à bas prix, sont, entre tous les corps connus, ceux qui prennent les plus fortes charges électriques par leur contact. Par conséquent les piles construites avec ces métaux sont, toutes choses égales d'ailleurs, celles qui possèdent la plus grande force de production.

2°. La *force de propagation* de la pile ne dépend que de la nature et des dimensions du conducteur qui sépare les couples, car l'électricité ne peut arriver aux deux pôles pour parcourir le fil qui les joint, qu'après avoir traversé toutes les rondelles humides, ou en général tous les intervalles qui se trouvent entre les couples; si elle est retardée dans ce mouvement par l'imperfection du conducteur, la pile donne d'abord une décharge en vertu des tensions qu'elle possède à ses deux extrémités, mais après ce premier choc la propagation se rallentit; au contraire, si le conducteur est assez bon pour offrir un libre écoulement au fluide qui se développe sans cesse entre les élémens, la propagation est rapide et toujours égale. Dans tous les cas on peut considérer la longueur du circuit de la pile comme une espèce de canal, dans lequel les fluides électriques se meuvent avec plus ou moins de vitesse et de liberté, suivant que les conducteurs sont plus ou moins parfaits; le fil qui joint les pôles ne laisse passer dans un temps donné que la quantité de fluide qui a pu traverser la pile dans le même temps; d'où il résulte, par rapport aux dimensions du conducteur humide, que la force de propagation de la pile est en raison inverse de son épaisseur, et en raison directe de sa largeur : car nous verrons plus tard que la conductibilité des corps suit sensiblement ces deux lois remarquables.

L'eau est un mauvais conducteur; toute pile aurait une faible force de propagation, si elle était *chargée* ou *amorcée* avec de l'eau pure. Aussi emploie-t-on habituellement des dissolutions salées ou alcalines, et surtout des dissolutions acides; l'eau contenant environ $\frac{1}{16}$ d'acide sulfurique et $\frac{1}{20}$ d'acide nitrique, est le conducteur humide que l'on préfère; il est assez parfait pour donner passage aux fluides électriques, et en même temps il n'exerce pas une action chimique assez puissante pour corroder trop vite les élémens de la pile.

3°. *La force de tension* change avec la nature des élémens de la pile, mais elle est toujours proportionnelle à leur nombre, à moins que le conducteur ne soit assez mauvais. En effet, nous avons vu que sur le 2e zinc la tension est double de ce qu'elle est sur le 1er, qu'elle est triple sur le 3e, et ainsi de suite; or, si la force électromotrice qui s'exerce au contact du zinc et du cuivre, peut accumuler sur le zinc une tension d'électricité vitrée double de la tension qu'elle accumulerait sur un autre métal, sur du fer, par exemple, il est évident que pour le même nombre d'élémens la tension d'une pile de *zinc et cuivre* aurait toujours une tension double d'une pile *de fer et cuivre*. C'est ainsi que la tension change avec la nature des élémens. Mais elle ne dépend ni de leur grandeur, ni de l'étendue de la surface suivant laquelle ils se touchent; pour le démontrer il suffit de construire deux piles *semblables*; c'est-à-dire ayant le même nombre de couples, le même conducteur et les élémens de différentes grandeurs; ceux de la première étant, par exemple, de 1 centimètre carré, et ceux de la seconde de 1 décimètre. Alors, avec le plan d'épreuve, ou avec le condensateur à taffetas, l'on pourra reconnaître qu'elles ont exactement la même tension à leurs pôles, soit qu'on les observe pendant qu'elles sont isolées, soit qu'on les observe pendant que l'un de leurs pôles communique au sol. Enfin, si l'on construit deux piles qui ne diffèrent entre elles que parce que les élémens de l'une se touchent dans toute leur étendue, tandis que les élémens de l'autre se touchent par une surface très-petite, on verra, par les mêmes moyens, qu'elles ont exactement la même tension. Ces conséquences ne se réaliseraient pas si les conducteurs étaient très-mauvais.

399. *Diverses dispositions de la pile.* — La *pile à colonne* dont nous avons parlé jusqu'à présent, est assez commode pour la démonstration, mais elle offre de grands inconvéniens dans la pratique. Les rondelles inférieures, comprimées par le poids des élémens supérieurs, se dessèchent promptement, et le liquide qui s'en écoule, en ruisselant sur la surface de la pile, établit entre les couples des communications partielles qui diminuent d'autant l'effet total.

La *pile à couronne* est plus curieuse qu'utile, mais elle est si facile à faire qu'il est bon d'en indiquer la construction. Les élémens qui la composent sont de petites bandes ou même de petits fils de zinc et de cuivre, soudés bout à bout, ou seulement attachés par deux ou trois tours de torsion, et ensuite courbés en chevron. Des verres remplis d'eau acidulée étant disposés en rond ou *en couronne*, l'on met un chevron du premier au second, puis un autre du second au troisième, et ainsi de suite, avec la seule attention de les tourner dans le même sens. Si le premier verre contient l'extrémité cuivre du premier chevron, il formera le pôle négatif de la pile, tandis que le dernier verre contenant une extrémité zinc, en sera le pôle positif.

La *pile à auges* a été long-temps en usage; elle est représentée dans la *figure* 116. Les élémens sont rectangulaires et soudés l'un sur l'autre, pour former un couple; tous les couples sont disposés de champ et parallèlement, dans une caisse en bois, BB', dont les parois intérieures sont revêtues d'un mastic non conducteur; l'intervalle de deux couples forme une petite auge dans laquelle on met l'eau acidulée; c'est cette lame d'eau de deux ou trois lignes d'épaisseur qui remplace la rondelle humide de la pile à colonne: ainsi il faut avoir grand soin que les auges successives n'aient entre elles aucune communication, ni par les bords, ni par la tranche supérieure des couples. En réunissant plusieurs piles semblables à celle qui est représentée dans la figure, on compose une *batterie galvanique* ou *voltaïque*. La réunion peut se faire de deux manières: les piles ayant, par exemple, cent couples de chacun 1 décimètre carré, si en on réunit deux, en faisant communiquer les deux pôles négatifs ensemble, et les pôles positifs ensemble, on aura une batterie de *cent* couples ayant chacun *deux* décimètres carrés; c'est la force de propagation qui sera doublée: au contraire, si on les réunit en faisant communiquer le pôle positif de la première avec le pôle négatif de la seconde, on aura une batterie de *deux cents* couples, ayant chacun 1 décimètre carré; c'est la force de tension qui sera doublée. Nous verrons plus tard que pour produire certains effets, ces batteries sont complètement différentes. La grande pile de l'École polytechnique était construite d'après ces principes; elle se composait de six cents paires de 1 pied carré. Celle de la Société Royale de Londres se composait de deux mille paires, les unes de six pouces et les autres de quatre pouces de côté.

La *pile de Wolaston* est représentée dans la *figure* 115; elle est maintenant la plus commode que l'on connaisse, et celle qui semble combinée d'après les meilleurs principes. Pour en mieux indiquer la construction, nous examinerons seulement deux couples représentés en section (*Fig.* 121), et de face (*Fig.* 120); *cs* est le premier cuivre, *sz* le premier zinc, vu par son épaisseur; ils sont soudés en *s*; *c' s'* est le deuxième cuivre, et *s' z'* le deuxième zinc; *v* et *v'* sont des vases remplis d'eau acidulée; l'électricité vitrée passe du premier zinc au deuxième cuivre par la couche d'eau qui les sépare; elle passe de même du deuxième zinc au troisième cuivre, et ainsi de suite. Cette disposition offre surtout deux grands avantages; premièrement, le fluide qui est sur le zinc peut en sortir par tous les points de la surface; secondement, il n'a qu'une couche liquide très-mince à traverser pour se porter sur le cuivre, et cette couche, qui se trouve promptement altérée dans la pile à auge, peut ici se renouveler en se mélangeant au liquide du vase. Voilà pourquoi la pile de Wollaston a une force de propagation beaucoup plus grande que toutes les autres piles; car tout s'y trouve disposé de la manière la plus heureuse pour favoriser la conductiblité.

Un seul couple de cette espèce ayant seulement quelques pouces carrés de surface, est capable de produire des phénomènes étonnans; il peut, par exemple, faire rougir un fil de platine. L'expérience en est représentée dans la *figure* 124; *cs* est le cuivre, *sz* le zinc, l'enveloppe *c' c' c'* ne sert qu'à favoriser la conductibilité; un petit fil de platine est tendu de P en P', et quand on plonge ce couple par le manche *m* dans un vase d'eau fortement acidulée, le fil de platine devient rouge à l'instant, par le seul effet du courant qui le traverse.

Avec une pile d'une douzaine de couples, disposée comme celle de la figure 115, on peut faire à peu près toutes les expériences galvaniques.

Cependant il y a de grands effets qui ne peuvent être produits que par des batteries beaucoup plus fortes, et je décrirai ici celle que je fis construire pour le Prince Royal il y a trois ans, lorsqu'il se livrait à l'étude des sciences avec ce vif intérêt et cette étonnante élévation d'esprit qu'il porte maintenant dans des affaires d'un autre ordre. Cet appareil fait partie du cabinet de physique et du laboratoire de chimie que le Roi a bien voulu me confier pour l'instruction de ses enfans, et où le duc de Nemours se prépare, avec autant de succès que son frère, à approfondir les hautes questions théoriques et les grandes applications industrielles de la physique et de la chimie.

La batterie galvanique du Palais-Royal est construite sur le principe de la pile de Wollaston; elle se compose de 160 élémens de chacun 7 pouces sur 5, et cependant elle n'occupe qu'un espace de 7 pieds sur 4, et elle peut être mise en jeu avec la plus grande facilité.

La *figure* 126 en représente une vue, et la *figure* 127 une coupe transversale. *P* et *P'* sont deux pieds en bois, portant chacun deux montans M, N, et M', N'; quatre planchers *p'*, *q'*, *r'*, *s'* (*Fig.* 127), garnis en plomb et munis de robinets, portent chacun quatre rangées de dix vases. Huit traverses *t t'*, quatre pour les montans M, M', et quatre pour les montans N, N', portent chacune deux rangées de dix couples. On voit dans les montans M, M', N, N', les mortaises dans lesquelles les traverses peuvent monter et descendre, les chevilles *c*, qui les tiennent suspendues, et les entailles par lesquelles elles peuvent sortir lorsqu'on veut faire quelques réparations. Les grandes lames de cuivre, *l*, *l*, *l*, servent à établir la communication entre les couples des différentes traverses; il est visible que l'on peut n'employer que vingt couples à la fois. Pour charger la pile, on emploie des entonnoirs à robinet E (*Fig.* 128), qui tiennent la mesure d'un vase. Une grande cage en bois, qui se meut sur des roulettes, et qui a une porte à chaque bout, peut recouvrir tout l'appareil et laisser seulement sortir les fils conducteurs de chaque pôle.

La *pile en hélice* est une modification de la pile de Wollaston; elle est surtout destinée à produire de grandes quantités d'électricité sans donner de grandes tensions. Les *figures* 129, 130 et 131 représentent les dispositions que j'ai adoptées pour la pile de la Faculté des Sciences. Sur un cylindre en bois *b* (*Fig.* 131), de trois pouces de diamètre et d'un pied de long, on enroule deux lames, l'une en zinc et l'autre en cuivre, qui sont séparées par des bouts de lisière en drap *l*, joints par de petites ficelles, dont l'épaisseur est un peu moindre que celle de la lisière. On forme ainsi des couples dont les deux élémens ont chacun cinquante ou soixante pieds de surface; ces couples sont ajustés dans de fortes barres en fer, F′ F′ (*Fig.* 129), au moyen des tiges de fer *vf*, et des écrous *rr*, etc. Dans cette disposition les couples restent fixes; c'est le plancher P et les seaux en bois *s*, *s*..., contenant l'eau acidulée, qui montent et qui descendent au moyen des cordes *cdr*, *c′ d′ r′*, du treuil T T′ de la roue dentée R, et de la manivelle M. Les communications sont établies entre les divers couples par de larges lames en cuivre *l*, *l*, qui peuvent facilement se dessouder lorsqu'il est nécessaire de démonter l'appareil pour le transporter. La première de ces lames est soudée au zinc du premier couple et au cuivre du deuxième; la deuxième est soudée au zinc du deuxième couple et au cuivre du troisième, etc. C'est entre ces lames et le zinc que s'exerce la force électro-motrice, et non pas entre le zinc et les grandes feuilles de cuivre qui en sont séparées par les lizières. La batterie de douze couples, représentée dans la figure 130, est capable de produire de grands effets, et l'usage m'a démontré que cette disposition n'est pas sans avantage.

400. *Effets physiologiques de la pile.* — Avec les données précédentes nous pouvons étudier les divers effets de la pile, en distinguant les *effets physiologiques*, les *effets physiques* et les *effets chimiques*.

Les *commotions* que produit l'électricité de la pile ne sont ni moins vives ni moins redoutables que celles des batteries ordinaires. Leur intensité dépend surtout du nombre des paires, et par conséquent de la force de tension : la forte pile en hélice de la Faculté des Sciences, composée de douze paires de cinquante pieds de surface, ne donne que de très-faibles commotions, tandis qu'une petite pile de quarante ou cinquante couples d'un pouce de diamètre, donnerait des commotions assez vives pour se faire sentir jusque dans la poitrine. L'épiderme est un mauvais conducteur, et l'on peut, avec les mains sèches, établir la communication entre les pôles d'une pile de vingt ou trente paires, sans éprouver la moindre secousse, mais avec les mains mouillées, ou seulement humides, on reçoit le choc instantanément; le courant qui s'établit alors dans les membres continue de les agiter aussi long-temps que dure le contact. Pour faire l'expérience sans danger, l'on peut, d'une main, toucher l'un des des pôles, et de l'autre main toucher successivement des couples de plus en plus éloignés; si, par exemple, on touche le dixième ou le vingtième, on ne reçoit la commotion que des dix ou vingt couples compris entre les deux mains : de la sorte, chacun peut graduer la vigueur du choc, et le proportionner à sa constitution; car le même courant, qui produirait une rude secousse sur une personne, pourrait, sur une autre, n'exciter qu'un petit frémissement, ou quelques picotemens à l'extrémité des doigts. En présence d'une grande pile d'une centaine de couples, il n'est pas nécessaire d'établir la communication entre les deux pôles pour être ébranlé par une forte secousse : les électricités accumulées sur chaque moitié de la pile ont une grande tension, et dès qu'elles trouvent un corps conducteur, elles s'y précipitent avec violence; mais alors la secousse n'est pas durable. On serait sans doute renversé et peut-être gravement blessé, en faisant passer par les bras et la poitrine le courant d'une pile de quelques centaines de paires, fortement chargée.

Dans les premiers temps du galvanisme, on a fait de nombreuses expériences sur les effets thérapeutiques des courans de la pile; on a essayé surtout de guérir les Névralgies, la Goutte, les Rhumatismes, les Paralysies, etc. On dirigeait les courans comme les décharges électriques, au moyen d'armatures métalliques disposées de part et d'autre des organes affectés, et l'on augmentait peu à peu le nombre des paires de la pile, pour rendre les commotions plus vives et plus efficaces. On a obtenu quelques effets, on a même annoncé des cures merveilleuses; mais en discutant toutes les observations, il paraît, en dernier résultat, que le courant électrique est au moins un remède excessivement capricieux, qui stimule ou qui distrait pendant quelques instans, et qui produit rarement des effets durables; s'il y a en lui une chose constante, c'est la douleur qu'il cause au malade; cette douleur, à la vérité, est très-supportable, et, peut-être, quand elle se fait sentir dans un membre paralysé on peut la prendre pour un commencement de guérison.

Dans les corps récemment privés de la vie, un courant énergique excite encore des commotions et des mouvemens extraordinaires : on dirait que toute l'organisation s'agite et fait d'incroyables efforts pour se ranimer; mais ces violentes convulsions cessent avec le courant, et tout retombe dans l'inertie de la mort.

Cependant, dans une série d'expériences que nous avons

faites avec MM. Magendie, Andral et Roulin, sur l'irritabilité produite par les courans électriques, nous avons reconnu que des animaux asphyxiés sont promptement rappelés à la vie lorsqu'on les met entre les deux pôles de la pile. Nous avons plusieurs fois ranimé des lapins et des cochons d'Inde qui étaient asphyxiés depuis plus d'une demi-heure.

Nous avons reconnu pareillement que le courant excite des mouvemens péristaltiques très-remarquables dans plusieurs vaisseaux.

Enfin des expériences faites avec soin, tant en France qu'en Angleterre, semblent indiquer que les fonctions digestives, complètement suspendues par la section des nerfs qui se rendent à l'estomac, se trouvent rétablies par un courant électrique, et s'accomplissent régulièrement sous son influence.

La commotion est sans doute le plus simple de ces phénomènes physiologiques; elle est produite par l'électricité ordinaire, comme par l'électricité de la pile, et cependant on ne sait rien jusqu'à présent sur sa véritable cause. Quelles sont les substances organiques que le fluide affecte de préférence? quelles sont les modifications qu'il imprime, ou à leurs molécules individuelles, ou au système qu'elles composent? c'est sans doute ce que des expériences ultérieures feront connaître. Il y a beaucoup plus à espérer des recherches qui seront dirigées vers ce but, que de celles que l'on pourra tenter encore pour découvrir des moyens curatifs. Les substances inorganiques sont, comme nous allons le voir, échauffées par le courant, ou décomposées chimiquement; et il est probable que dans les corps vivans ce n'est ni l'un ni l'autre de ces effets qui produit la commotion; il serait curieux d'examiner si les parties contractiles des plantes sont mises en mouvement par le courant, et si elles possèdent à un degré plus ou moins marqué la sensibilité électrique des corps vivans. Ce qui constitue cette sensibilité, les fibres ou les tissus qui en jouissent, et les modifications qu'ils éprouvent, voilà ce qu'il faut chercher.

Nous ajouterons ici qu'il paraît résulter de quelques expériences de Volta, de M. Lehot, du docteur Bellingieri, et surtout de M. Marianini, que, quand le courant électrique se propage dans les nerfs, *dans le sens de leurs ramifications*, il produit une contraction musculaire au moment où il pénètre, et une sensation au moment où il cesse, et qu'au contraire quand il s'y propage *en sens inverse* de leurs ramifications, il produit une sensation tant qu'il subsiste, et une contraction au moment où il cesse (*Ann. de phys. et de chim.*, t. 40, pag. 225).

401. *Effets physiques de la pile.* — Les courans peuvent produire, comme les décharges des batteries ordinaires, de la chaleur, de la lumière et du magnétisme; ce dernier effet, et l'action mutuelle que les courans exercent les uns sur les autres, constituent l'électro-magnétisme, que nous devons étudier dans le livre suivant.

Lorsqu'un fil métallique assez fin et assez court établit une communication directe entre les pôles de la pile, il s'échauffe, devient rouge, rouge-blanc, et souvent même il se fond et se volatilise.

Les douze couples de la *figure* 130 peuvent, en quelques secondes, porter au rouge blanc un fil de platine de 1 mètre de long sur un millimètre d'épaisseur, et le maintenir dans cet état pendant tout le temps que la pile est en activité. Un fil plus mince ou plus court se fond et tombe en globules.

Le fer et l'acier sont liquéfiés encore avec plus de facilité : alors ils brûlent avec un éclat éblouissant.

Les minces feuilles d'or sont volatilisées, et comme on ne peut en toucher un point sans le réduire en vapeur, il s'établit de nombreuses solutions de continuité entre lesquelles on voit briller une foule de petits éclairs d'une couleur verte très-vive.

Les feuilles d'argent présentent à peu près les mêmes phénomènes.

Les feuilles d'étain brûlent avec moins d'éclat; elles tombent en petits globules rouges, qui donnent naissance à des houppes soyeuses flottantes, semblables à des flocons de toile d'araignée.

Le platine en éponge, et tous les métaux en feuilles minces ou en limailles offrent quelques particularités curieuses, dépendantes de leur nature, de leur fusibilité et de leur affinité pour l'oxigène.

Pour qu'il se développe une grande chaleur, il n'est nullement nécessaire que la pile ait une grande tension; un seul couple de cinquante ou cent pieds de surface, ne donnant pas la moindre commotion perceptible, est capable de mettre en fusion des fils de fer, ou même des fils de platine assez longs; ainsi les quantités de chaleur paraissent dépendre des quantités de fluide qui passent, plutôt que de la tension avec laquelle ils sont lancés. Cependant on ne sait pas, d'une manière certaine, si un seul couple de cent pieds carrés de surface donnerait autant de chaleur que cent couples de un pied carré, en supposant que le liquide conducteur fût le même dans les deux cas, et que la distance du zinc au cuivre *qui l'enveloppe* fût aussi la même.

Quand le fil de métal est en communication permanente avec l'un des pôles, et qu'on l'approche de l'autre pôle à une très-petite distance, il se présente plusieurs phénomènes remarquables. Le courant d'étincelles produit une lumière éblouissante, le point vis-à-vis lequel se trouve l'extrémité du fil est rapidement échauffé; si c'est du mercure, il se vaporise avec grand bruit; si c'est du cuivre, il brûle avec une flamme verte et pourpre extrêmement vive; si c'est du platine, il entre en fusion; tout cela se conçoit, puisque le fluide, qui se propage librement dans l'étendue du conducteur, est obligé de se resserrer et de s'accumuler pour sortir par le seul point qui est en présence du fil; mais ce qui me semble tout-à-fait remarquable, c'est que l'extrémité du fil se liquéfie elle-même, qu'elle forme un globule volumineux tout incandescent, tandis que le reste du fil est à peine échauffé. D'où vient cette grande chaleur en un seul point, lorsqu'il est évident que toutes les sections du fil cylindrique donnent passage au même instant à la même quantité de fluide qui sort à son extrémité? Il me semble nécessaire d'admettre qu'en traversant les surfaces, le fluide électrique produit plus de chaleur qu'en traversant, dans une masse homogène, une section d'égale étendue.

Aussitôt que les communications sont bien établies, le fil prend sensiblement la même chaleur dans toutes ses parties; mais les différens métaux présentent, sous ce rapport, de grandes différences. M. Children en a fait la comparaison d'une manière ingénieuse et commode, au moyen d'un grand appareil à la Wollaston de vingt-un couples, dans lesquels le zinc offrait trente-deux pieds de surface (*Trans. philosoph.*, 1815). Après avoir préparé, avec toutes les substances, des fils de même diamètre et de même longueur, il essayait chacun d'eux avec tous les autres; par exemple, l'or avec le cuivre, le zinc, le platine, etc.

L'or étant en communication avec l'un des pôles, le fer en communication avec l'autre, on approchait jusqu'au contact les extrémités libres de ces deux fils; le fer entrait en vive ignition, l'or n'éprouvait pas de changement sensible. Tous les fils avaient huit pouces de long et environ un tiers de ligne d'épaisseur.

Or et *platine*; le platine devient rouge-blanc, l'or ne change pas.

Or et *argent*; l'or entre en ignition et non l'argent.

Or et *cuivre*; l'un et l'autre en ignition.

Platine et *fer*; le platine est rouge-blanc, le fer coule.

Platine et *zinc ;* le platine est rouge-blanc, le zinc ne change pas.

Fer et *zinc ;* le fer coule, le zinc ne fond pas.

Zinc et *argent ;* le zinc entre en ignition et coule, l'argent ne change pas.

En chargeant sa batterie avec de l'eau plus acidulée, M. Children obtint des effets de chaleur d'une intensité prodigieuse.

Un fil de platine de 5 pieds 6 pouces de long, et de $\frac{11}{100}$ de pouce d'épaisseur devint rouge-blanc.

Une tige carrée de platine de 2 lignes de côté, et de 2 pouces 3 lignes de longueur, entra en fusion.

Divers oxides terreux furent fondus et en partie réduits.

Après avoir scié un fil de fer dans la moitié de son épaisseur, et rempli la fente avec de la poussière de diamant, le diamant fut liquéfié et le fer qui le touchait transformé en acier.

Le D. Robert Hare, avec un appareil de quatre-vingts couples en hélice, qu'on appelle *deflagrator*, a obtenu des effets de chaleur encore plus étonnans ; il paraît qu'il a pu fondre du charbon et de la plombagine.

Une des expériences les plus curieuses sur ces effets de lumière et de chaleur, est celle que l'on doit à sir H. Davy, et dont nous aurons occasion de parler encore dans l'électro-magnétisme. Elle peut se diposer de la manière suivante : dans une grande cloche ou dans un ballon de 10 à 12 pouces de diamètre, on adapte deux boîtes à cuir, opposées l'une à l'autre, par lesquelles on fait passer deux fortes tiges qui peuvent s'approcher jusqu'au contact, ou s'éloigner à volonté. A l'extrémité de chaque tige on attache un petit cône de charbon fortement calciné et éteint dans le mercure ; il est nécessaire que le charbon touche le métal par une grande surface. Alors on fait le vide dans l'appareil, on avance les tiges de manière que les pointes des cônes se trouvent à une petite distance, et l'on établit la communication entre les deux pôles d'une forte pile; bientôt le courant franchit l'espace qui sépare les charbons, échauffe leurs pointes et les rend éblouissantes de lumière; rien n'est comparable à l'éclat qu'elles prennent. Dès cet instant, l'on peut écarter les tiges graduellement, le courant ne cesse pas de traverser le vide qui les sépare, et, de cette manière, on produit un faisceau étincelant qui remplit tout l'appareil. Le phénomène ne se montre pas avec moins d'éclat dans de l'air raréfié à quelques centimètres de pression, mais alors le charbon se consume en partie. Nous verrons plus tard qu'il y a une analogie remarquable entre cette vive lumière et celle des aurores boréales.

402. *Effets chimiques de la pile.* — Le premier et le plus remarquable des effets chimiques de la pile fut découvert au commencement de ce siècle (le 30 avril 1800), par MM. Carlisle et Nicholson. Ces deux physiciens, pour répéter les expériences de Volta, avaient construit à la hâte une pile à colonne, avec des pièces de monnaie, des plaques de zinc et des rondelles de carton. Après quelques essais, l'odeur particulière de l'hydrogène s'étant fait sentir, Nicholson eut l'heureuse idée de faire passer le courant dans un tube plein d'eau, par le moyen de deux fils de métal qui s'approchaient à une petite distance. Bientôt l'hydrogène parut en petites bulles, tout autour du *fil négatif*, et le *fil positif* s'oxidait visiblement. Ainsi les deux élémens de l'eau furent enfin séparés; car Cavendish avait bien pu composer de l'eau avec de l'oxigène et de l'hydrogène, mais, jusque là, tous les efforts avaient été impuissans pour la décomposer.

L'appareil qui nous sert maintenant pour la séparation des élémens de l'eau est représenté dans la *figure* 122; il se compose d'un verre à pied dont le fond est traversé par deux fils de platine f, f' qui ne doivent pas se toucher; les cloches o et h, renversées et pleines de liquide, couvrent chacun des fils. Aussitôt qu'on établit la communication avec les pôles de la pile, les bulles de gaz se dégagent en abondance; l'oxigène pur monte toujours dans la cloche qui couvre le fil positif, et l'hydrogène pur toujours dans celle qui couvre le fil négatif. Il est évident que les deux cloches doivent communiquer entre elles par le liquide intermédiaire, car le courant ne peut pas traverser le verre.

L'eau distillée et parfaitement pure se décompose lentement; mais dès qu'on y met une goutte d'un acide quelconque, ou quelques atomes de sel, ou quelques parcelles d'une substance qui augmente sa conductibilité, les bulles de gaz se dégagent vivement, et il ne faut que deux ou trois minutes pour voir 1 centimètre cube d'oxigène dans la cloche positive, et 2 centimètres cubes d'hydrogène dans la cloche négative.

Deux atomes d'hydrogène à l'un des pôles et un atome d'oxigène à l'autre, voilà un phénomène bien surprenant et qui a long-temps exercé la sagacité des physiciens; car, dans les décompositions ordinaires, les élémens se désunissent et ne s'éloignent pas l'un de l'autre, tandis qu'ici il y a tout à la fois séparation et *transport* des élémens séparés. On a fait des tentatives sans nombre pour saisir la molécule d'eau qui se décompose, ou pour arrêter en chemin les atomes gazeux avant qu'ils fussent arrivés aux fils de métal, d'où l'électricité passe dans le liquide; mais rien n'a réussi. Par exemple, quand on met de l'eau dans deux vases, que l'on fait plonger le fil positif dans l'un, le fil négatif dans l'autre, et qu'ensuite on établit la communication entre les vases par un corps conducteur pour que la circulation électrique puisse s'établir, on observe des phénomènes singuliers : si le conducteur intermédiaire est un métal, l'eau est encore décomposée, comme à l'ordinaire, mais dans chaque vase séparément; s'il est un corps humide, quelquefois encore il la décompose comme un métal, mais le plus souvent la décomposition se fait on ne sait où; l'oxigène paraît seul dans l'un des vases, dans le positif, et l'hydrogène seul dans l'autre ; c'est ce qui arrive, par exemple, quand on établit la communication en plongeant un doigt dans chaque vase. Alors on semble en droit de conclure que l'un des élémens gazeux a dû traverser le corps pour se rendre au pôle où il se dégage. De même, quand on établit la communication avec un morceau de glace, il semble nécessaire que l'un ou l'autre des gaz passe au travers de la glace, puisque chacun d'eux ne se dégage qu'à l'un des fils métalliques.

M. Grotthuss a donné, de ces phénomènes et de toutes les autres décompoitions chimiques que produit le courant, une explication qui a été admise par tous les physiciens, non-seulement parce qu'elle est ingénieuse, mais parce qu'elle semble tout-à-fait conforme à la vérité. Concevons une file de molécules d'eau, 1, 2, 3, 4, etc. (*Fig.* 123), formant une espèce de chaîne droite, ou courbe qui joint le fil positif *f* au fil négatif *f'*; l'électricité positive de *f* agira par influence sur la molécule 1 et la *tournera* pour attirer l'oxigène qui est *életro-négatif* (382) et pour repousser l'hydrogène qui est *électro-positif*; la molécule 1 agira de même sur la molécule 2, et ainsi de suite; à l'autre extrémité de la chaîne la même disposition se produira; et dès que la tension électrique sera assez forte, l'oxigène de la molécule 1, entraîné par l'attraction, sera comme arraché des molécules d'hydrogène auxquelles il est uni et s'en viendra au pôle, tandis que l'hydrogène, devenu libre, se portera sur l'oxigène de la molécule 2 pour se combiner avec lui, donnant la liberté à l'hydrogène de cette molécule, qui s'en ira à son tour prendre l'oxigène de la molécule 3, et ainsi de suite. A l'autre pôle, des phénomènes analogues se produiront en sens inverse, et il y aura ainsi au même instant une foule de décompositions et de recompositions successives. Ce qui se passe dans une file de molécules, se passe dans toutes les files qui joignent les deux pôles, et de là, la multitude des atomes gazeux devenus libres, et l'abondance des bulles distinctes qui se forment et qui se dégagent.

Ces mouvemens vibratoires des derniers élémens de la matière peuvent s'accomplir au milieu des masses solides comme au milieu des masses fluides; et certainement, si, comme tout semble l'indiquer, l'explication de M. Grotthuss est vraie pour la décomposition des liquides, elle ne peut manquer de l'être pour celle des solides et de tous les autres corps sur lesquels le courant électrique peut avoir quelque prise.

Les oxides sont réduits par la pile, et décomposés comme l'eau; l'oxigène paraît au pôle positif, et le métal ou la base au pôle négatif. Pour ceux qui sont facilement réductibles, pour l'oxide d'argent, par exemple, on peut disposer l'expérience de la manière suivante: Sur une lame de platine communiquant au pôle positif, on met de l'oxide sec en poudre, que l'on vient toucher ensuite avec le fil négatif; soit que le contact soit permanent, soit qu'il soit accidentel et renouvelé par intervalle, on voit bientôt paraître une petite loupe d'argent à l'extrémité du fil; dans le second cas, la poussière de l'oxide est traversée par de vives étincelles d'une belle couleur verte. Les oxides moins réductibles doivent être légèrement humectés d'eau, surtout lorsqu'ils sont en poudre. A la vérité, cette eau se décompose en partie; mais elle favorise la conductibilité, et après un certain temps on aperçoit, suivant la force de la pile, de petits globules ou de petites parcelles de métal autour du fil négatif.

Pendant long-temps on avait supposé que les alcalis, tels que la soude et la potasse, étaient des corps tout-à-fait indécomposables; mais, en 1807, au moyen d'une puissante batterie, sir H. Davy put en séparer les élémens. Cette découverte fut une grande époque pour la science. Les alcalis et les terres furent ramenés dans la classe ordinaire des oxides, et la chimie eut à sa disposition deux corps métalliques nouveaux, le sodium et le potassium, qui sont deux des agens les plus énergiques qu'elle possède. Lorsqu'on tente la décomposition de la potasse par les méthodes que nous venons d'indiquer pour les autres oxides, l'on aperçoit bientôt que des globules nombreux paraissent au pôle négatif et s'enflamment dans l'air en produisant des jets de lumière. C'est le potassium qui résulte de la décomposition de la potasse; son affinité pour l'oxigène est si grande qu'il brûle dans l'eau avec plus d'éclat encore que dans l'air : aussi ne peut-on le conserver que dans l'huile rectifiée de naphte ou de pétrole, dont les élémens constitutifs sont l'hydrogène et le carbone. Le D. Seebeck a donné le moyen de recueillir plus sûrement le potassium au pôle de la pile; il a imaginé de former une petite capsule avec le fragment de potasse caustique que l'on veut décomposer; cette capsule est remplie de mercure et posée sur une lame de platine communiquant au pôle positif de la pile : alors, en touchant le mercure avec le pôle négatif, la décomposition s'opère. L'oxigène se porte sur le platine, et se dégage, tandis que le potassium arrive dans le mercure et forme avec lui un amalgame assez persistant. Par la distillation dans la vapeur du pétrole, l'on sépare ensuite le mercure, et l'on obtient le potassium à l'état de pureté.

La chaux, la baryte, la strontiane et la magnésie, traitées de la même manière, soit seules, soit mélangées avec la soude ou la potasse, ont donné des preuves non douteuses de leur décomposition : seulement les métaux qui en résultent, le calcium, le barium et le strontium, sont bien moins faciles à séparer du mercure, à cause de l'action très-vive qu'ils exercent, dit-on, sur le verre et sur tous les corps oxigénés pour enlever leur oxigène et repasser à l'état d'oxide.

La silice, l'alumine, la zircône et la glucine, sont beaucoup plus difficiles à réduire; et, si l'on doit à présent, d'après les expériences décisives de Wöhler, les regarder comme des oxides à bases métalliques, on peut cependant conserver quelques doutes sur les expériences dans lesquelles on avait cru voir des traces de ces métaux au pôle négatif des fortes batteries.

Les acides se décomposent comme les oxides, et leur oxigène persiste encore à se rendre au pôle positif, tandis que la base vient au pôle négatif.

Enfin, tous les sels sont aussi décomposés par la pile ; mais ils présentent des phénomènes plus variés.

1°. Quand l'acide et la base sont difficilement décomposables, ces deux élémens sont simplement séparés ; et l'acide, comme participant davantage des propriétés de l'oxigène, se rend toujours au pôle positif, tandis que la base vient au pôle négatif ;

2°. Quand l'acide est facilement décomposable, non seulement il est séparé de l'oxide, mais il est lui-même décomposé, ou au moins désoxigéné ; et l'oxigène qu'il perd vient au pôle positif, tandis que le radical s'en va avec l'oxide au pôle négatif ;

3°. Quand l'oxide est facilement décomposable, il est lui-même réduit ; son métal pur vient au pôle négatif, tandis que l'oxigène se rend au pôle positif, où il se combine avec l'acide, quand celui-ci est capable de recevoir un nouveau degré d'oxigénation ;

4°. Si l'acide et l'oxide peuvent l'un et l'autre perdre aisément leur oxigène, la décomposition est complète, tout l'oxigène vient au pôle positif, et le métal de l'oxide se rend au pôle négatif avec le radical de l'acide.

Ces divers phénomènes peuvent se produire avec des sels simplement humectés, ou avec des dissolutions salines plus ou moins étendues ; dans ce dernier cas, surtout, l'eau est abondamment décomposée.

Pour un sel dont l'acide n'est pas l'acide fluorique et dont la base n'est pas l'une des terres où l'un des alcalis qui se décomposent difficilement, l'on peut à volonté obtenir la simple séparation de l'acide et de l'oxide, ou la réduction de l'un et l'autre. Il suffit pour cela d'employer une pile très-faible ou une pile très-puissante; et comme on peut affaiblir une pile en forçant le courant à traverser un grand espace mauvais conducteur, on voit que la seule distance des fils pourra déterminer l'un ou l'autre des phénomènes. Pour une petite distance entre le fil positif et le négatif, le courant ayant toute son énergie, l'acide sera décomposé et l'oxide réduit; pour une distance un peu plus grande, l'acide, par exemple, ne sera pas décomposé, et, pour une distance plus grande encore, l'oxide lui-même cessera d'être réduit; il n'y aura plus qu'une simple séparation des élémens du sel.

Les couleurs végétales qui changent par l'action des acides et des oxides sont très-propres à montrer aux yeux cette puissance décomposante de la pile. Si l'on prend, par exemple, dans un tube courbé en forme de V, une dissolution de teinture de tournesol, de chou rouge ou de petits radis violets, et qu'on y fasse passer le courant au moyen de deux fils de platine dont les extrémités sont à quelques lignes de distance, on aperçoit, après quelques instans, une belle couleur rouge de vin paillet dans la branche positive, et une couleur verte dans la négative. Le sel qui constitue la couleur végétale est donc décomposé; son oxide, en se portant au pôle négatif, fait tourner au vert tout le liquide voisin, et son acide, au contraire, fait passer au rouge le liquide qui touche le fil positif. En établissant la communication en sens inverse, on voit les couleurs produites disparaître peu à peu; pendant un instant les deux branches reprennent l'état naturel, et un moment après elles se colorent en sens contraire.

Sir H. Davy a profité des circonstances remarquables qui accompagnent la décompostion des sels, pour étudier plus particulièrement le phénomène si étonnant du transport

Nous regrettons de ne pouvoir donner ici qu'un extrait fort abrégé de ses importantes recherches.

1°. Un vase contenant une dissolution saline et un autre vase contenant de l'eau distillée, communiquent entre eux par des filamens humides d'amiante. Le fil positif de la pile plonge dans le premier, le fil négatif dans le second, et la décomposition s'opère; si l'oxide n'est pas réduit, il chemine sur l'amiante, traverse l'eau, et vient se rendre au pôle négatif; s'il est réduit, c'est le métal qui parcourt ce trajet. Par exemple, avec le nitrate d'argent, tous les filamens soyeux de l'amiante se couvrent d'une multitude de petites parcelles d'argent revivifié. En établissant la communication en sens inverse, c'est l'acide qui parcourt l'amiante pour venir aciduler l'eau qui se trouve alors au pôle positif;

2°. La dissolution saline étant placée entre deux vases d'eau pure et communiquant avec chacun d'eux par de l'amiante, il y a encore décomposition et transport dès que les deux fils de la pile plongent, l'un dans le premier vase d'eau, et l'autre dans le second. L'acide est encore transporté au pôle positif et l'oxide au pôle négatif;

3°. Trois vases sont disposés comme dans l'expérience précédente : le premier contient de l'eau pure, le troisième une dissolution saline, et celui du milieu une teinture végétale, de tournesol ou de sirop de violette. Le sel est encore décomposé par le courant, et dans le vase d'eau pure on trouve l'acide ou l'oxide, suivant qu'on établit la communication dans un sens ou dans l'autre. Mais, et c'est un phénomène bien digne de remarque, dans aucun cas la teinture végétale n'éprouve d'altération; elle n'est ni rougie par l'acide, ni verdie par l'oxide; et cependant elle est à coup sûr traversée par l'un ou l'autre. Ainsi les élémens chimiques semblent perdre toute leur force d'affinité pendant qu'ils se trouvent sous l'action du courant électrique qui les emporte;

4°. Lorsqu'à la teinture végétale on substitue quelque dissolution alcaline très-concentrée et très-puissante, il y a des acides qui ne peuvent pas la traverser; ils sont arrêtés au passage; et, dans ces circonstances seulement, c'est la dissolution elle-même qui devient le pôle de la pile; le vase d'eau pure est encore traversé par l'électricité, mais l'acide ne peut arriver jusqu'à lui.

5°. Lorsqu'à la teinture végétale on substitue quelque acide très-puissant et concentré, il y a aussi des oxides qui ne peuvent le traverser; ils se combinent avec lui sans pouvoir se rendre au pôle qui les attire.

Ces deux derniers phénomènes sont une preuve que les affinités chimiques, toujours modifiées par le courant, ne sont pas toujours détruites par lui, et qu'il y a des cas où elles conservent encore assez d'énergie pour s'exercer malgré son influence. Peut-être un courant plus fort serait-il capable de neutraliser les actions chimiques qui s'exercent encore sous un courant plus faible.

Les divers oxides qui entrent dans la composition du verre peuvent eux-mêmes être réduits ou séparés par l'action de la pile. Les substances végétales et animales peuvent pareillement être décomposées lorsqu'elles sont humides. Ces phénomènes, auxquels on était loin de s'attendre quand on ne connaissait pas encore toute la puissance de l'appareil de Volta, répandaient une grande confusion dans les premières expériences. Par exemple, l'eau la plus pure devenait tantôt acide, tantôt alcaline, sous l'influence du courant. Quelques expérimentateurs y trouvaient alors de l'acide nitrique et de l'ammoniaque; d'autres de l'acide hydrochlorique; d'autres enfin un acide qu'ils proposaient d'appeler acide électrique, supposant qu'il était formé de toutes pièces par une combinaison véritablement chimique du fluide électrique et de l'eau.

Sir H. Davy expliqua le premier l'origine de toutes ces substances, démontrant qu'elles provenaient du verre ou des membranes végétales ou animales que l'on employait dans les expériences; il fit connaître en même temps le phénomène du transport dans ses détails, et jeta les premiers fondemens de la science électro-chimique (*Trans. phil.*, 1807, et *Ann. de Chimie*, t. 63). C'est ainsi qu'il débuta dans cette immense carrière, où il devait faire de si belles découvertes et mériter une si grande renommée.

On doit au D. Seebeck la connaissance d'un phénomène très-singulier qui se produit aussi par l'action de la pile (*Ann. de Chimie*, mai 1808). MM. Berzélius et Pontin (*Bibliothèque britannique*, juin 1809), sir H. Davy (*Ann. de Chimie*, août 1810), et MM. Gay-Lussac et Thenard (*Rech. physico-chimiques*, 1er vol.) ont fait des recherches sur ce phénomène, qui a été l'objet d'une assez longue controverse. Voici les circonstances dans lesquelles il se produit : l'on met quelques grammes de mercure dans une capsule d'hydrochlorate d'ammoniaque (*Fig.* 117); on la pose sur une lame métallique communiquant au pôle positif d'une forte pile, et dès qu'on touche le mercure avec le fil négatif, le courant s'établit, le volume de mercure augmente à vue d'œil; il croît comme un champignon, prend de la consistance, et devient jusqu'à cinq ou six fois plus grand que le volume primitif. Si l'on supprime les communications, ce champignon décroît peu à peu, et le mercure reprend son état liquide; l'amalgame qui s'était formé ne subsiste que sous l'influence du courant.

L'ammoniaque concentrée et la plupart des sels ammoniacaux donnent le même résultat que l'hydrochlorate d'ammoniaque. L'amalgame ainsi formé a les propriétés suivantes : Sa pesanteur spécifique est comprise entre 2 et 3; à la température de 25° centigrades il a la consistance d'une pâte un peu ferme; à 0 il se consolide et *cristallise*, ce qui est une preuve que les élémens qui le constituent ne forment pas un mélange accidentel, mais une véritable combinaison; les cristaux qu'il donne alors sont cubiques, et paraissent souvent aussi gros et aussi réguliers que ceux de bismuth. D'après MM. Gay-Lussac et Thenard, un volume de mercure, pour prendre cet état, absorbe un volume d'hydrogène, représenté par 3,47, et un volume d'ammoniaque représenté par 4,22. Dès que cet amalgame est abandonné à lui-même, l'hydrogène et l'ammoniaque se dégagent en totalité, et, s'il y a lieu, se combinent avec les corps qu'ils rencontrent.

Sir H. Davy a formé un composé analogue sans influence électrique, en mettant du mercure chargé de potassium en contact avec du sel ammoniac légèrement humide. Cet amalgame est plus persistant que le premier. La présence du potassium semble en contenir les élémens volatils; mais que ce métal repasse à l'état d'oxide ou seulement qu'il s'étende dans une trop grande masse de mercure, à l'instant la décomposition s'opère, l'hydrogène et l'ammoniaque se dégagent, et les volumes de ces gaz que l'on peut recueillir sont à peu près les mêmes que dans l'amalgame électrique; il paraît cependant que le volume d'hydrogène restant 3,47, celui d'ammoniaque peut être quelquefois de 8,67. Telle est du moins l'opinion de MM. Gay-Lussac et Thenard, qui nous semble fondée sur des expériences tout-à-fait concluantes.

403. *Effets chimiques et mécaniques de la pile.* — Un vase en verre étant séparé en deux compartimens par une cloison verticale faite avec une membrane de vessie, ou avec une feuille de papier enduite d'albumine coagulée par la chaleur, on peut opérer la décomposition d'une dissolution quelconque, comme si la cloison n'existait pas; car la membrane, en s'imbibant, établit une communication suffisante entre les liquides des deux compartimens, dans chacun desquels plonge l'un des fils de la pile. Mais, pendant que le phénomène chimique s'accomplit, il se manifeste aussi un phénomène mécanique remarquable : le liquide passe au travers de la membrane, comme poussé par une force qui l'entraîne du côté *positif* au côté *négatif*, et

dans peu de temps on observe une différence de niveau très-sensible. La nature de la dissolution paraît être sans influence sur le résultat; c'est toujours dans le compartiment négatif que le niveau s'élève. Cette expérience curieuse est due à M. Porrett (*Annals of philos.*, juillet 1816, et *Ann. de Chimie*, t. II, 1816).

Pour disposer l'appareil d'une manière plus commode, on peut prendre un large tube fermé par un bout avec une membrane et plongé verticalement dans un vase ouvert. Alors le niveau du liquide étant le même dans le tube et dans le vase, on plonge le fil négatif dans le premier et le positif dans le second; après quinze ou vingt minutes la différence de niveau peut être de plusieurs pouces.

J'ai souvent observé un autre phénomène qui paraît tenir aux mêmes causes. Un siphon renversé contient du mercure jusqu'à 3 ou 4 pouces de hauteur dans chaque branche; lorsqu'on fait passer le courant, le mercure éprouve des oscillations sensibles; mais si d'un côté l'on verse une dissolution saline dans laquelle on plonge le fil négatif, tandis que de l'autre côté le fil positif touche au mercure, alors la dissolution se glisse peu à peu entre le verre et le mercure, et bientôt elle passe en totalité dans l'autre branche.

Dans d'autres circonstances on observe encore, au milieu des masses liquides, des mouvemens singuliers qu'il est excessivement difficile de décrire, tant ils sont nombreux et changeans. Je vais essayer d'en donner une idée, en remarquant toutefois, qu'après avoir fait de nombreuses expériences sur ce sujet, il m'a été impossible d'en saisir la loi.

M. Erman avait remarqué, dès 1808, que des globules de mercure prennent un mouvement de rotation très-rapide lorsqu'ils sont en contact avec certains corps, ou exposés au courant de la pile (*Ann. der Phys.*, de Gilbert, t. XXXII, pag. 261).

Sir H. Davy, dans ses *Elémens de philosophie chimique*,

rapporte un phénomène analogue : de l'eau contenant $\frac{1}{2000}$ de sulfate de potasse était dans un large vase en verre; de 10 pouces de diamètre, et quelques globules de mercure déposés au fond du vase éprouvaient une vive agitation lorsqu'on faisait plonger *dans l'eau* les deux fils d'une forte batterie. Ces globules s'allongeaient du côté négatif, et l'on voyait un rapide courant d'oxide s'établir du pôle positif vers le négatif. En même temps du potassium s'amalgamait avec le mercure; car, les communications étant supprimées, on voyait des bulles d'hydrogène paraître autour des globules, et l'on reconnut par les réactifs qu'il se formait de la potasse.

M. Serullas a pareillement observé les mouvemens gyratoires que prennent les divers alliages de potassium ou de sodium, lorsqu'on en met des fragmens sur un bain de mercure sec ou sur un bain de mercure couvert d'une petite couche d'eau. Il a fait ses expériences sur les alliages que forme le potassium, avec l'antimoine, le bismuth, le plomb, le fer ou l'étain; et il a constaté, 1° que quand l'un ou l'autre de ces alliages, en tournant sur le mercure, se décompose, soit par l'amalgamation du potassium, soit par son oxidation aux dépens de l'eau qui couvre le bain, il se forme une pellicule noire qui a la propriété singulière d'être attirée par une tige métallique quelconque plongée dans le bain, mais plongée jusqu'au contact du mercure; 2° que cette pellicule est aussi attirée par le fil négatif de la pile et repoussée par le fil positif, ou agitée de l'un à l'autre lorsqu'on les plonge simultanément dans l'eau, ou l'un dans l'eau et l'autre dans le mercure (*Journal de Phys.*, t. XCI et t. XCIII).

M. Herschell a poussé beaucoup plus loin ses ingénieuses recherches sur ce sujet délicat (*Ann. et de Phys. de Chimie.*, t. XXVIII, pag. 280). Il a prouvé par des expériences directes que des parcelles de substances étrangères, par exemple des millionièmes de potassium ou de sodium, suffisent pour modifier complètement les propriétés du mercure exposé à l'influence du courant. En employant, d'après cette indication, du mercure parfaitement pur, voici les phénomènes que l'on observe :

1°. Quatre ou cinq cents grains de mercure, dans un vase en verre ou en porcelaine, sont recouverts d'une couche d'acide sulfurique de quelques lignes d'épaisseur; deux fils de platine formant les pôles d'une pile même très-faible sont plongés dans l'acide; et à l'instant le mercure éprouve une violente agitation. Si les deux pôles sont de chaque côté du globule, à une certaine distance de ses bords, on le voit s'allonger, surtout du côté négatif, et l'on distingue une foule de courans qui sillonnent sa surface en se dirigeant du pôle négatif au positif; en même temps l'acide est lui-même agité, et dans les points où il touche au mercure, il semble comme balayé ou violemment entraîné. Si l'un des fils est verticalement au dessus du mercure, on aperçoit comme un souffle qui détermine des ondulations circulaires, ou d'autres fois une sorte d'attraction qui semble soulever une petite montagne de liquide. Si les deux fils forment une espèce de triangle avec le globule, celui-ci se met à tourner sur lui-même en cheminant obliquement jusqu'à ce qu'il atteigne le fil négatif.

En remplaçant l'acide sulfurique par d'autres acides plus ou moins concentrés ou par des dissolutions salines, on observe des effets analogues qui paraissent ne différer que par leur intensité.

Les dissolutions alcalines concentrées semblent complètement paralyser ces mouvemens; au-dessous d'elle le mercure *exactement purifié*, ou contenant seulement de l'or, de l'argent, du cuivre ou d'autres métaux *électro-négatifs*, n'éprouve aucun des phénomènes que nous venons de décrire; il reste en repos, et la dissolution elle-même ne semble plus agitée que par les bulles gazeuses qui résultent de sa décomposition. C'est en profitant de cette propriété remarquable que M. Herschell s'est assuré que des atomes de métaux *électro-positifs* sont suffisans pour lui donner une activité très-énergique. Par exemple, sous la dissolution de soude, en touchant le mercure pendant 1″ avec le pôle négatif, il se forme du sodium qui s'amalgame avec lui, et dès cet instant, le courant n'étant plus établi que par la dissolution, le mercure tourne, s'agite, et se trouve sillonné par des courans considérables. L'analyse directe fait voir que dans ce contact si court la quantité de sodium qui peut se former est à peine un millionnième de celle du mercure.

Quand le mercure est en repos sous une dissolution de soude ou de potasse traversée par le courant de la pile, si l'on y porte avec la pointe d'une aiguille un atome d'amalgame de zinc, à l'instant l'agitation commence et les courans se manifestent.

Le plomb, le fer et l'étain jouissent aussi de cette propriété, mais à un moindre degré.

Lorsqu'on fait passer un courant dans le muriate de baryte, avec l'attention de tenir un globule de mercure en contact avec le fil négatif, on aperçoit bientôt, même avec une faible pile, un amalgame de barium qui se forme en belles arborisations; il est solide, cristallise, et se conserve assez facilement. Quelques atomes de cet amalgame, portés dans le mercure qui reste en repos sous une dissolution alcaline, produisent à peu près le même effet que l'amalgame de zinc.

CHAPITRE X.

Des piles sèches.

404. *Construction des piles de Zamboni.* — Dans les piles sèches, les *élémens électro-moteurs* sont encore des substances métalliques ; mais le *conducteur* qui sépare les différens couples n'est plus une dissolution liquide ; c'est un corps solide quelconque, parfaitement sec, ou légèrement humide, ou imbibé de quelque substance qui ne soit pas absolument imperméable à l'électricité ; car il faut toujours que les fluides électriques, développés au contact des métaux, puissent avec le temps circuler dans toute l'étendue de la pile. Entre toutes les dispositions qui ont été successivement indiquées par d'habiles observateurs, celle de M. Zamboni paraît une des plus efficaces. On prend des feuilles de papier ordinaire, un peu fort et humide, autant qu'il pourrait l'être naturellement par un temps pluvieux ; d'un côté on colle avec la gélatine, la gomme ou l'amidon, une feuille de zinc laminé et ensuite battu ; sur le revers on met du peroxide de manganèse très-bien porphyrisé, en l'étalant à plusieurs reprises avec un bouchon, ou seulement avec un morceau de papier. Alors on superpose dans le même ordre plusieurs feuilles semblables, et, avec un emporte-pièce de 10 à 15 lignes de diamètre, on enlève à chaque fois autant de disques qu'il y a de feuilles. Ces disques sont, à leur tour, superposés dans le même ordre, et l'on fait ainsi des piles de 500, de 1000 ou de 2000 cou-

ples. Pour mieux assurer le contact, on maintient les disques serrés sous une presse, et en même temps, pour les garantir du contact de l'air, on enduit toute la colonne qu'ils forment d'une couche de gomme laque, d'une ou de deux lignes d'épaisseur. A l'extrémité zinc, et en contact immédiat avec le métal, il est bon de mastiquer aussi de la même manière une plaque de zinc un peu épaisse de même diamètre que les disques, sur laquelle on peut visser une boule ou toute autre masse métallique qui forme alors l'un des pôles de la pile; à l'autre extrémité, l'autre pôle est formé par un ajustement pareil fait avec une plaque de cuivre.

Quelquefois on imbibe le papier avec une légère dissolution saline ou bien avec du lait, du miel, du beurre, de l'huile d'œillet, de l'essence de térébenthine, etc.; mais si les piles qui sont faites par ces moyens ont l'avantage de paraître un peu plus fortes dans les premiers instans, elles ont aussi l'inconvénient très-grave de se détériorer promptement, en comparaison des premières: car il est rare qu'après quelques années elles conservent encore toute leur énergie primitive.

Au lieu d'employer le zinc avec l'oxide de manganèse, on peut sans désavantage employer l'étain.

En général, on peut employer deux métaux quelconques, pourvu qu'ils ne soient pas trop voisins l'un de l'autre par leur tendance électrique; par exemple, l'or, l'argent ou le platine ne pourraient être employés ensemble avec succès, parce qu'ils ont à peu près une même énergie électro-négative.

Les premiers essais sur les piles sèches remontent presque au commencement du siècle; en 1803, MM. Hachette et Desormes avaient employé des couples ordinaires de zinc et de cuivre, séparés par de la colle d'amidon. Un peu plus tard M. Biot imagina d'employer comme conducteur le nitrate de potasse fondu, qui est parmi les sels un des meilleurs conducteurs. En 1809, Deluc présenta à la Société royale de Londres un appareil de 600 paires, composé avec du zinc laminé et du papier cuivré. Enfin Zamboni fit connaître, en 1812, en Italie, et en 1814, à Paris, la pile dont nous venons de donner la description.

405. *Propriétés des piles sèches.* — Une pile de Zamboni, composée par exemple de 2000 paires, ne peut donner la moindre commotion ni produire la moindre décomposition chimique; cependant, si l'on touche l'un des pôles avec un plan d'épreuve, on y prend une charge sensible, et au moyen de la balance électrique on peut comparer entre elles les tensions des différentes piles, ou les tensions que donne une même pile à différentes époques; de même en touchant l'un des pôles pendant un instant, avec le condensateur à taffetas, on obtient une telle charge qu'il est quelquefois possible d'en tirer une forte étincelle. Cette différence si prodigieuse qui se remarque entre une pile de 2000 paires, chargée avec du papier humide, et une pile de 2000 paires pareilles, chargée avec de l'eau acidulée, tient seulement à l'imperfection de la conductibilité des rondelles de papier ou des autres corps qui séparent les différens couples : dans le premier cas, il se produit au contact des métaux tout autant d'électricité que dans le second; mais les fluides ne peuvent se transmettre que lentement pour arriver jusqu'au pôle, et c'est cette lenteur qui détermine les conditions d'équilibre dont nous allons faire l'analyse.

1°. Si la pile est isolée par les deux pôles et abandonnée à elle-même dans de l'air parfaitement sec, les électricités que le contact développe sur tous les élémens se propagent peu à peu au travers du conducteur imparfait, et s'accumulent, l'une au pôle positif, l'autre au pôle négatif. La condition rigoureuse de l'équilibre serait, qu'après un temps suffisamment long, il y eût à chaque pôle autant de tension que dans une pile à conducteur liquide du même nombre d'élémens; mais, d'une part, le fluide vitré qui vient au pôle positif, par exemple, est arrêté dans son mouvement de propagation par la somme de toutes les résistances qu'il doit vaincre pour arriver jusqu'au dernier élément: d'une autre part, il se perd à mesure qu'il arrive, parce que l'air, même le plus sec, s'électrise au contact des surfaces électrisées; ainsi, la tension cesse d'augmenter, et l'équilibre est établi dès que la quantité de fluide qui arrive, après avoir vaincu toutes les résistances, est égale à la quantité de fluide qui se dissipe par le contact de l'air. A partir de cet instant, la force de la pile sera constante, les fluides paraîtront immobiles et comme fixés à ses deux extrémités; mais il ne faut pas perdre de vue qu'en réalité ils sont sans cesse en mouvement, se perdant toujours par l'air et se reproduisant toujours; c'est un *équilibre mobile* et non pas un équilibre stationnaire.

2°. Il est évident, par ce qui précède, que la même pile, transportée dans de l'air de plus en plus humide, y paraîtra de plus en plus faible, car la cause qui reproduit le fluide reste la même, tandis que la cause qui l'enlève augmente avec l'humidité; il faut donc qu'un nouvel équilibre s'établisse, et il s'établit en effet, lorsque la tension est affaiblie à tel point que l'air humide, en agissant sur cette tension moindre, enlève précisément autant de fluide que l'air sec en enlève en agissant sur une tension plus grande.

3°. Lorsqu'une pile sèche, au lieu d'être abandonnée à elle-même dans l'air sec ou humide, est tellement disposée qu'on lui enlève directement une partie de son fluide, elle présente alors des phénomènes encore plus variés, mais tout aussi faciles à expliquer par les mêmes considérations de l'équilibre mobile. Supposons, par exemple, que l'on dispose à côté l'une de l'autre deux piles de 2000 couples chacune, formant deux colonnes d'environ un pied de hauteur: leurs pôles supérieurs sont, l'un positif, et l'autre négatif; leurs pôles inférieurs communiquent entre eux par une bande de métal : par cette disposition, les deux piles, en réalité, n'en forment qu'une seule de 4000 couples; car c'est exactement comme si l'on avait pris une pile de 4000 couples, et qu'on l'eût brisée par le milieu en conservant une communication entre les deux sections de rupture. Imaginons maintenant que l'on suspende entre les deux pôles contraires supérieurs, et, à une égale distance, une aiguille métallique légère, parfaitement mobile, et *isolée*. Cette aiguille, également attirée par les deux pôles, n'aura pas de raison pour aller à l'un plutôt qu'à l'autre; elle restera immobile. Mais si une première cause la dérange, elle va, sous certaines conditions, faire *un mouvement perpétuel*. En effet, arrivant, par exemple, au contact du pôle positif, elle s'y charge d'électricité positive, se trouve repoussée par ce pôle et attirée par l'autre, qu'elle vient toucher à son tour; sur celui-ci, elle dépose l'électricité positive qu'elle avait prise au premier, se charge d'électricité négative, se trouve repoussée de nouveau et attirée en sens contraire; elle revient donc au pôle positif, retourne au pôle négatif et ainsi de suite. Une aiguille bien ajustée semble devoir exécuter ces oscillations régulières sans trouble et sans repos, aussi long-temps que l'on voudra. Mais il y a toujours quelque accident qui dérange ou qui arrête ce mouvement que l'on avait pris d'abord pour une sorte de *mouvement perpétuel*. Dans ce cas, il y a deux causes qui enlèvent l'électricité de la pile, savoir, l'air et l'aiguille; et une seule cause toujours constante qui la reproduit. Si pour un état donné de l'air, l'aiguille est tellement combinée pour sa forme, ses dimensions et la rapidité de ses oscillations, que la somme des quantités de fluides enlevée par elle et par l'air soit justement égale à la quantité de fluide qui se développe dans le même temps, il y aura compensation parfaite; les oscillations seront régulières, isochrones, et se continueront aussi long-temps que les choses resteront dans cet état. Mais si l'air devient plus sec, les oscillations seront plus rapides; s'il devient plus humide, elles seront plus lentes; et s'il devient plus humide encore, l'aiguille pourra s'arrêter. Voilà comment s'expliquent toutes les singularités bizarres, et pour ainsi dire tous les caprices de l'appareil que nous venons de décrire; on le voit, en effet, marcher tantôt vite, tantôt lentement, s'arrêter par intervalles, puis reprendre sa marche après un temps plus ou moins long. Si même on veut l'arrêter à volonté, rien n'est plus facile; il suffit de souffler sur les pôles, ou de les toucher un instant avec la main ou avec un bon conducteur; car toute la pile se décharge, et il lui faut souvent quelques heures pour reproduire les quantités de fluide capables de déterminer les mouvemens de l'aiguille.

Dans les premiers temps de l'invention de la pile sèche, ces périodes et ces intermittences de mouvement avaient été prises par quelques observateurs pour des signes ou pour des présages liés aux phénomènes météréologiques. Mais l'on voit, par ce qui précède, qu'elles ne sont dépendantes que des variations accidentelles de l'humidité environnante.

406. *Electroscope de Bohnenberger.* — M. Bohnenberger a fait une application des piles sèches qui semble d'abord assez ingénieuse; après avoir supprimé l'une des feuilles d'or du condensateur à lames d'or, il dispose à égale distance de la feuille restante les deux pôles d'une pile très-peu énergique; alors il est évident que la moindre charge d'électricité résineuse ou vitrée détermine cette feuille très-mobile à se porter vers le pôle positif ou vers le négatif, et qu'une fois en mouvement elle doit continuer ses allées et venues pendant un temps plus ou moins long. Mais dans la pratique cet appareil présente de grands inconvéniens; et, je dois l'avouer, jamais je n'ai pu m'en servir avec la moindre confiance. D'abord il est impossible que

l'air de la cloche n'éprouve pas quelques changemens de température; le contact ou même la présence de la main, à une assez grande distance, est une cause suffisante pour modifier la chaleur des parois et pour déterminer des courans d'air qui agitent la feuille d'or et qui la poussent à l'instant vers l'un ou l'autre des pôles. Ainsi l'instrument est infidèle, parce qu'il marche tout seul. Ensuite, les tensions même très-faibles des deux pôles de la pile donnent avec le temps, à l'air de la cloche, des électricités contraires qui ne se recomposent pas subitement; avant d'être recomposées elles peuvent agir par contact ou par influence, et quand elles se recomposent elles excitent dans les molécules gazeuses des mouvemens qui troublent encore l'équilibre instable de la lame d'or.

407. *Diagomètre de Rousseau.* — M. Rousseau, habile amateur des sciences physiques, a fait une autre application des piles sèches qui est tout-à-fait ingénieuse et qui semble devoir être très-utile. Son appareil, qu'il nomme *diagomètre*, est destiné à comparer les conductibilités électriques des différentes substances. Il est représenté dans la *figure* 125; il se compose essentiellement d'une pile sèche plus ou moins énergique et d'une aiguille aimantée qui ne pèse que quelques fractions de grain. Cette aiguille porte un disque de clinquant *d'*, et vers son centre de gravité elle a reçu un petit coup de poinçon qui sert de chape et au moyen duquel elle se met en équilibre stable sur un pivot *ik*. Son magnétisme la ramène dans une position fixe, et sa légèreté lui permet de quitter cette position par l'influence des plus faibles forces; un arc divisé marque les différens degrés de déviation qu'elle éprouve. Un conducteur métallique *gtvlk* reçoit l'électricité en *g*, où il a la forme d'un disque ou d'une tablette, et il la transmet d'une part au pivot *ki*, et d'une autre part au petit plan *d* qui se trouve en présence de l'aiguille et à une très-petite distance

de son disque d'. L'appareil est porté sur un gâteau de résine ou de gomme laque GG' et recouvert d'une cloche HH'. La pile sèche p qui doit servir de source constante d'électricité, est pareillement établie sur un gâteau de résine; au moment de l'expérience on fait communiquer l'un de ses pôles avec le sol, et l'on conduit le fluide de l'autre sur la tablette g au moyen du fil fn qui est revêtu de gomme laque et terminé par une petite boule n en platine. Dès que cette petite boule est mise en contact direct avec le disque g, l'aiguille est repoussée, et par la déviation qu'elle éprouve l'on peut comparer entre elles les tensions de la pile à diverses époques. Ensuite, pour comparer les conductibilités électriques des différens conducteurs imparfaits, on les interpose simplement entre la boule et le disque g, et l'on observe les déviations correspondantes. Il est bien entendu que l'on ne peut comparer ainsi que des corps solides de même forme et de même dimension, à moins que l'on n'ait, par des expériences préalables, déterminé les corrections à faire. Pour les liquides les comparaisons sont plus faciles, on en met successivement des volumes égaux dans un petit godet de métal h qui repose sur le disque g, et l'on prend soin de faire toucher la boule exactement de la même manière.

M. Rousseau a obtenu, avec son diagomètre, des résultats remarquables sur la conductibilité des charbons de différentes espèces, et surtout sur la conductibilité des huiles.

Les charbons qui sont employés avec le plus de succès dans la fabrication de la poudre sont en général les plus mauvais conducteurs.

Entre toutes les huiles et toutes les graisses soumises à l'épreuve du diagomètre, l'huile d'olive *parfaitement pure* est celle qui offre la moindre conductibilité. Mais si l'on verse seulement deux gouttes d'huile de faîne ou d'œillette dans dix grammes d'huile d'olive, la conductibilité en est très-sensiblement augmentée. De cette manière, M. Rousseau découvre les moindres traces de sophistication dans les huiles du commerce, et l'on peut dire qu'il supplée d'une manière ingénieuse et commode à l'imperfection des moyens chimiques.

FIN DU LIVRE QUATRIÈME.

LIVRE CINQUIÈME.

DE L'ÉLECTRO-MAGNÉTISME.

CHAPITRE PREMIER.

De l'action des courans sur les aimans.

408. *Découverte de l'électro-magnétisme.* — En 1820 M. OErsted, professeur à Copenhague, fit la découverte fondamentale sur laquelle repose *l'électro-magnétisme*; on savait déjà que dans certaines circonstances les puissantes décharges électriques affectent l'aiguille aimantée; on avait observé sur des vaisseaux frappés du tonnerre que les aiguilles de boussole perdaient la propriété de marquer la route du bâtiment, et même qu'elles pouvaient la perdre dès que le feu Saint-Elme brillait au dessus des mâts avec une grande intensité, sans qu'il y eût explosion de la foudre. Les unes étaient dépouillées de leur magnétisme, d'autres avaient leurs pôles renversés, et d'autres enfin étaient devenues *folles*, c'est-à-dire qu'elles avaient reçu des points conséquens qui leur imprimaient une fausse direction. Plusieurs physiciens, parmi lesquels on peut citer Franklin, Beccaria, Wilson et Cavallo, avaient essayé de reproduire ces phénomènes par la décharge d'une bouteille de Leyde ou par celle d'une grande batterie, et ils étaient en effet parvenus à modifier le magnétisme des aiguilles très-petites, soit en les mettant dans le circuit de l'explosion, soit en

les exposant simplement à quelque distance de l'étincelle; mais ces expériences n'ayant pu produire aucun phénomène régulier, on se contenta d'admettre que le choc électrique agissait alors comme le choc du marteau, et le sujet fut abandonné. Un peu plus tard on fit, avec l'électricité de la pile, quelques nouveaux essais qui ne furent pas plus heureux que les premiers. Enfin, M. Œrsted, guidé par des vues profondes sur l'essence même des fluides électriques, et sur la cause primitive des affinités de la matière, trouva le moyen de faire agir l'électricité sur le magnétisme d'une manière sûre et permanente. Le mode d'action une fois découvert et défini avec précision, les phénomènes fondamentaux se présentèrent d'eux-mêmes à M. Œrsted; une immense carrière fut ouverte à tous les savans, et jamais peut-être on ne vit, dans une si courte période, tant de phénomènes se développer et se succéder, et la science s'enrichir de tant de vérités nouvelles.

Pour que les fluides électriques agissent sur le magnétisme, il suffit d'une seule condition : il suffit qu'ils soient en mouvement.

En effet, un fil conducteur étant traversé par le courant de la pile, si on en approche une aiguille aimantée librement suspendue, on la voit qui se dévie, qui se tourne, s'agite et qui fait une foule d'oscillations sans être attirée ni repoussée, à moins qu'elle ne soit très-près. C'est la première expérience de M. Œrsted. Lorsqu'on voit une action si vive, qui se fait sentir encore, même à la distance de plusieurs pieds, on s'étonne que, parmi tant d'expériences qui ont été faites avec la pile, le hasard n'ait pas une seule fois offert à l'observation un phénomène de cette nature.

La force qui produit ces mouvemens dans l'aiguille est ce que l'on appelle la *force électro-magnétique.*

Il est facile de constater, par l'expérience,

1°. Qu'elle diminue à mesure que la distance augmente entre le courant et l'aiguille;

2°. Qu'elle s'exerce dans tous les sens et au travers de toutes les substances, excepté au travers des substances magnétiques.

De plus, elle est une force active, ne s'exerçant pas seulement sur le magnétisme libre de l'aiguille, mais s'exerçant aussi sur le magnétisme combiné, pour le décomposer quand elle peut vaincre la force coercitive. M. Arago a le premier démontré cette vérité par une expérience curieuse. Lorsqu'on présente de la limaille de fer à un fil conducteur pendant qu'il est traversé par le courant, on la voit qui s'enroule autour de lui, non pas en se hérissant sur sa surface, comme elle fait sur les aimans, mais en se couchant transversalement, de manière à former des espèces d'anneaux concentriques qui l'enveloppent. La couche de limaille dépend de la force de la pile; elle a quelquefois trois ou quatre millimètres d'épaisseur, et dès qu'on arrête le courant, elle se détache et tombe subitement. Ainsi, la force électro-magnétique s'exerce sur le fer doux pour décomposer son magnétisme naturel; nous verrons plus tard qu'elle s'exerce pareillement sur l'acier, et qu'elle est très-énergique pour surmonter les forces coercitives les plus considérables.

Voici maintenant quelques suppositions qui nous seront utiles pour caractériser les phénomènes d'une manière plus commode et plus précise : nous admettrons dans le courant une *direction* déterminée, et nous la définirons en disant qu'il va toujours du pôle positif au pôle négatif en passant par le conducteur qui joint les pôles; ainsi, quand les communications sont établies, et que le mouvement électrique s'accomplit dans tout le circuit de la pile, nous dirons, en parlant de l'arc $z\ a$ qui touche au pôle positif, que le courant le traverse en passant de z en a (*Fig.* 132); pareillement $a\ a'$, est traversé de a en a', $a'\ a''$ de a' en a'', et enfin $c\,z$ de c en z; et en considérant le circuit complet, nous dirons toujours que le courant va de c en z en passant par la pile, et de z en c en passant par le conducteur. Nous désignerons souvent le courant par les formes et par les dimensions du conducteur qu'il traverse; quand il passe par un conducteur rectiligne, nous l'appellerons *courant rectiligne*; par un fil très-fin, *courant linéaire*; par un cylindre creux, *courant cylindrique*; par un fil courbe, *courant curviligne*; par un cercle, *courant circulaire*; par un conducteur indéfini dans sa longueur, *courant indéfini*; par un conducteur rentrant sur lui-même et formant un circuit complet, *courant fermé*, etc.; aucune de ces expressions ne doit être prise à la lettre; quand nous disons qu'il y a un courant dans le conducteur qui joint les deux pôles de la pile, nous ne voulons nullement faire entendre qu'il y a dans ce conducteur un mouvement de translation du fluide vitré depuis le pôle positif jusqu'au pôle négatif, et mouvement de translation du fluide résineux en sens inverse; car il est probable, au contraire, comme nous l'avons déjà indiqué plusieurs fois, que la recomposition des électricités se fait autour de toutes les molécules pondérables et dans tous les intervalles qui les séparent. De même, quand nous disons que le courant a une direction depuis le pôle positif au pôle négatif, nous ne voulons pas faire entendre que les fluides électriques se meuvent seulement suivant l'axe du fil conducteur, sans éprouver de déviations latérales ou obliques à cet axe; mais dans un conducteur donné les effets n'étant pas les mêmes, si l'on touche l'une de ses extrémités a avec le pôle positif, et l'autre extrémité a''' avec le pôle négatif, ou si on le touche dans un ordre inverse, il faut bien pouvoir exprimer dans quel ordre les communications sont établies, et c'est ce que l'on fait d'une manière commode, en disant que dans le premier cas le courant se dirige de a en a''', et de a''' en a dans le second.

409. *Le courant tend à tourner l'aiguille en croix avec lui, le pôle austral à gauche.* — La *figure* 133 représente une aiguille aimantée B A, au dessus de laquelle passe horizontalement un courant rectiligne CC', situé dans le plan du méridien magnétique, et dirigé de C en C'; l'aiguille est chassée hors de sa direction primitive; son pôle *austral* est poussé à *l'occident*, et après quelques oscillations elle s'arrête dans la position B' A', éprouvant ainsi une déviation mesurée par l'arc AA'. Cette déviation augmente ou diminue suivant que l'on abaisse le courant pour l'approcher plus près de l'aiguille, ou qu'on le relève pour l'en éloigner.

Les choses étant ramenées au premier état, si de nouveau l'on approche le courant, mais en le retournant pour qu'il aille en sens contraire de C' en C, comme il est marqué par la petite flèche ponctuée, l'aiguille éprouve encore les effets de sa présence, alors son pôle *austral* est poussé à *l'orient*, et c'est dans la position B''A'' qu'elle vient s'arrêter.

Ainsi, *au dessus* de l'aiguille, le courant dévie le pôle austral à l'occident quand il va lui-même du sud au nord, et il le dévie à l'orient quand il vient au contraire du nord au sud.

On peut répéter les mêmes expériences en faisant passer le courant *au dessous* de l'aiguille, toujours horizontalement et dans le plan du méridien magnétique : alors, chose surprenante, les effets sont précisément inverses, c'est-à-dire que le pôle austral est poussé à l'orient quand le courant va du sud au nord, et poussé à l'occident quand il vient du nord au sud.

Dans ces phénomènes la force électro-magnétique est combattue par l'action directrice que la terre exerce sur l'aiguille, et pour observer l'effet seul de cette puissance nouvelle qui agit d'une manière si énergique et en même temps si singulière, il est nécessaire de neutraliser la force terrestre : c'est ce que l'on peut faire de plusieurs manières, comme nous l'avons indiqué (303), soit avec un barreau placé horizontalement dans le plan du méridien magnétique, et sur le prolongement de l'aiguille, soit en ajoutant sur le même axe deux aiguilles de même force, ayant leurs pôles tournés en sens inverse, soit en employant l'aiguille astatique (*Fig.* 23); avec ces précautions on découvre le vrai caractère de la force électro-magnétique, on voit qu'elle n'est ni une force attractive, ni une force répulsive, mais une force *directrice* qui tourne toujours l'aiguille perpendiculairement au fil conducteur, sans attirer un pôle de préférence à l'autre, c'est-à-dire que la ligne des pôles est toujours *en croix* avec le courant. Pour prendre une idée plus nette de cette direction, concevons un cylindre creux, d'une longueur quelconque, et, par exemple, d'un pied de diamètre; suivant l'axe de ce cylindre, imaginons un fil conducteur traversé par le courant, et sur sa surface une aiguille aimantée qui puisse se mouvoir librement dans tous les sens, l'effet de la force électro-magnétique sera telle, que l'aiguille se mettra toujours tangentiellement au cylindre, et transversalement à ses arêtes; ou, en d'autres termes encore, si du milieu de l'aiguille, on abaisse une perpendiculaire sur le courant, l'aiguille, dans son équilibre sous l'influence de la force électro-magnétique, sera elle-même perpendiculaire au plan qui passe par cette perpendiculaire et par le courant. Ce n'est pas assez de définir ainsi la direction de l'aiguille; il faut encore assigner la position de ces pôles, déterminer de quel côté se trouve le pôle boréal, de quel côté l'austral, soit que le courant se propage dans un sens ou dans l'autre. Dans les premiers temps on éprouvait de grands embarras pour exprimer en peu de paroles ces rapports de position et de direction qui se compliquent de mille manières; mais M. Ampère a levé toutes ces difficultés au moyen d'une comparaison qui semblera peut-être aussi bizarre qu'elle est ingénienne. M. Ampère ne se contente pas de donner une direction au courant, il lui donne encore une *tête*, des *pieds*, une *droite* et une *gauche*; il en fait un homme. Concevons dans une portion quelconque du fil conducteur une petite figure d'homme couchée dans le sens de la longueur, les pieds du côté du pôle zinc, et la tête du côté du pôle cuivre, de telle manière que, d'après notre définition précédente, le courant entre par les pieds et sorte par la tête; concevons que cette figure ait *toujours* la face tournée vers le milieu de l'aiguille sur laquelle agit le courant, alors l'effet est tel, que l'aiguille se trouve *en croix*, comme nous venons de le voir, et toujours son pôle austral vers la gauche de la petite figure d'homme; ce que nous exprimons en disant qu'elle se tourne en croix avec le courant, son pôle austral à gauche. Cette espèce de formule singulière offre une image facile, qui supplée à une foule de paroles; ceux qui voudront l'appliquer à toutes les expériences que nous avons déjà citées, n'auront pas besoin d'un long exercice pour reconnaître qu'elle est en même temps très-fidèle et très-commode. Nous trouverons dans la suite quelques circonstances où elle semble être en défaut; mais il suffira alors d'une courte interprétation pour montrer qu'elle est toujours exacte.

410. *L'intensité de l'action du courant est en raison inverse de la simple distance.* — Cette loi fondamentale a été démontrée par MM. Biot et Savart par une série d'expériences que nous allons rapporter. La figure 134 représente la coupe horizontale de l'appareil; A B est une aiguille aimantée, semblable aux petites aiguilles d'épreuve dont nous avons parlé (311); elle est suspendue à un fil de cocon au moyen d'une petite chape de cuivre, et se trouve abritée de l'agitation de l'air par une cloche en verre. L'action de la terre est neutralisée par un barreau convenablement placé, en sorte que cette aiguille n'a plus de force directrice; elle est indifférente et prête à obéir

sans résistance aux nouvelles forces que l'on fait agir sur elle ; enfin, c représente la section d'un gros fil de cuivre de huit ou dix pieds de long, tendu verticalement et traversé par un courant, tantôt de haut en bas, tantôt de bas en haut ; pour fixer les idées, nous supposerons que le courant est ascendant ; ce fil, toujours vertical, peut être porté à diverses distances de l'aiguille, qui, dans toutes ses positions, correspond sensiblement au milieu de sa longueur. D'après la loi que nous venons d'indiquer, l'aiguille se met en croix avec le courant, le pôle austral à gauche, comme le représente la figure ; mais pour peu qu'on l'écarte de cette position, elle y revient par des oscillations isochrones, dont la durée dépend de l'énergie de la force électro-magnétique. Le nombre des oscillations faites dans un temps donné, la distance du courant et l'intensité de la force qu'il exerce, sont donc trois choses liées entre elles.

Dans une première expérience, soit D la distance du courant au milieu *m* de l'aiguille, E l'intensité de la force qu'il exerce, et N le nombre des oscillations qui s'exécutent dans un temps donné, dans 1' par exemple :

Dans une deuxième expérience, soient D', E' et N', les quantités analogues.

Les intensités des forces qui produisent des oscillations isochrones étant toujours entre elles comme les carrés des nombres d'oscillations, exécutées dans le même temps, nous aurons (311) :

$$\frac{E}{E'} = \frac{N^2}{N'^2}.$$

Ainsi, après avoir observé les oscillations, il nous sera facile de comparer les intensités des forces. Voici le tableau des résultats qui ont été obtenus par MM. Biot et Savart.

Ordre des observations.	Distance du courant au centre de l'aiguille.	Durée de dix oscillations.
1	30mm	42″25
2	40	48,85
3	30	42,00
4	20	33,50
5	30	41,00
6	50	54,75
7	30	42,25
8	60	56,75
9	30	41,75
10	120	89,00
11	30	42,50
12	15	30,00
13	30	43,15

On voit dans ce tableau plusieurs observations faites à la même distance, parce que, l'activité de la pile étant soumise à de grandes variations, même dans un temps assez court, il était nécessaire de la plonger et de la retirer souvent, et par conséquent de revenir souvent à la même distance pour reconnaître si la force avait une constance suffisante.

Avec ces données il est facile de découvrir la loi de l'intensité suivant les variations de la distance; on voit au premier coup d'œil que pour une distance double la force devient sensiblement moitié moindre; et si l'on pose en général

$$\frac{E}{E'} = \frac{D'}{D},$$

on en déduira

$$\frac{N^2}{N'^2} = \frac{D'}{D}$$

ou

$$N' = N\sqrt{\frac{D}{D'}}$$

ou

$$T' = T\sqrt{\frac{D'}{D}}$$

en désignant par T et T' les durées de 10 oscillations. Or, en prenant pour D la distance de 30 millimètres, pour T la valeur correspondante, et pour D' les autres distances successives, on obtient des valeurs de T' assez peu différentes de celles qui ont été données par l'expérience : ces valeurs calculées sont rassemblées dans le tableau suivant, à côté des valeurs observées.

ORDRE des observations.	DISTANCE du courant au centre de l'aiguille.	DURÉE DE 10 OSCILLATIONS calculée.	observée.	EXCÈS du calcul.
2	40mm.	48"62	48"85	−0"23
4	20	33,88	33,50	+0,38
6	50	53,74	54,75	−1,01
8	60	59,40	56,75	+2,65
10	120	84,25	89,00	−4,75
12	15	30,99	30,00	+0,99

Les différences entre le calcul et l'observation sont assez faibles pour que l'on puisse les attribuer aux variations inévitables qu'éprouve l'activité de la pile pendant la durée des expériences. Nous pouvons conclure, par conséquent, que *l'intensité de la force électro-magnétique est en raison inverse de la simple distance.*

Mais il ne faut pas perdre de vue que, d'après la disposition de l'appareil, le courant est rectiligne et d'une longueur que l'on peut regarder comme indéfinie par rapport à la longueur de l'aiguille, et surtout par rapport à sa distance; c'est sous ces conditions seulement que la loi est vraie. M. de Laplace a démontré que la force électro-magnétique élémentaire, c'est-à-dire celle qui est exercée par une seule section du courant, est *en raison inverse du carré de la distance*, comme toutes les autres forces connues, et proportionnelle au sinus de l'angle formé par la direction du courant et par la ligne menée du milieu de cette section au milieu de l'aimant. En effet, en calculant d'après ce principe la somme de toutes les actions élémentaires qui sont exercées sur une petite aiguille, par un courant rectiligne indéfini, on trouve que l'intensité de cette résultante totale doit diminuer, comme l'expérience l'indique, c'est-à-dire en raison inverse de la distance.

Il résulte encore, de cette même loi de la force élémentaire, que l'intensité de l'action d'un courant angulaire indéfini, tel que BAB' (*Fig.* 144) sur une aiguille *ab*, est en raison inverse de la distance *a*A, comme celle d'un courant rectiligne, mais qu'elle est proportionnelle à la tangente de la moitié de l'angle BAZ; ainsi, en prenant pour unité l'intensité de l'action de RR' sur l'aiguille *ab*, l'intensité de l'action de BAB' serait représentée par

$$tang \frac{1}{2} \text{BAZ}.$$

C'est ce que M. Biot a aussi vérifié par l'expérience; et l'on voit que, si le courant BAB' se redresse au point de se confondre avec RR', il arrive que, l'angle BAZ étant alors un angle droit, la tagente de $\frac{1}{2}$ BAZ devient égale à l'unité, comme cela doit être.

Les courans rectilignes ou angulaires que nous employons dans nos expériences ne peuvent jamais être indéfinis, et par conséquent ne peuvent jamais donner des résultats mathématiquement conformes aux lois que nous venons d'indiquer; mais cependant la connaissance de ces lois, sur lesquelles repose toute la théorie, est même indispensable dans la pratique pour donner une idée au moins approximative de l'intensité des forces qui sont en jeu.

Quand les courans suivent des lignes courbes de différentes formes, il faut nécessairement recourir à des calculs plus ou moins compliqués pour déterminer, par les lois précédentes, l'intensité des phénomènes qu'ils doivent produire.

411. *Conditions d'équilibre d'une aiguille aimantée soumise à l'action d'un courant rectiligne indéfini.* — Dans un mémoire présenté à l'Académie des sciences, en 1822, imprimé par extrait dans les *Annales de chimie* (t. XXI, p. 77), et dans le *Précis élémentaire* de M. Biot, j'essayai d'établir, par un grand nombre d'expériences, un principe général au moyen duquel on peut expliquer et même calculer tous les phénomènes électro-magnétiques résultant de l'action mutuelle qui s'exerce entre les aimans et les courans. Les faits nombreux qui étaient alors sans liaison furent enchaînés pour la première fois, et les nouvelles recherches qui ont été faites depuis sont venues se rattacher au même principe, et donner ainsi autant de confirmations de son exactitude. M. Œrsted avait remarqué que le courant placé à une très-petite distance des aiguilles exerce sur elles des actions singulières, qu'il les attire ou les repousse suivant sa position, et que d'autres fois il les tourne en sens contraire, c'est-à-dire le pôle austral à *droite*. M. Faraday sut tirer de ce phénomène une découverte importante, dont nous parlerons bientôt, celle de la *rotation* des aimans; mais on ne savait pas la cause de ces alternatives, et pour ainsi dire de ces renversemens de la force électro-magnétique. Pour la découvrir, je dirigeai mes expériences en cherchant surtout à distinguer les actions séparées du courant sur chacun des pôles de l'aiguille: car on pouvait supposer, ce qui est en effet la vérité, que le courant agit toujours de la même manière sur le même pôle, et que les changemens d'attraction en

répulsion provenaient sans doute de quelques circonstances qui rendaient prédominante tantôt l'action de l'un des pôles, tantôt celle de l'autre.

C'est en faisant ainsi l'analyse de toutes les forces que je fus conduit au principe suivant : l'action qui s'exerce entre un courant rectiligne indéfini et le pôle d'un aimant forme un système de deux forces parallèles, égales et contraires, composant un couple; ces forces sont perpendiculaires au courant et perpendiculaires à la plus courte distance du courant au pôle de l'aimant, et leur direction est telle que le pôle austral est toujours poussé à gauche, et le pôle boréal toujours à droite; l'intensité de ces forces est en raison inverse de la distance du courant au pôle de l'aimant. Ce principe est encore vrai lorsqu'on l'applique à une petite section quelconque d'un courant, et alors le couple est perpendiculaire à la ligne qui joint le centre de cette section au pôle de l'aimant, et son intensité, toujours en raison inverse de la distance, est proportionnelle au sinus de l'angle que la direction de cette ligne fait avec la direction du courant. Par exemple, si nous considérons une aiguille AB (*Fig.* 135) et un courant ascendant perpendiculaire au plan de la figure, dont la coupe est représentée en C, l'action totale de ce courant sur le pôle austral A formera le système des deux forces AP et CP_{t}, la première désignant l'action et l'autre la réaction ou *vice versâ*; de même, entre le courant et le pôle B, il y aura un autre couple BP′ et CP'_{t}. Si le courant est fixe et l'aiguille mobile, les deux forces AP et BP′ pourront seules produire du mouvement; leur intensité relative, leur obliquité et la longueur des bras de leviers par lesquels elles agissent, déterminent alors le sens de la rotation ou la position d'équilibre. Cela posé, on peut résoudre par le calcul ce problème général, qui embrasse toute la théorie de l'électro-magnétisme proprement dit, c'est-à-dire, tous les phénomènes produits par l'action mutuelle des courans sur les aimans, ou des aimans sur les courans. Étant donné un courant de forme quelconque, fixe, ou mobile autour d'un point ou autour d'un axe connu, et un aimant à deux ou à plusieurs pôles, pareillement mobile autour d'un point ou autour d'un axe, déterminer les mouvemens et les positions d'équilibre de l'aimant et du courant. Pour indiquer la marche des calculs, je rapporterai, dans la note suivante, un seul cas particulier très-simple, qui a l'avantage d'offrir plusieurs résultats qui se présenteront souvent dans les expériences.

Soit AX et AY, deux axes rectangulaires, *fig.* 135;

A le pôle austral d'une aiguille;

B son pôle boréal;

λ sa longueur ou plutôt la distance de ses pôles;

M son milieu;

F un axe fixe, autour duquel elle peut tourner, et dont l'abscisse est X;

C la position d'un courant, supposé perpendiculaire au plan des axes, et dont les coordonnées sont x et y.

Si on désigne par 1 l'intensité de la force qu'il exerce à la distance 1 pour faire tourner le pôle austral à gauche et le pole boréal à droite,

Alors,

$$\text{A est sollicité par} \begin{cases} \dfrac{\cos. a}{\text{CA}}, \text{ qui tend à faire tourner;} \\ \dfrac{\sin\ a}{\text{CA}}, \text{ qui tend à faire glisser;} \end{cases}$$

$$\text{B est sollicité par} \begin{cases} \dfrac{\cos. b}{\text{CB}}, \text{ qui tend à faire tourner;} \\ \dfrac{\sin\ b}{\text{CB}}, \text{ qui tend à faire glisser;} \end{cases}$$

Si l'axe est fixe, l'aiguille ne pourra glisser, et pour qu'elle ne tourne pas il suffit que deux conditions soient remplies :

1°. Que les deux forces $\dfrac{\cos a}{\text{CA}}$ et $\dfrac{\cos b}{\text{CB}}$ agissent dans le même sens, si F est entre les pôles, et en sens contraire s'il est au dehors;

2°. Que ces forces soient en raison inverse des bras de levier X et λ — X.

L'équation d'équilibre est donc

$$\frac{\dfrac{\cos a}{\text{CA}}}{\dfrac{\cos b}{\text{CB}}} = \frac{\lambda - \text{X}}{\text{X}}, \text{ ou } \frac{\dfrac{x}{y^2 + x^2}}{\dfrac{\lambda - x}{y^2 + (\lambda - x)^2}} = \frac{\lambda - \text{X}}{\text{X}}$$

ou $$y^2 = \frac{x(X-x)(\lambda-x)}{\lambda-X-x}$$

Cette équation est le lieu des points où il faut placer le courant pour qu'il n'imprime à l'aiguille aucune déviation; les courbes qu'elle représente changent de nature quand X change de grandeur, c'est-à-dire suivant que l'axe de rotation est entre les pôles ou exactement sur l'un d'eux, ou sur le prolongement de la ligne qui les joint. Il est facile de les discuter et de les construire dans ces différens cas.

Premier cas. — L'axe de rotation est au milieu de l'aiguille.

On a $$X = \frac{\lambda}{2}.$$

L'équation devient $$y^2 = \frac{x(\lambda-2x)(\lambda-x)}{\lambda-2x}$$ et se décompose en deux

$$\begin{cases} \lambda - 2x = 0 \\ y^2 + x^2 - \lambda x = 0. \end{cases}$$

La première est celle d'une ligne droite, L L', *fig.* 136, perpendiculaire à l'aiguille et passant par son milieu;

La deuxième est celle d'un cercle AsBs', *fig.* 136, qui a son centre au milieu de l'aiguille, et qui a pour rayon $\frac{\lambda}{2}$, ou la moitié de sa longueur.

Voilà les courbes où l'action du courant change de signe; elles sont les limites où la force attractive devient répulsive, et *vice versâ*, et cela ne tient pas, comme on le voit, à un renversement de la force, mais simplement à la différence de ses intensités sur les deux pôles de l'aiguille.

Il est facile à présent de calculer tous les effets du courant, soit qu'il se trouve sur ses limites, ou au dehors ou au dedans.

1°. Si le courant est placé sur la ligne droite ou sur le cercle, il n'agit plus pour faire tourner l'aiguille, mais il agit encore pour l'attirer ou la repousser parallèlement à elle-même, ou pour imprimer à son centre un mouvement plus ou moins oblique à sa direction.

Quand le courant est sur la droite, les deux forces $\frac{\sin a}{CA}$ et $\frac{\sin b}{CB}$ sont toujours égales et contraires et ne produisent nul effet, si ce n'est pour ramener l'aiguille par une série d'oscillations; mais les deux forces $\frac{\cos a}{CA}$ et $\frac{\cos b}{CB}$, qui sont pareillement égales, agissent dans le même sens, et donnent lieu à une résultante unique qui a pour intensité

$$\frac{2\cos a}{\mathrm{CA}} = \frac{4\lambda}{4y^2+\lambda^2};$$

cette résultante est appliquée au centre de l'aiguille et agit toujours suivant ML, *fig.* 136, soit que le courant se trouve sur ML', soit qu'il se trouve sur ML. Cette force est donc répulsive dans le premier cas, et attractive dans le second; son intensité est en raison directe de la longueur λ, et en raison inverse du carré de la distance quand λ^2 est très-petit, par rapport à y^2.

Quand le courant est sur le cercle, les deux forces $\frac{\cos a}{\mathrm{CA}}$ et $\frac{\cos b}{\mathrm{CB}}$ sont encore égales et donnent une résultante unique, qui est alors $\frac{2}{\lambda}$, et qui ne cesse pas d'agir suivant ML; elle se combine avec la différence des forces $\frac{\sin a}{\mathrm{CA}}$ et $\frac{\sin b}{\mathrm{CB}}$, qui est $\frac{\lambda - 2x}{\lambda y}$, et qui agit suivant MA, pour $x < \frac{\lambda}{2}$, et suivant MB pour $x > \frac{\lambda}{2}$: Leur résultante est $\frac{1}{y^2}$ et on voit qu'elle agit tantôt pour amener le milieu de l'aiguille vis-à-vis le courant, tantôt pour l'en repousser.

2°. Si l'on place le courant hors des limites, et dans un point quelconque de l'espace qui environne le cercle, soit à droite soit à gauche de la perpendiculaire LL', *fig.* 136, alors la force de rotation du pôle austral et celle de pôle boréal ne peuvent plus se détruire, et l'aiguille est toujours forcée de tourner. La force qui produit ce mouvement étant exprimée par

$$\frac{(y^2+x^2-\lambda x)(2x-\lambda)}{(y^2+x^2)(y^2+(\lambda-x)^2)},$$

on voit qu'elle est toujours négative pour $x < \frac{\lambda}{2}$, c'est-à-dire quand le courant est à gauche de LL', d'où il suit que dans toutes ces positions la force du pôle boréal est celle qui donne le sens au mouvement; et comme elle agit toujours du même côté de ML, il en faut conclure que l'aiguille est sans cesse sollicitée à tourner du même côté, et qu'elle ne s'arrête en position stable que quand la direction de LM arrive sur le courant.

Au contraire, pour $x < \frac{\lambda}{2}$, c'est-à-dire quand le courant est à droite de LL', la différence des forces est toujours positive, et celle du pôle austral l'emporte toujours sur celle du pôle boréal; ainsi l'aiguille est encore forcée de tourner, et par un mouvement inverse elle arrive encore à la même position de stabilité. Ce résultat est précisément celui des premières expériences de M. OErsted; mais le calcul montre que tous les renversemens d'action; que ces attractions du pôle austral qui se changent si vite en répulsion quand le courant passe de l'autre côté, ou, comme on dit, quand il le regarde par une autre face; que ce détour qu'il prend pour gagner sa position de stabilité, en décrivant trois quadrans au lieu d'un seul qu'il pourrait décrire pour arriver au même point; enfin que tous les mouvemens de l'aiguille, qui paraissent si singuliers, quand on ne considère que l'action d'un seul pôle, deviennent des choses simples et parfaitement claires quand on considère l'action comme elle est, dans la réalité, et qu'on tient compte des modifications qu'elle éprouve sur un pôle et sur l'autre.

Quand l'aiguille est arrêtée dans sa position de stabilité, et qu'on l'en écarte, elle y revient par une série d'oscillations.

Il est facile de voir maintenant quelles forces produisent ces mouvemens et quelles lois elles suivent, à raison de la longueur de l'aiguille; soit k, *fig.* 136, la position du courant, et $k\lambda$ sa distance au milieu M de l'aiguille: ces phénomènes se passent, comme si, pendant ses oscillations, le point k décrivait un arc de cercle GG', dont le rayon est $k\lambda$, et l'intensité de l'action du courant est la même que si, laissant l'aiguille en repos, on le faisait passer sur les divers points de GG'.

L'équation de ce cercle est

$$y^2+x^2-\lambda=\lambda^2\,\frac{(4k^2-1)}{4}.$$

L'intensité de la force, qui est en général

$$\frac{(y^2+x^2-\lambda x)(2x-\lambda)}{(y^2+x^2)(y^2-(\lambda-x)^2)},$$

devient donc

$$\frac{\lambda^2\,\frac{(4k^2-1)}{4}\,(2x-\lambda)}{\left(\lambda x+\lambda^2\,\frac{(4k^2-1)}{4}\right)\left(\lambda^2-\lambda x+\lambda^2\,\frac{(4k^2-1)}{4}\right)}$$

et en faisant $x=\frac{\lambda}{2}-k\lambda\alpha$

$$\frac{-2k\lambda\alpha\,\frac{(4k^2-1)}{4}}{\lambda^2\,\frac{(4k^2+1)}{4}{}^2-\alpha^2\lambda^2k^2}$$

dont la valeur approchée, quand k est très-grand, se réduit à $\frac{2\alpha}{\lambda k}$.

Ainsi, l'intensité de la force que le courant exerce sur l'aiguille pour la faire osciller, est bien en raison inverse de la longueur de l'aiguille, et en raison inverse de sa distance au milieu des deux pôles; mais elle ne suit rigoureusement cette progression décroissante qu'en supposant le courant placé à une distance très-grande, par rapport à la distance des pôles. Quand M. Biot a déterminé par l'expérience cette loi fondamentale, il a fait usage d'une aiguille très-courte, et n'a pu reconnaître les irrégularités dont je parle; s'il n'avait pas été conduit par d'autres raisons à choisir une très-petite aiguille et à la placer très-loin du courant, il aurait vu qu'à une distance plus petite que la demi-distance des pôles, il n'y a pas oscillation, mais renversement de l'aiguille; qu'à une distance égale à la demi-distance des pôles, la force d'oscillation est exactement nulle; que les forces qui font osciller à deux distances, dont l'une est égale à la longueur de l'aiguille et l'autre double de cette longueur, au lieu d'être entre elles comme 2 à 1, sont entre elles comme 283 est à 250; que les forces qui font osciller à deux distances, dont l'une est double de l'aiguille et l'autre quadruple, sont entre elles comme 1,9 est à 1. En général le rapport de ces forces pour deux distances $k\lambda$ et $k'\lambda$ étant exprimé par

$$\frac{k(4k^2-1)(4k'^2+1)^2}{k'(4k'^2-1)(4k^2+1)^2},$$

il ne peut devenir $\frac{k'}{k}$ que par k très-grand, comme dix ou vingt fois la longueur de l'aiguille.

3°. Si le courant est placé dans l'intérieur des limites où l'action est nulle, c'est-à-dire au dedans du cercle AsBs', alors il arrive comme au dehors des limites, que les deux forces qui tendent à produire les rotations, cessant d'être égales et du même côté, font en effet tourner l'aiguille sur son axe. Mais la différence de ces forces

$$\frac{(y^2+x^2-\lambda x)(2x-\lambda)}{(y^2+x^2)(y^2+(\lambda-x)^2)},$$

au lieu d'être négative à gauche de ss', est maintenant positive, et réciproquement; en sorte qu'au dedans du cercle l'action est précisément inverse de ce qu'elle est au dehors, et ce renversement n'a pas lieu seulement pour le sens de rotation de l'aiguille, il se montre encore pour sa position de stabilité qui est sur Ms', et non plus sur sL; ainsi, pour qu'une aiguille mobile autour de son centre, soit en équilibre en présence du courant, il faut que celui-ci soit placé quelque part sur le cercle ou sur la droite; s'il est sur le cercle, l'équilibre est indifférent; s'il est sur la droite, l'équilibre est stable, depuis l'infini jusqu'à l'entrée du cercle en s, instable sur toute la longueur du rayon sM, stable sur le rayon Ms', et instable enfin depuis S jusqu'à l'infini.

Deuxième cas. L'axe de rotation est entre l'un des pôles et le milieu de l'aiguille.

Alors,

$$X > \frac{\lambda}{2} \text{ et } < \lambda.$$

Quand l'axe de rotation est placé entre le milieu de l'aiguille et l'un de ses pôles, le pôle boréal, par exemple, il y a encore deux courbes limites, qui sont l'une et l'autre symétriques, par rapport à l'aiguille. La première est indéfinie dans le sens des y et très-resserrée dans le sens des x; la seconde est fermée dans tous les sens, et la distance entre l'axe et le pôle boréal est l'un de ses diamètres. Il y a ici une remarque curieuse; c'est qu'autour du pôle boréal il se trouve un petit espace où toutes les actions semblent contraires.

Après avoir tracé les courbes, il est facile de discuter, comme dans le cas précédent, les positions de stabilité ou d'instabilité, et de déterminer les intensités des forces pour toutes les positions.

Troisième cas. L'axe de rotation est au pôle boréal de l'aiguille.

Alors,

$$X = \lambda.$$

Dans ce cas, les deux courbes précédentes se réduisent, l'une à l'axe des y, et l'autre à un point unique, qui est le pôle boréal ou le point fixe lui-même, *fig.* 137. Il faut donc, pour que l'équilibre ait lieu, que le courant soit placé quelque part sur la ligne Y Y' ou au point B. On pouvait le prévoir d'avance, car la force du pôle boréal étant toujours détruite, et celle du pôle austral restant seule pour imprimer du mouvement à l'aiguille, il faut bien qu'elle soit dirigée suivant sa longueur pour la laisser en repos, et par conséquent que le courant soit placé sur la perpendiculaire, menée par le pôle austral.

Si on le place ailleurs, l'aiguille est obligée de chercher une position d'équilibre, en tournant autour de son axe. Pour savoir où elle doit s'arrêter, on trace le cercle qu'elle décrirait par une révolution complète, et, par le courant, on mène les tangentes à ce cercle; les deux points de tangence sont les points où doit être le pôle austral pour l'équilibre; au point qui est à gauche l'équilibre est stable, et il est instable au point qui est à droite. Les phénomènes se passent autrement quand le courant est dans l'intérieur du cercle : il attire ou repousse l'aiguille, suivant sa situation; dans le premier cas, elle arrive au contact par le plus court chemin, et s'y arrête; dans le second cas, elle tourne pour s'éloigner; mais ne trouvant sur toute la circonférence un seul point de repos, elle la décrit tout entière, et se retrouve ainsi en contact avec le courant par le côté opposé, et se presse contre lui parce qu'il y a attraction.

La matière du fil que suit le courant est donc la seule cause qui puisse, dans ce cas, arrêter l'aiguille et l'empêcher de tourner indéfiniment; ainsi, un courant immatériel, comme celui qui traverse le vide, imprimerait à l'aiguille suspendue de cette manière un mouvement de rotation perpétuel: il y a même un point unique où le courant ordinaire produirait le même effet; c'est au pôle boréal, par lequel passe l'axe de rotation.

Quatrième cas. L'axe de rotation est au delà du pôle boréal.

Alors, $X > \lambda$.

L'équation représente encore deux courbes comme dans le deuxième cas, l'une indéfinie et l'autre fermée: il y a seulement cette différence que les courbes sont renversées; la première s'est tournée du côté des x négatives, et la seconde a passé au delà du pôle boréal, de telle sorte que la distance entre ce pôle et l'axe de rotation forme son grand diamètre.

Cinquième cas. L'axe de rotation est placé à une distance infinie.

Alors, $X = \infty$.

L'équation est celle d'une hyperbole équilatère, dont l'axe est l'aiguille elle-même; ainsi, quand on place le courant sur un point de l'hyperbole, soit sur une courbe soit sur l'autre, il n'exerce aucune action pour faire tourner l'aiguille.

Si on le place dans l'intérieur de la courbe, il y a rotation, et pour savoir dans quel sens elle se fait, il suffit de prendre la différence des forces qui agissent perpendiculairement à l'aiguille, aux deux pôles A et B.

412. *Multiplicateur de Schweiger.* — Peu de temps après la découverte de M. OErsted, M. Schweiger imagina le *galvanomètre*, que l'on appelle aussi *multiplicateur*, parce qu'il multiplie en effet la force électro-magnétique, et qu'il est d'une sensibilité merveilleuse pour découvrir les moindres traces de l'électricité en mouvement. Le multiplicateur repose sur ce principe, qu'un courant circulaire ou polygonal, ou ayant en général une forme rentrante quelconque, agit par toutes ses parties pour diriger, dans le même sens, une aiguille aimantée qu'il enveloppe de toutes parts. Par exemple, toutes les parties du courant qui parcourt les côtés du carré *pqron* (*Fig.* 142) agissent de la même manière sur une aiguille qui serait mobile autour du centre *c* de la figure, et qui pourrait se tourner

perpendiculairement à son plan. Le côté *pq* tend à tourner le pôle austral en avant de la figure, et le pôle boréal derrière; il en est de même du côté *qr*, du côté *no* et du côté *on*: ainsi, l'aiguille devra se tourner avec beaucoup d'énergie perpendiculairement au plan du courant, le pôle austral en avant. Un deuxième circuit de même intensité, allant dans le même sens, produit sur elle un effet égal; il en serait de même d'un troisième, d'un quatrième... d'un centième : donc un fil conducteur enroulé sur lui-même et formant cent tours, doit, quand il est traversé par le même courant, produire un effet cent fois plus grand qu'un fil d'un seul tour : seulement, il faut que les fluides parcourent toutes les circonvolutions du fil sans passer latéralement d'un contour à l'autre; c'est une condition facile à remplir. On prend pour cela un fil d'argent ou de cuivre rouge de quinze ou vingt aunes de longueur, de quelque fraction de millimètres d'épaisseur, et revêtu d'un fil de soie dont les tours sont tellement serrés que l'on n'aperçoit plus le métal; on l'enroule sur un petit cadre en bois, *mnop* (*Fig.* 138), à peu près comme du fil sur une bobine; seulement, on laisse libre un ou deux pieds de longueur à chaque extrémité; c'est ce qu'on appelle *les deux fils du multiplicateur*; le courant doit entrer par l'un et sortir par l'autre : ces deux fils sont représentés dans la figure par *fg* et *ig'*; l'aiguille aimantée *ab*, qui doit servir d'index, est suspendue à un fil de cocon *s*, et tout l'appareil est recouvert d'une cloche HH' qui le garantit des agitations de l'air. Lorsqu'on veut faire une expérience on tourne le cadre dans la direction du méridien magnétique : l'aiguille est alors dans le plan du cadre, et l'effet du courant la dévie de cette position d'un angle plus ou moins grand, suivant qu'il est plus ou moins énergique; dans cette position la force électro-magnétique est combattue par la force magnétique de la terre, qui agit incessamment sur l'aiguille, pour la ramener dans le méridien magnétique.

Pour donner au multiplicateur toute la sensibilité dont il est susceptible, il faut trouver le moyen d'augmenter la force électro-magnétique, et de diminuer la force directrice de la terre, sans toutefois la détruire; car si l'aiguille était soumise à la seule action du courant, les forces les plus faibles, comme les plus énergiques, l'amèneraient toujours dans la même position, et l'on n'aurait plus aucun moyen de faire la comparaison des intensités.

La force directrice de la terre peut être diminuée en diminuant l'énergie de l'aiguille aimantée; mais alors la force électro-magnétique serait elle-même diminuée dans le même rapport, puisqu'elle résulte de l'action mutuelle du courant et de l'aiguille. Au contraire, si l'on suspend les deux aiguilles à pôles opposés ab et $a'b'$, l'une dans l'intérieur du cadre et l'autre en dehors, soit au dessus, soit au dessous, la force directrice de la terre sera diminuée à volonté, ou même exactement neutralisée, et en même temps la force électro-magnétique sera augmentée, car le courant agit sur ces deux aiguilles pour les tourner dans le même sens. Deux aiguilles dans le cadre, et deux au dehors, donneront encore un effet plus sensible, puisqu'on pourra, par leur moyen, d'une part, réduire ou compenser exactement la force directrice de la terre, et, de l'autre, faire agir le courant toujours dans le même sens sur une quantité de magnétisme libre beaucoup plus grande. C'est cette dernière disposition qui est représentée dans la *figure* 138, dessinée d'après l'appareil excessivement sensible de M. Lebaillif.

Les quatre aiguilles sont plantées perpendiculairement dans un petit brin de paille, qui est lui-même attaché au fil de cocon; puisqu'elles se meuvent ensemble, il suffit d'un seul cercle divisé pour observer leur déviation commune; ce cercle doit être adapté près de l'aiguille supérieure.

La même figure représente encore un autre perfectionnement très-utile : au lieu d'un fil ayant, par exemple, 300 pieds de longueur, on emploie cinq fils parallèles, ayant chacun 60 pieds ; à chaque extrémité ces fils sont dépouillés de la soie qui les couvre, réunis en un petit faisceau et pressés l'un contre l'autre dans un assez grande longueur. De cette manière, le courant qui se présente pour traverser le multiplicateur se divise en cinq parties, et coule pour ainsi dire par cinq canaux ; il semble, au premier coup d'œil, qu'en supprimant l'un de ces fils, la portion du fluide qui le traversait va se reporter sur les quatre fils restans, et qu'on obtiendra le même effet, mais il n'en est pas ainsi : une source électrique étant donnée, un fil de métal ne peut l'épuiser, la quantité de fluide qui le traverse est sensiblement proportionnelle à sa section, et deux fils pareils laissent passer sensiblement deux fois autant de fluide qu'un seul ; par conséquent, si l'on supprimait l'un des cinq fils du multiplicateur, on perdrait à peu près la cinquième partie de l'effet. D'une autre part, la conductibilité est, comme nous le verrons plus loin, à peu près en raison inverse de la longueur des fils ; ainsi, en augmentant le nombre des tours du même fil, on se donne à la vérité un plus grand nombre de forces qui agissent sur l'aiguille, mais chacune d'elles devient plus petite, tellement que, si la conductibilité était rigoureusement en raison inverse de la longueur, le multiplicateur ne multiplierait pas, puisque, deux tours d'un même fil exigeant une longueur double, la force réelle du courant serait réduite à moitié, et l'on aurait 2 forces égales à $\frac{1}{2}$, au lieu d'une force égale à 1 ; on n'y gagnerait rien.

Le multiplicateur est un instrument sûr et commode pour constater le développement de l'électricité par le contact des corps, et même pour déterminer l'espèce d'électricité qui appartient à chacun d'eux.

Par exemple, pour voir l'électricité qui se développe au contact du zinc et du cuivre, on adapte un petit disque de zinc à l'un des fils, et à l'autre un disque de cuivre pareil; sur l'un de ces disques on met une rondelle de papier mince, mouillée d'eau pure, et ensuite on les approche en les pressant l'un et l'autre contre la rondelle; à l'instant l'aiguille du multiplicateur est vivement agitée, elle pourrait même décrire plusieurs circonférences avant de s'arrêter, tant est énergique l'action qu'elle éprouve. Ce n'est pas au contact des disques que se développe l'électricité, puisqu'ils sont séparés par la rondelle mouillée, mais c'est au contact du zinc avec le fil de cuivre. Pour reconnaître que le zinc prend la vitrée, et le cuivre la résineuse, il suffit de remarquer que le courant qui traverse le multiplicateur entre en effet par l'extrémité du fil à laquelle est adapté le disque de cuivre.

En substituant au disque de zinc un disque d'un autre métal quelconque, on reconnaîtra de la même manière l'espèce d'électricité qu'il développe par son contact avec le fil de cuivre.

Pour déterminer les électricités qui se développent au contact de deux autres substances quelconques, par exemple, du zinc et de l'argent, il faut prendre une précaution de plus : il faut alors mettre du zinc à l'une et à l'autre extrémité du fil, placer la rondelle mouillée sur l'un de ces zincs, la lame d'argent sur la rondelle mouillée, et enfin l'autre zinc sur la lame d'argent; puis observer le sens de la déviation de l'aiguille, pour distinguer le métal qui est positif et celui qui est négatif. Le tableau suivant contient l'ordre des tendances électriques que j'ai observées, par cette méthode, dans différens corps; chacun est électro-positif avec tous les suivans, et électro-négatif avec tous les précédens.

1 { Zinc,
Mercure,

2 { Zinc,
Étain,
Mercure,

3 Zinc,
4 { Plomb 1, Mercure 4,
5 Alliage de d'Arcet,
6 Soudure,
7 Plomb,
8 { Étain 1, Mercure 10,
9 { Bismuth 1, Étain 20,
10 Étain,
11 Caractères d'imprim.,
11 Fer,
13 Acier,
14 { Antimoine 1, Fer 2,
15 { Bismuth 1, Mercure 4,
16 Antimoine pur,
17 Bismuth,
18 Laiton,
19 Cuivre,
20 Bronze,
21 Sulfure d'antimoine,
22 Métal de cloches,
23 Arsenic,
24 { Antimoine 1, Cuivre 2,
25 { Étain 1, Antimoine,
26 Mercure,
27 Sulfure de bismuth,
28 Phosphure de cuivre,
29 Antimoine,
30 Plombagine,
31 Sulfure de cuivre,
32 Sulfure de plomb,
33 Phosphure de fer,
34 Argent,
35 Or,
36 Tellure,
37 Palladium,
38 Platine.

Il arrive souvent que la tension électrique, produite par l'action chimique d'un conducteur humide sur un métal, est plus forte que celle qui est produite par le contact de ce métal avec un autre. Aussi l'acide sulfurique étendu et l'acide nitrique donnent plus de tension lorsqu'ils agissent sur le zinc, que ce métal n'en donne quand il touche le plomb, l'argent et plusieurs autres conducteurs. L'acide nitrique avec l'étain en donne plus aussi que l'étain avec le plomb; les alcalis en donnent plus avec l'antimoine, que l'antimoine avec un grand nombre d'autres corps, etc.

Il résulte de là que l'ordre précédent semble changer avec la nature du conducteur humide que l'on emploie;

car pour tel conducteur, c'est l'électricité développée au contact des métaux qui l'emporte, et qui détermine le sens du courant; pour tel autre conducteur, au contraire, c'est l'électricité dégagée par son action sur un des métaux, qui devient prédominante et qui change la direction primitive. Ainsi, l'étain semble passer avant le plomb, quand le conducteur humide est l'acide sufurique, ou l'acide hydrochlorique, ou la potasse. L'antimoine vient se placer avant l'acier quand le conducteur humide est un alcali; et plusieurs autres corps de la série éprouvent des déplacemens plus ou moins considérables, suivant la nature du conducteur que l'on emploie; mais en déterminant, autant qu'il est possible, dans des expériences aussi délicates, les rapports de tension qui existent entre les électricités produites par les actions chimiques et celles qui sont produites par les actions électro-motrices ordinaires, on arrive à reconnaître, d'une manière assez sûre, que l'électricité développée au contact des métaux, est celle qui l'emporte, et qui agit sur l'aiguille. Ainsi, le tableau précédent ne présente pas de grandes erreurs dans la série qu'il renferme.

Au reste, une très-petite différence dans la composition d'un corps peut produire un effet sensible sur la place qu'il occupe : par exemple, l'antimoine pur ne diffère de l'antimoine du commerce que par une très-petite quantité de soufre, et l'on voit cependant que ces deux corps sont à une distance assez grande.

Nous verrons plus tard que le multiplicateur est un instrument précieux pour reconnaître les électricités qui se développent dans la plupart des combinaisons chimiques.

413. *De l'aimantation par le courant de la pile et par les décharges électriques.* — Puisqu'une aiguille aimantée se tourne perpendiculairement à la direction du courant, il est naturel de supposer qu'une aiguille de fer ou d'acier prendra d'autant plus de magnétisme qu'elle sera plus rap-

prochée de cette position. En effet, un courant n'aimante que très-faiblement les aiguilles qui lui sont parallèles, tandis qu'il aimante avec beaucoup de force, et souvent même à saturation, les aiguilles de substances magnétiques qui sont tournées en croix avec lui, comme elles se tourneraient si elles étaient préalablement aimantées. D'après ce principe, il est évident que pour développer, avec un courant donné, des quantités de magnétisme de plus en plus grandes, il faut le faire agir non-seulement sur le milieu de l'aiguille, mais encore sur toutes les sections transversales, et à des distances de plus en plus petites. Pour remplir ces conditions, l'on enroule un fil de métal en *hélice*, sur un tube de verre (*Fig.* 139), on place l'aiguille dans ce tube, et l'on fait passer le courant de l'une à l'autre extrémité du fil de l'hélice; un seul instant suffit pour qu'il développe tout le magnétisme qu'il est capable de développer dans ces circonstances; car, après un contact qui n'a que la durée de l'étincelle, l'aiguille disposée dans le tube perpendiculairement au plan du méridien magnétique, se trouve aimantée aussi fortement qu'après un contact de plusieurs minutes. La rapidité ou plutôt l'instantanéité avec laquelle le courant peut vaincre la résistance de la force coercitive est un phénomène très-remarquable.

On distingue deux espèces d'hélices : l'hélice *dextrorsùm* (*Fig.* 139), dans laquelle le fil s'enroule vers la *droite*; et l'hélice *sinistrorsùm* (*Fig.* 140), dans laquelle il s'enroule vers la gauche; en supposant, toutefois, qu'on les tienne de la même manière; mais pour en donner une idée plus juste, il suffit de dire que le *tire-bouchon* ordinaire et toutes les vis sont des hélices *dextrorsùm*.

Dans l'hélice *dextrorsùm*, le pôle boréal de l'aiguille est toujours à l'extrémité par laquelle entre le courant, ou bien à l'extrémité positive du fil; et dans l'hélice *sinistrorsùm* c'est, au contraire, le pôle austral de l'aiguille qui se trouve à l'extrémité positive.

Lorsqu'on fait, sur le même tube, plusieurs hélices contraires, à la suite l'une de l'autre (*Fig.* 140), l'aiguille offre alors, dans son magnétisme, *un point conséquent* à la jonction des deux hélices; ainsi chacune d'elles agit encore comme si elle était seule.

Avec une hélice deux fois renversée (*Fig.* 141), on aurait deux points conséquens, et ainsi de suite. Si l'on faisait de la sorte une hélice à *pas* très-petits, et composée alternativement d'un tour *dextrorsùm* et d'un tour *sinistrorsùm*, on produirait sur l'aiguille aimantée une distribution de magnétisme très-singulière; ou plutôt l'effet définitif serait tel, qu'elle semblerait avoir conservé son état naturel.

L'électricité de la machine électrique, en passant par le fil d'un multiplicateur pour se rendre dans le sol, ou pour se recomposer avec celle des coussins, ne produit que de faibles déviations sur l'aiguille. Avec un multiplicateur de cinq cents tours, M. Colladon a obtenu une déviation de 18°, au moyen d'une machine assez forte; l'un des fils de l'appareil communiquait aux coussins, et l'autre, aiguisé en pointe, était maintenu à un décimètre de distance des conducteurs (*Ann. de Chimie*, t. XXXIII, pag. 62); en portant la pointe à deux décimètres, à 4, à 8 et à 10, la déviation devenait moindre, et se trouvait sensiblement en raison inverse de la distance. Dans une autre expérience, l'un des fils touchant aux conducteurs positifs d'une machine de Nairne, et l'autre aux conducteurs négatifs, la déviation fut de 35°, pour trois tours de manivelle par seconde; elle paraissait sensiblement proportionnelle à la vitesse de rotation.

M. Colladon a encore observé des effets analogues, en déchargeant *lentement* des batteries plus ou moins fortes au travers du multiplicateur; la rapidité de la décharge dépend ici, comme dans la machine, de la distance à laquelle on approche la pointe qui termine l'un des fils de l'appareil. Dans toutes ces expériences le courant allait, comme dans la pile, de l'électricité positive à la négative; on pouvait juger de sa direction par le sens de la déviation de l'aiguille.

L'aimantation par l'électricité ordinaire donne naissance à plusieurs phénomènes curieux que nous allons examiner,

1°. Le courant *direct* que l'on obtient en faisant communiquer les conducteurs avec les coussins, ne produit que de très-faibles effets; lorsqu'il passe simplement par un fil droit. Les aiguilles, même très-fines, que l'on expose transversalement à une petite distance de ce fil, ne s'aimantent pas quand le courant est *continu*, mais elles commencent à prendre des quantités sensibles de magnétisme, lorsqu'on fait passer le courant par petites étincelles; leur magnétisme augmente, quand les étincelles deviennent plus fortes et partent de plus loin; enfin l'action du courant de la machine, comme celle du courant de la pile, s'augmente au moyen des hélices; alors, de vives étincelles produisent beaucoup d'effet sur les aiguilles qui sont dans le tube de l'hélice, et même M. Ridolfi est parvenu, par ce moyen, à développer du magnétisme avec un courant continu.

2°. Les décharges des bouteilles de Leyde, et des batteries, ont une puissance magnétique considérable, soit qu'elles traversent des fils droits, soit qu'elles traversent des hélices, à pas plus ou moins serrés (*Fig.* 139, 140 et 141). D'abord on avait obtenu, par l'un et l'autre moyen, des résultats identiques à ceux que produit la pile : on avait trouvé que près des fils droits, les aiguilles transversales s'aimantent, le pôle austral à gauche; et que dans les tubes des hélices elles s'aimantent, le pôle austral à l'extrémité négative pour les hélices *dextrorsum*, et à l'extrémité positive pour les hélices *sinistrorsum*. C'est en effet ce qui arrive assez souvent; mais M. Savary a découvert plusieurs phénomènes remarquables, qui semblent établir une différence fondamentale entre le courant continu de la pile et les *chocs électriques* des batteries (*Ann. de Chimie*, t. XXXIV).

Quand le choc est transmis par *un fil droit*, des aiguilles égales, parallèles, placées transversalement du même côté du fil et à des distances différentes, ne sont point aimantées dans le même sens. Les unes sont aimantées *positivement*, c'est-à-dire que leurs pôles sont disposés comme ceux d'une aiguille aimantée d'avance, qui serait libre de se mouvoir sous l'action d'un courant paisible et continu passant par le fil, tandis que les autres sont aimantées *négativement*, c'est-à-dire en sens contraire des premières. Voici, par exemple, le résultat d'une expérience : La décharge passe par un fil de platine de $\frac{1}{4}$ de millimètre de diamètre, dont la longueur tendue en ligne droite est de 1 mètre. Les aiguilles, trempées raides, ont $\frac{1}{4}$ de millimètre de diamètre, et 15 millimètres de longueur; elles sont au nombre de 27, placées du même côté du fil, loin de ses extrémités, et perpendiculaires à sa longueur, de manière que les verticales de leurs centres tombent sur sa direction; en même temps elles sont dans des plans verticaux différens, afin que l'on puisse établir entre elles des distances assez grandes pour de très-petites différences de distance au fil.

Numéros des aiguilles.	Distance au fil.	Durée de 60 oscillations.	Sens de l'aimantation.
1	0,0mm	1'. 3"	+
2	1,1	2. 29	—
3	2,0	sans aimantation.	
4	3,0	1. 26	+
5	4,3	1. 6	+
6	5,5	1. 3	+
7	6,7	1. 14	+
8	8,0	1. 32	+
9	8,6	3. 8	—
10	9,6	1. 35	—
11	10,5	1. 17	—

Numéros des aiguilles.	Distance au fil.	Durée de 60 oscillations.	Sens de l'aimantation.
12	12,3mm	1'. 1"	—
13	13,5	56	—
14	14,6	56	—
15	15,7	59	—
16	16,9	1. 3	—
17	18,2	1. 5	—
18	19,1	1. 17	—
19	20,0	1. 34	—
20	20,9	2. 29	—
21	21,4	presque nulle.	
22	23,3	24	+
23	32,7	41	+
24	44,0	34	+
25	70,0	43	+
26	100,0	1. 12	+
27	180,0	1. 28	+

La décharge était faible ; les aiguilles aimantées à saturation par de forts barreaux, faisaient 60 oscillations en 23" ; ainsi la vingt-quatrième qui a reçu la plus forte charge magnétique, était loin encore de son *maximum*.

M. Savary a reconnu que ces alternatives, et les distances auxquelles elles se manifestent, dépendent, pour ainsi dire, de tous les élémens qui concourent au phénomène ; savoir, de l'intensité de la décharge, de la longueur du fil tendu en ligne droite, de son diamètre, de l'épaisseur des aiguilles, et de leur force coercitive. En général, les fils très-fins, et les forces coercitives très-faibles, présentent des alternatives moins nombreuses ; souvent même avec ces conditions l'aimantation est toujours positive, et les périodes ne sont plus marquées que par des différences d'intensité.

Quand le choc est transmis par des *fils roulés en hélice*, sur des tubes de verre ou de bois, il exerce encore des effets analogues sur des aiguilles successivement placées dans l'axe des tubes. Alors la seule variation d'intensité dans la charge de la batterie peut avoir une grande influence. Par exemple, un fil de laiton de $0^{mm},18$ de diamètre, et de $0^{m},8$ de longueur, ayant été roulé en hélice sur un cylindre de bois sec de $6^{mm},5$ de diamètre, et de 90^{mm} de longueur, le pas de l'hélice ayant 3 millimètres, on a fait passer quatorze décharges d'intensités toujours croissantes sur quatorze aiguilles pareilles, de 15 millimètres de longueur, et de $\frac{1}{4}$ de millimètre d'épaisseur, placées successivement dans l'axe du cylindre, et les résultats ont été les suivans : les signes + et — indiquent, comme précédemment, le sens de l'aimantation ; le temps marqué dans la colonne est la durée de 60 oscillations ; la première aiguille est celle qui a reçu le premier choc, la deuxième, celle qui a reçu le deuxième, etc.

Première. . . .	+	26″	Huitième. . . .	—	33″
Deuxième.. . .	+	57	Neuvième. . . .	—	58
Troisième.. . .	—	38	Dixième. . . .	+	28
Quatrième. . .	—	25	Onzième. . . .	+	23
Cinquième. . .	+	29	Douzième. . . .	+	35
Sixième.. . . .	+	27	Treizième. . . .	—	1′ 15
Septième.. . .	—	42	Quatorzième. . .	+	31

En général, pour des fils plus longs, et pour des fils plus minces, le nombre des alternatives diminue : un fil d'argent de $\frac{1}{40}$ millimètre de diamètre, et de $0^{m},25$ de longueur, formant pareillement une hélice dont le pas est de 3 millimètres, ne donnent plus d'alternatives, depuis les plus faibles charges, jusqu'à celles qui sont capables de le vaporiser ; dans ce dernier cas, les aiguilles sont encore aimantées, et même jusqu'au point de saturation.

Enfin M. Savary a constaté, par de nombreuses expériences, un autre phénomène qui me semble mériter toute l'attention des physiciens. La quantité de magnétisme que prend une aiguille sous l'influence d'une décharge électrique, et même le sens de son aimantation, dépendent de la nature et des dimensions des corps qui la touchent ou qui l'enveloppent. Dans une hélice pareille aux précédentes, et traversée par une décharge électrique, une aiguille ne peut plus prendre de magnétisme quand elle est enveloppée d'un cylindre de cuivre assez épais : à mesure que l'épaisseur diminue, le magnétisme devient sensible, et pour une épaisseur assez petite il devient plus considérable qu'il ne serait pour une aiguille nue et isolée dans l'axe de l'hélice. L'étain, le fer et l'argent placés autour de l'aiguille, lui donnent des propriétés analogues, c'est-à-dire, qu'en feuilles très-minces, ils la rendent plus apte à recevoir le magnétisme, et qu'en cylindres suffisamment épais, ils lui ôtent tout-à-fait la propriété d'être aimantée par le choc électrique. Des cylindres de limaille métallique ne produisent pas cet effet, tandis que des couches concentriques, alternativement métalliques et non métalliques, le produisent; d'où il semble résulter que les solutions de continuité perpendiculaires à l'axe de l'aiguille, ou à l'axe des cylindres, ont une grande influence sur leurs propriétés.

Des plaques plus ou moins épaisses, mises en contact avec une aiguille qui est disposée convenablement près d'un fil droit, pour recevoir l'influence d'une décharge, peuvent aussi, suivant leurs dimensions, modifier la quantité de magnétisme que prend cette aiguille, et le sens de son aimantation.

Tous ces phénomènes paraissent dépendre de l'action subite que le choc électrique produit, soit directement sur les molécules qu'il rencontre, soit latéralement sur les molécules qui sont éloignées de son cours.

414. *De la rotation des aimans par l'influence des courans.* — Le phénomène curieux de la rotation des aimans par l'action des courans a été indiqué par le Dr Wollaston et démontré par M. Faraday, à une époque où l'on n'avait encore que des notions très-incomplètes sur les forces électro-

magnétiques (*On electro-magnetical motions and the theory of magnetism*, septembre 1821). Maintenant toutes les particularités de ces mouvemens peuvent être présentés comme des conséquences du principe général dont nous avons essayé de donner une idée (411).

Voici d'abord le détail des expériences : une large éprouvette en verre vv' (*Fig.* 158) est remplie de mercure jusqu'à une petite distance de ses bords; un aimant cylindrique A B, lesté avec un contre-poids de platine P, se tient debout dans le mercure, de manière que son pôle A s'élève de quelques millimètres au dessus du niveau (cet aimant est représenté un peu plus en grand dans la *figure* 154); une tige t, que l'on peut élever ou baisser à volonté au moyen d'une vis de pression, vient plonger dans le mercure par son extrémité inférieure, tandis qu'elle communique par son autre extrémité avec un conducteur en cuivre C qui communique lui-même avec l'un des pôles de la pile; enfin le conducteur c' qui tient à l'autre pôle, passe sur le bord de l'éprouvette et plonge dans le mercure très-près de son contour extérieur. Dès que la communication est établie, l'aimant tourne dans le même sens d'un mouvement plus ou moins rapide et fait des révolutions successivement autour de la tige t; il a bien quelque tendance à venir la toucher et à tourner alors plus rapidement; mais, avec quelques soins, il est facile de l'ajuster pour qu'il se maintienne à distance. La *fig.* 152 représente une coupe horizontale, ou plutôt une vue de la surface du mercure : C est la section du courant, A celle de l'aimant, et A, A', A'' la circonférence qu'il décrit dans ses révolutions; les flèches indiquent le sens du mouvement, en supposant que le pôle austral soit en haut et que le courant monte par la tige.

La longueur de l'aimant étant de 7 à 8 pouces, il est évident que le pôle inférieur B n'éprouve qu'une action insensible, soit de la part du courant vertical qui traverse la tige t, soit de la part du courant à peu près horizontal qui glisse sur la surface du mercure. Ainsi la cause du mouvement se trouve dans le pôle A. Les deux courans dont nous venons de parler le sollicitent diversement : celui qui passe par la tige, et que nous supposons ascendant, agit sans cesse pour le pousser à gauche, et détermine ainsi le mouvement de rotation que l'on observe; celui qui passe sur le mercure agit aussi pour favoriser ce mouvement quand le pôle A se trouve dans la demi-circonférence A″A (*Figure* 152), et pour le diminuer quand il se trouve dans la demi-circonférence opposée; mais ses effets sont très faibles et suffisent à peine pour modifier la vitesse de rotation. Quand on change la direction du courant, le mouvement s'arrête et recommence bientôt en sens inverse, et quand on change les pôles de l'aimant, on observe aussi sur le pôle boréal des mouvemens contraires à ceux que donne le pôle austral.

Le mercure offre une si grande résistance, qu'il faut un puissant appareil et un aimant très-fort, sous un petit volume, pour produire un mouvement de rotation régulier et un peu rapide. Mais on peut disposer l'expérience d'une autre manière, qui donne toujours une grande vitesse, même avec des piles ordinaires de 10 à 12 couples. Cette disposition est représentée dans la *figure* 159. La petite cavité qui se trouve à l'extrémité de l'aimant, et par laquelle il peut se visser sur le contre-poids en platine, forme une espèce de petite coupe *g* (*Fig.* 154), que l'on remplit de mercure; on abaisse la pointe de la tige *t* de manière qu'elle plonge dans ce mercure sans toucher à l'aimant, qui conserve ainsi toute sa mobilité; ensuite on établit les communications avec les deux pôles de la pile comme dans l'expérience précédente. Le courant arrive, par exemple, dans la coupe P′, monte par la lame de cuivre *l′*, traverse le conducteur C′, passe dans le mercure, monte par l'aimant lui-même, de là dans la tige, et s'en va, par le conducteur C, par la lame de cuivre *l*, se rendre dans la coupe négative P.

Alors l'aimant tourne sur lui-même comme une toupie, avec une grande vélocité. La *figure* 153 représente une coupe de l'appareil faite sur la surface du mercure, et les flèches indiquent le sens de la rotation en supposant que le courant soit ascendant et que le pôle austral de l'aimant soit en haut. En retournant les pôles ou en changeant la direction du courant on obtient des mouvemens contraires.

L'explication de ce phénomène repose encore sur les mêmes principes; le courant qui monte par l'aimant exerce sur son pôle supérieur des actions qui se détruisent; mais les actions réciproques que le pôle exerce sur les diverses parties du courant donnent naissance à autant de forces qui agissent dans le même sens pour faire tourner le système. En d'autres termes, les phénomènes se passent comme si le courant, au lieu de traverser la substance de l'aimant, traversait une couche conductrice isolée qui l'enveloppât de toutes parts. En effet, je me suis assuré que, si l'on entoure l'aimant d'une substance non conductrice pour le mettre ensuite dans une sorte d'étui en cuivre mince, et qu'on répète l'expérience précédente, on obtient exactement les mêmes résultats. Or, dans cette nouvelle disposition, le courant étant de toutes parts symétrique autour du pôle de l'aimant, il est clair que la somme des actions qu'il exerce sur lui se détruisent comme étant opposées deux à deux et appliquées au même point, tandis que la réaction du pôle sur chaque filet vertical du courant donne des forces opposées deux à deux, dont les effets s'ajoutent pour faire tourner dans le même sens, parce que ces forces sont appliquées à la circonférence au lieu d'être appliquées au centre.

On avait supposé d'abord que les portions du courant qui passent sur le mercure étaient la cause de la rotation de l'aimant; mais voici des expériences par lesquelles je me suis assuré que ces courans n'entrent pour rien dans le phénomène.

La première consiste à percer la tige *t* dans toute sa longueur, ensuite on fixe, avec de la cire, un fil de soie au fond de la cavité de l'aimant, on le fait passer par l'ouverture centrale de la tige, et on l'attache à quelque point fixe en lui donnant une longueur convenable (*voyez* en F, *Fig.* 154). L'aimant ainsi suspendu, on fait passer autour de lui un anneau qui ne le touche pas tout-à-fait, mais qui en approche assez près pour qu'une goute de mercure reste dans l'intervalle, adhérente d'un côté au contour de l'anneau, et de l'autre à la surface de l'aimant. Alors, en faisant communiquer l'anneau à l'un des pôles de la pile, au pôle positif, par exemple, le courant passe dans la goutte de mercure, monte dans l'aimant, arrive à la tige et de là se rend au pôle négatif. Cette disposition offre l'avantage de faire passer le courant par telle partie de l'aimant que l'on juge convenable; car on peut faire monter ou descendre l'anneau dans toute sa longueur, et l'on observe ainsi que l'effet *maximum* est produit quand l'anneau est au milieu à égale distance des pôles, qu'il est nul quand l'anneau est tout à-fait en bas, et nul encore un peu avant qu'il soit arrivé tout en haut.

La seconde expérience est représentée dans la *fig.* 157. A B est un aimant cylindrique enveloppé d'une feuille de papier ou d'une couche de vernis non conducteur; il est enfermé dans un étui en cuivre très-mince *cc'*, qui porte en son milieu une espèce de volant *vv'*, et à ses extrémités des bouchons *bb'* dans l'axe desquels sont fixés des tourillons en acier *tt'*; ces tourillons reposent sur le tranchant de deux lames de métal *mm'*, ajustées pour recevoir en même temps quelques gouttes de mercure, afin de mieux établir les communications. Le bord du volant plonge aussi dans le mercure que contient la coupe *c*. L'un des pôles de la pile communiquant à la lame *m'*, et l'autre à la coupe *c*, le courant s'établit; il passe dans le tourillon *t'*, dans la partie *c'* de l'étui de cuivre, dans le volant, dans la coupe, et de là à l'autre pôle de la pile. Alors l'aimant prend un mouvement de rotation très-rapide, qui change de direction quand on fait passer le courant en sens contraire.

Dans cette expérience, le système prend encore son mouvement par la réaction que le pôle exerce sur le courant qui traverse l'étui de cuivre. Cependant je dois ajouter que M. Ampère explique ces phénomènes d'une autre manière, au moyen d'une théorie mathématique, dont nous verrons les principes dans les chapitres suivans.

CHAPITRE II.

De l'action de la Terre et des Aimans sur les Courans.

415. *Direction des courans par l'influence du magnétisme de la terre.* — Quand on eut constaté l'action des courans sur les aimans, on ne pouvait pas douter qu'il n'y eût, de la part des aimans, une réaction capable de diriger les courans et de les mouvoir de diverses manières. Entre tous ces phénomènes inverses des précédens, ceux qui devaient résulter de l'action magnétique de la terre se présentaient comme les plus curieux à examiner, et l'on essaya en effet de disposer des courans mobiles pour étudier les modifications qu'ils éprouveraient en les abandonnant comme des boussoles à l'influence du magnétisme terrestre. Ces premiers essais ne donnaient point de résultats satisfaisans, parce qu'il était difficile alors de donner au courant toute la mobilité désirable. Enfin, M. Ampère parvint à lever toutes ces difficultés par un mode ingénieux de suspension qui s'applique avec avantage à tous les courans mobiles. Il importe, avant d'aller plus loin, de donner une idée de cet ajustement.

La *figure* 177 représente deux colonnes verticales en cuivre, V et V', fixées sur un pied en bois LL'; à leur extrémité supérieure, elles se recourbent *en potence* et viennent se terminer par les deux coupes c, c', dont les centres sont dans la même verticale; les parties de ces colonnes, qui semblent se toucher, sont séparées l'une de l'autre par des substances isolantes : ainsi, quand leur pied communique aux deux pôles de la pile par un moyen que nous allons indiquer, il est évident que les fluides électriques arrivent, l'un dans la coupe c, l'autre dans la coupe c', et qu'il n'y a point de courant produit, à moins que l'on n'établisse une communication entre ces deux coupes, que l'on peut appeler l'une la *coupe positive*, et l'autre la *coupe négative*, suivant la nature du fluide qu'elles reçoivent.

Rien ne paraît plus simple que de faire arriver l'électricité au pied des colonnes; cependant, comme il est nécessaire de changer souvent les communications, de pouvoir instantanément les supprimer ou les établir dans un ordre inverse, sans rien déranger à l'appareil, M. Ampère a imaginé une disposition ingénieuse, qui remplit cet objet d'une manière très-commode.

R et R' (*Fig.* 160) sont deux rainures de quelques lignes de profondeur, creusées dans l'épaisseur d'une plaque en bois (*Fig.* 160 *bis*) qui peut se poser sur les tables des divers appareils électro-magnétiques; v et v', t et t' sont quatre cavités, creusées de la même manière et communiquant diagonalement par deux lames de cuivre, savoir par ll', qui va de v en v', et par mm', qui va de t en t'; au point de croisement, ces lames sont séparées par une petite bande de substance non conductrice, afin que le courant ne puisse jamais passer de l'une à l'autre. Les deux rainures et les quatre cavités sont remplies de mercure; mais préalablement elles ont été mastiquées avec de la résine, afin que le courant ne puisse pas s'établir au travers du bois, plus ou moins poreux et plus ou moins humide, qui les sépare.

Cela posé, concevons que l'on plonge le fil positif de la pile dans la rainure R et le fil négatif dans la rainure R'; il est évident que les fluides ne pourront passer ni dans l'une ni dans l'autre des quatres cavités v, v', t, t'; mais si l'on établit en même temps une communication de R à v, et une autre de R' à t, le fluide passera de v à v' par la lame ll'; et de t à t' par la lame mm'; ainsi, la bande

b', qui communique à v', sera positive, et la bande b, qui communique à t, sera négative. Au contraire, si, en reprenant les choses au premier état, on établit des communications de R à t' et de R à v', la bande b' sera négative, et la bande b positive : or, ces deux bandes étant destinées à produire le courant, lorsqu'on les fait communiquer ensemble par un circuit métallique quelconque, il est clair que le courant traversera le circuit dans un sens ou dans l'autre, suivant que l'on mettra deux arcs conducteurs de R à v et de R' à t, ou qu'on les mettra de R à t' et de R' à v'. Si maintenant on jette les yeux sur la pièce à *bascule* BB' (*Fig.* 160 *bis*), on verra bientôt tout le mécanisme dont il nous reste à parler. Cette pièce est en bois et peut tourner autour de l'axe aa' qui s'ajuste dans les trous oo' sur les pieds P et P'; elle porte quatre arcs conducteurs en métal, deux d'un côté en c et c', et deux autres pareils de l'autre côté en d et d'. Quand elle est en place, les extrémités de l'arc c répondent à la rainure R et à la cavité v, celles de d' à la rainure R' et à la cavité t', celles de c' à R' et à t, celles de d à R' et à v'; leur longueur est telle que, dans cette position, ils ne touchent point au mercure; mais quand on fait tourner la bascule pour plonger les arcs c et c', le courant passe de b' à b, et quand on la fait tourner pour plonger les arcs d et d', le courant passe en sens inverse de b à b'.

Cet ajustement pris dans son ensemble s'appelle une *bascule*; il est établi au pied des deux colonnes V et V' de la *figure* 177; seulement, nous avons supprimé la pièce mobile, qui aurait empêché de voir les positions relatives des rainures et des cavités; on voit que les bandes b et b' de la *figure* 160 viennent aboutir chacune au pied de l'une des colonnes, et que c'est par elles que le fluide passe pour arriver aux coupes c et c'; en faisant plonger la bascule dans un sens ou dans l'autre, on rend chacune des coupes alternativement positive et négative.

Revenons maintenant à la *figure* 149, qui présente un fil de cuivre courbé en cercle et destiné à devenir un courant circulaire mobile; les extrémités de ce fil sont liées entre elles, mais séparées l'une de l'autre par une substance isolante; elles sont recourbées en crosse de telle manière qu'elles correspondent aux deux coupes *c* et *c'* de la *figure* 177; enfin, elles portent deux pointes d'acier, l'une qui doit poser sur la lame de verre un peu creusée, qui forme le fond des coupes; l'autre, qui doit simplement plonger dans l'autre coupe. L'eau acidulée, ou plutôt le mercure dont on remplit les deux coupes, achève d'établir les communications, et l'on observe ainsi un courant circulaire doué d'une grande mobilité.

Cette disposition s'applique évidemment à une portion de courant de forme quelconque, que l'on veut rendre mobile autour d'un axe vertical, pourvu que l'on ait soin de compléter l'équilibre avec des contre-poids, quand cette portion de courant n'est pas symétrique de part et d'autre de l'axe de rotation.

Le cercle de la *figure* 149 étant mis en place dans l'appareil de la *figure* 177, on fait passer le courant, et l'on voit à l'instant qu'il y a une force qui le sollicite; il se tourne, il oscille, et enfin il se fixe dans une position déterminée, à laquelle il revient sans cesse lorsqu'on l'en écarte. Ensuite, lorsqu'en plongeant la bascule en sens contraire on change la direction du courant, le cercle fait une demi-révolution, vient osciller de l'autre côté et se fixer enfin dans une position diamétralement opposée. Dans les deux cas le plan d'équilibre où il s'arrête se trouve exactement perpendiculaire au plan du méridien magnétique.

Ce phénomène et les autres actions que la terre exerce sur les courans furent expliqués pour la première fois dans le mémoire que je présentai à l'Institut sur ce sujet (*Annales de Chimie*, tome XXI, page 77). M. Auguste de La Rive avait fait de son côté des recherches analogues, dont il donna connaissance très-peu de temps après *à la Société d'Histoire naturelle de Genève* (*Bibliothèque universelle*, tome XXI, page 21, et *Annales de Chimie*, tome XXI, page 24). Concevons d'abord le plan du cercle dans le méridien magnétique; soit $c\,\text{M}$ (*figure* 149) la direction de la force terrestre, tm, $t'\,m'$ les deux tangentes parallèles à $c\text{M}$. L'effet magnétique de la terre doit être le même que celui d'un aimant, dont le pôle boréal serait placé très-loin sur le prolongement $c\,\text{M}$; ainsi, entre ce pôle et l'arc $t\,d\,t'$ du circuit, il y a deux forces formant un couple, dont l'une tend à pousser le pôle boréal à droite, et l'autre l'arc du courant à gauche; en vertu de celle-ci l'arc $t\,d\,t'$ tend à passer derrière, et à venir s'arrêter dans un plan perpendiculaire au plan de la figure; l'arc $t'\,d'\,t$ au contraire tend, par la même raison, à passer en avant du plan de la figure, et à venir s'arrêter dans un plan perpendiculaire au méridien magnétique. Ces deux forces agiraient dans le même sens pour faire tourner le cercle autour du diamètre tt', et comme il ne peut tourner qu'autour du diamètre dd', on voit que la force directrice est seulement égale à la différence des arcs $d\,t'$ et $d\,t$, plus à la même différence des arcs td' et $d'\,t'$. C'est là ce qui détermine en même temps la rotation et le sens dans lequel elle doit s'accomplir.

En renversant le courant, il est clair que la rotation doit se faire en sens contraire, et que la position d'équilibre doit être, comme on l'observe, diamétralement opposée.

Si l'appareil était placé directement sur le pôle boréal magnétique de la terre, la force directrice serait nulle, puisque les deux tangentes étant alors verticales, l'arc $t\,d$ serait égal à l'arc $d\,t'$, et l'arc $t\,d'$ à l'arc $d'\,t'$.

Au contraire, sur l'équateur magnétique, la force directrice est la plus grande possible, puisque, les tangentes étant alors horizontales, chacune des demi-conférences tend à tourner en sens contraire.

Des circuits fermés, triangulaires, carrés, ou d'une autre figure quelconque, peuvent être mis en expérience sur le même appareil (*Fig.* 177), et c'est aussi par les mêmes principes que l'on détermine le sens et l'intensité de leur force directrice. Pour que l'action de la terre se neutralise par elle-même dans un lieu quelconque, il suffit d'ajuster les fils pour avoir, de part et d'autre de l'axe de rotation, des parties symétriques que le courant traverse dans le *même sens*; par exemple, la *figure* 148 représente un rectangle qui n'a aucune force directrice; en effet, il est facile de voir, en suivant la direction du courant sur la figure, qu'il y a toujours de part et d'autre de l'axe, des forces égales qui se détruisent mutuellement, puisqu'elles tendent à produire une rotation dans le même sens.

On peut étudier toutes les propriétés des courans rectilignes verticaux, au moyen de l'appareil qui est représenté dans la *figure* 145 : il se compose de deux vases cylindriques en cuivre; l'un supérieur, et l'autre inférieur d'un diamètre un peu plus grand. Ces vases sont percés en leur milieu d'une ouverture un peu large, pareillement cylindrique, dans laquelle passe la tige *t*, qui se termine par la coupe *c*. La traverse *hh'* est de substance non conductrice; elle porte en son milieu une pointe par laquelle elle repose en équilibre sur le fond de la coupe *c*, remplie de mercure. Les fils *v* et *v'* attachés à la traverse, sont recourbés, pour plonger par une extrémité dans l'eau acidulée du vase supérieur, et par l'autre dans l'eau acidulée du vase inférieur. Une petite languette en métal, soudée sur le fond du premier, vient plonger dans le mercure de la coupe, pour établir une communication entre l'eau et la tige. Ainsi le courant qui entre par le vase inférieur passe dans l'eau acidulée, dans les fils verticaux, dans l'eau acidulée du vase supérieur, dans la languette, dans la coupe, et vient enfin descendre par la tige *t*.

Lorsqu'on relève l'extrémité inférieure ou supérieure de l'un des fils, pour le faire sortir de l'eau acidulée, de manière que le courant passe seulement par l'autre fil, le système se dirige et vient se placer dans le plan perpendiculaire au méridien magnétique : si le courant est ascendant, le fil qu'il traverse se place à l'occident, ou du moins s'il vient à l'orient, il n'y trouve qu'une position d'équilibre instable, dont la moindre force peut le déranger; c'est le contraire quand le courant est descendant.

On voit par cette raison que les deux fils pris ensemble, s'ils sont bien égaux, diamétralement opposés, placés à la même distance de l'axe, et traversés par des courans de même intensité, doivent former un système complètement indifférent à l'action de la terre, puisque, dans toutes les positions autour de l'axe, les deux fils sont alors sollicités par des forces parallèles, égales et dirigées dans le même sens, qui ne cessent pas de se faire équilibre. Mais il n'en est plus de même lorsque les deux fils ne sont pas diamétralement opposés, ou lorsqu'il existe entre eux quelque légère différence de diamètre, de forme, de longueur, de distance à l'axe, ou de faculté conductrice qui entraîne quelque inégalité dans les momens de rotation. On peut, en variant ces diverses circonstances, faire un grand nombre d'expériences intéressantes.

Des circuits de différentes formes, mobiles autour d'un axe plus ou moins oblique ou plus ou moins incliné à l'horizon, peuvent prendre aussi des positions d'équilibre stables ou instables, qui sont dans des rapports déterminés avec la direction de la force magnétique de la terre. La *figure* 150 représente, par exemple, un courant qui se dirige perpendiculairemant à l'aiguille d'inclinaison, quand l'axe horizontal, autour duquel il tourne, se trouve lui-même perpendiculaire au plan du méridien magnétique. En effet, les diverses portions latérales qui se trouvent alors dans le plan du méridien, n'éprouvent aucune action qui puisse les faire tourner ou les diriger; mais les portions horizontales h et h', situées, la première du côté du midi, et la seconde du côté du nord, reçoivent dans nos climats toute l'action du pôle boréal de la terre; il en résulte deux forces perpendiculaires à l'aiguille d'inclinaison, qui concourent à faire tourner l'appareil dans le même sens : celle qui agit sur la portion h' tend à la déprimer au dessous de l'horizon, et celle qui agit sur la portion h tend au contraire à l'élever au dessus; et ces forces égales ne se détruisent autour de l'axe aa' que quand elles sont parvenues à agir dans des directions opposées, c'est-à-dire, dans la perpendiculaire à l'aiguille d'inclinaison, qui pourrait se mouvoir autour du même axe aa'.

Pour construire cet appareil et pour le mettre en expérience, on plie un fil de cuivre à partir de l'extrémité a, en suivant exactement toutes les directions qui sont marquées par des flèches sur la figure; on met une petite bande de cuir ou de bois sec aux deux points de croisemens, et on le pose en équilibre par les deux extrémités a et a' à peu près comme l'aimant de la *figure* 157, afin que le courant puisse entrer et sortir sans gêner le mouvement de rotation.

416. *Direction des courans par les aimans.* — Ce que nous venons de dire sur la direction que le magnétisme de la terre imprime aux courans mobiles, suffit pour indiquer la plupart des effets qui seront produits par l'action des aimans; mais comme la terre agit sans cesse, il faudra, pour ne pas compliquer les expériences, employer des appareils dans lesquels son influence se détruise d'elle-même. Par exemple, le double rectangle de la *figure* 148 étant suspendu dans l'appareil de la *figure* 177, on verra qu'il reste en équilibre dans toutes les positions, et en approchant l'un des pôles d'un aimant, il sera facile de l'attirer, de le repousser et de lui imprimer des mouvemens dans tous les sens. Lorsqu'on fait ces expériences, on est frappé

d'abord des alternatives d'attraction et de répulsion qui se manifestent pour des positions de l'aimant très-peu différentes; en portant l'un de ses pôles un peu plus à droite ou un peu plus à gauche, en l'approchant ou en l'éloignant d'une quantité très-petite, on observe à l'instant un renversement dans l'action. Tous ces mouvemens si divers et si compliqués en apparence, se déduisent du principe général que nous avons énoncé (411). Pour les expliquer, il suffit d'analyser les couples différens qui résultent de l'action de chaque pôle sur les diverses parties du courant, et d'observer en même temps la disposition de ses forces par rapport à l'axe de rotation, et les bras de leviers par lesquels elles agissent; c'est un problème qui n'est, pour ainsi dire, que l'inverse du problème général dont nous avons alors indiqué la solution.

On doit à M. de La Rive plusieurs expériences ingénieuses, par lesquelles il fait voir que des courans très-faibles peuvent être dirigés par les aimans, ou même par l'action magnétique de la terre. Ces petits appareils sont des courans flottans, dont on peut varier la forme à volonté; nous en avons représenté deux dans les *figures* 155 et 156. Dans un morceau de liége, destiné à flotter sur un large vase d'eau acidulée, on fait passer une petite feuille de zinc z, qui est soudée en s à un ruban ou à un fil de cuivre c; après avoir décrit une circonférence dans la figure 155, et diverses circonvolutions dans la *figure* 156, ce fil de cuivre vient à son tour passer dans le liége, et plonger dans l'eau acidulée à une petite distance de la feuille de cuivre. Dès que l'appareil est sur l'eau, le courant s'établit dans la direction des flèches, et il est assez sensible pour être dirigé par la terre, et à plus forte raison pour être attiré ou repoussé par les aimans. Par exemple, lorsqu'on présente le pôle boréal d'un aimant au cercle de la *figure* 155, à une certaine distance, on le voit se tourner sur lui-même d'une certaine manière, puis s'avancer vers le pôle, s'engager dans l'aimant, arriver jusqu'au milieu, et là s'arrêter après diverses oscillations. Si on avance ou si on recule l'aimant, le cercle avance ou recule pour garder sa position, qui est en effet la seule, comme on peut le voir aisément, dans laquelle il se trouve en équilibre stable.

417. *Rotation des courans par l'action de la terre.* — L'appareil qui sert à démontrer la rotation des courans par l'action de la terre est représenté dans la *figure* 145; c'est l'appareil de la *figure* 143, dans lequel on a enlevé le vase supérieur; il reste le vase inférieur F, F', dans lequel on met de l'eau acidulée, et la tige *t* avec sa coupe *c* sur laquelle on pose le rectangle de la *figure* 147. Le ruban de cuivre circulaire $r\,r'$ qui unit les extrémités inférieures des fils verticaux $v\,h$ et $v'\,h'$ sert seulement à les maintenir et à rendre les communications plus complètes.

Le rectangle étant posé en équilibre dans la coupe et les communications établies, on fait passer le courant, soit pour qu'il monte par les deux fils $v\,h$ et $v'\,h'$ et descende par la tige *t*, soit pour qu'il monte par la tige et descende par les fils; alors la partie mobile $v\,v'\,h\,h'$ se met en mouvement et accomplit des révolutions successives dont la rapidité dépend de la force de la pile et de la conductibilité des liquides que contiennent les vases. Aussitôt qu'on change la direction du courant, le mouvement se ralentit, s'arrête, et recommence, en sens inverse, avec la même rapidité. C'est M. Ampère qui a fait le premier cette expérience curieuse du mouvement continu de rotation. Nous avons déjà montré que deux branches verticales, diamétralement opposées, comme v et v', et traversées l'une et l'autre par des courans ascendans ou descendans, restent complètement indifférentes sous l'influence du magnétisme de la terre; ainsi le phénomène de rotation ne peut pas être produit, comme on l'avait supposé d'abord, par les forces qui s'exercent sur ces parties mobiles de l'appareil; les deux branches horizontales $m\,h$, $m\,h'$ sont les seules qui déterminent la rotation. Par exemple, quand le courant est ascendant dans les branches verticales, il va de h en m et de h' en m; or, si nous supposons que $h h'$ soit dans le méridien magnétique, h au midi et h' au nord, l'effet du pôle boréal de la terre sur $m h'$ donne naissance à une force qui tend à faire passer $m h'$ en avant du plan de la figure; et son effet sur $m h$ donne naissance à une force égale qui tend à faire passer $m h$ derrière le même plan; ce sont ces deux forces qui déterminent le mouvement continu, et la direction dans laquelle il doit s'accomplir, car il est facile de voir que $h h'$, arrivé dans la position perpendiculaire au plan du méridien magnétique, est encore sollicité dans le même sens, quoique avec une intensité un peu moindre.

C'est d'ailleurs ce qu'on peut vérifier directement au moyen du petit appareil qui est représenté dans la *figure* 151, comme je l'ai fait voir dans le Mémoire cité plus haut. Cet appareil ressemble au précédent; seulement la tige t est très-courte et les branches verticales sont supprimées; il ne reste que les branches horizontales $m h$ et $m h'$, et de petits appendices verticaux qui plongent dans l'eau acidulée. Les petites boules b et b' servent à équilibrer et à donner de la stabilité à l'équilibre. Dès que les communications sont établies, la rotation s'accomplit avec une grande vitesse. Il est évident qu'une seule des branches $m h$ ou $m h'$ tournerait pareillement, et c'est ce que l'on peut encore vérifier, en supprimant sur l'une d'elles la petite portion verticale qui plonge dans l'eau.

La vitesse de rotation augmente avec l'inclinaison : au pôle magnétique, elle serait la plus grande possible, tandis qu'à l'équateur magnétique, elle serait exactement nulle.

La *figure* 178 représente un autre appareil de M. Ampère, avec lequel on peut varier de diverses manières ces expériences de rotation.

AA' et BB' sont deux vases en cuivre, de forme annulaire, séparés l'un de l'autre et incrustés sur un disque en bois; on les remplit de mercure ou d'eau acidulée.

m est la coupe moyenne; elle est soudée à une lame qui va se replier verticalement et porter la coupe centrale *c*.

d est la coupe de droite; elle communique au vase AA'.

g est la coupe de gauche; elle communique au vase BB'.

aa', petit ruban de cuivre formant un arc de cercle d'environ 90°, et de même rayon que le vase AA' dans lequel il doit plonger.

bb', petit arc de cercle pareil au précédent qui doit plonger dans le vase BB'.

Ces deux arcs sont joints par deux fils de cuivre en *sautoir*, qui se croisent et qui se touchent sur la pièce qui porte le pivot *p*; mais, aux extrémités *a'* et *b'*, ces fils sont isolés et ne communiquent point aux arcs de cuivre.

Lorsque le pivot du sautoir repose sur la coupe centrale *c*, que l'arc *aa'* touche légèrement au mercure de AA', et l'arc *bb'* au mercure de BB', ou que ces arcs plongent dans l'eau acidulée, on fait passer le courant par la coupe de droite *d*, par exemple, et par la coupe moyenne *m*; alors le courant va seulement de *a* en *p* et le sautoir tourne dans un sens ou dans l'autre, suivant la direction du courant.

Au contraire, si l'on fait passer le courant par la coupe de droite *d* et par la coupe de gauche *g*, le sautoir reste immobile, parce que les deux branches *a p* et *p b* tendent toujours à tourner en sens contraire, quel que soit l'angle qu'elles fassent entre elles.

418. *Rotation des courans par les aimans.* — Avec le pôle d'un aimant convenablement disposé relativement au courant horizontal de la *figure* 151, on peut produire à volonté tous les phénomènes que produirait l'action magnétique de la terre dans tous les climats, depuis l'équateur jusqu'aux pôles.

1°. Le pôle boréal d'un barreau étant présenté *au dessous* de l'appareil et agissant ainsi dans le même sens que le magnétisme terrestre, on observe une grande accélération de vitesse dans la rotation.

2°. Le même pôle étant au contraire présenté *au dessus* de l'appareil, son action est inverse de celle de la terre, et l'on peut, en variant les distances, faire tour à tour prédominer la force de l'aimant ou celle du globe terrestre.

3°. Le pôle austral de l'aimant agit toujours en sens contraire du pôle boréal; et comme l'action de chacun des pôles détermine des rotations opposées, en passant au dessus ou au dessous du plan horizontal hh', il est évident que dans ce plan lui-même, l'action de chacun est exactement nulle. On peut ainsi faire avec cet appareil un grand nombre d'expériences, dont il sera facile d'expliquer toutes les particularités.

Les expériences que l'on peut faire avec les courans verticaux, ascendans ou descendans, de la *figure* 143, ne sont ni moins nombreuses, ni moins variées, ni moins faciles à expliquer. Par exemple, il est évident que les deux courans diamétralement opposés, qui forment un système indifférent sous l'influence du magnétisme terrestre, forment au contraire un système capable de recevoir un mouvement de rotation très-rapide sous l'action de l'un des pôles d'un aimant. Concevons en effet le cylindre indéfini que décrivent en tournant les deux fils verticaux v, v', et leurs prolongemens; lorsqu'un pôle austral sera placé quelque part dans l'intérieur de ce cylindre, soit au dessus, soit au dessous des courans, il produira partout une rotation continue dans un sens ou dans l'autre, suivant que le courant sera ascendant ou descendant. Un pôle boréal placé seul produira aussi le même phénomène, toujours en sens inverse, de telle sorte qu'on n'aurait plus de rotation si ces deux pôles contraires agissaient en même temps dans des positions où leur énergie fût égale.

Placés au dehors du cylindre indéfini dont nous venons de parler, les pôles d'un aimant ne peuvent plus produire de rotation; mais ils impriment simplement une direction déterminée au système mobile.

Les appareils des *figures* 145 et 147 participent à la fois aux propriétés des branches horizontales et à celles des branches verticales, et ils éprouveront, de la part des aimans, des effets composés dont il sera facile de faire l'analyse.

On doit à M. Faraday un appareil très-simple, au moyen duquel on produit aisément le phénomène de la rotation continue; il est représenté dans la *figure* 146. zz' est un vase en zinc, percé en son milieu, et portant une petite traverse sur laquelle est soudée en s une tige de cuivre sc.

Dans la coupe qui termine cette tige, on met en équilibre l'appareil de la *figure* 147; le mercure de la coupe et l'eau acidulée du vase, dans laquelle plonge le ruban circulaire, complètent les communications, et le courant mobile se met à tourner rapidement sous l'influence des barreaux qui sont placés en A au dessous du vase. On peut même donner à cet appareil assez de sensibilité pour qu'il tourne sous l'influence de la terre.

Enfin, l'on doit à sir H. Davy trois expériences très-remarquables sur les phénomènes que présentent les courans qui passent dans le mercure ou dans le vide.

Premièrement. On met au fond d'une soucoupe ou d'un large vase en verre une masse de mercure assez considérable, sur laquelle on verse une couche d'eau acidulée; les deux pôles d'une pile viennent plonger verticalement dans le mercure en deux points qui soient à peu près à égale distance du centre et de la circonférence; le courant une fois établi de cette manière, on n'observe aucun phénomène particulier; mais dès qu'on approche l'un des pôles d'un puissant aimant, le mercure semble d'abord agité et tournoyant, et bientôt après toute la masse se met en mouvement de rotation très-rapide, autour de chaque fil, comme autour d'un axe; la direction de ces mouvemens est déterminée par celle du courant, par la position et par la nature du pôle magnétique qu'on lui présente. L'action est plus vive lorsqu'on fait agir deux pôles contraires d'un aimant, l'un au dessus, l'autre au dessous du mercure, et hors de l'espace qui est compris entre les fils.

Secondement. On fait passer, par le fond d'un large vase en verre, deux gros fils de cuivre enduits de cire, excepté à leur extrémité supérieure, et s'élevant perpendiculairement jusqu'à un pouce environ au dessus du fond. Ces deux fils sont à trois pouces l'un de l'autre. Le vase étant rempli de mercure, de manière que le niveau s'élève à une ou deux lignes au dessus des fils, on fait passer un courant très-énergique. Alors on observe les phénomènes suivans : le mercure est fortement agité, sa surface au dessus de chaque fil s'élève en forme de petits cônes d'où s'échappent de petites ondes dans toutes les directions; le seul point sans agitation paraît être celui de la rencontre de ces ondes, au centre du mercure, entre les deux fils. Ensuite, lorsqu'on approche graduellement au dessus de ces cônes le pôle d'un barreau fortement aimanté, son sommet s'affaisse peu à peu, et enfin il retombe au niveau; et même, à une moindre distance, le barreau détermine une dépression du mercure et une espèce d'entonnoir mobile et tourbillonnant, dont le sommet descend presque jusqu'à l'extrémité du fil.

L'étain en fusion présente le même phénomène.

Troisièmement. Le courant qui passe dans le vide, et dont nous avons parlé précédemment (401), peut être agité, dirigé et mis en mouvement par le pôle d'un aimant puissant. L'étincelle qui part des conducteurs de la machine semble avoir trop de vitesse et d'impétuosité pour obéir à l'action des aimans; ainsi, nous ne devons pas être étonnés que les éclairs qui sillonnent le ciel pendant les orages ne soient pas sensiblement dirigés par l'action magnétique de la terre ; tandis que l'électricité plus diffuse qui se manifeste dans les hautes régions de l'atmosphère par une lumière moins éclatante et moins instantanée obéit à cette influence, et semble en recevoir, non pas son mouvement, mais sa direction et son arrangement. Nous verrons dans la Météorologie que cette expérience curieuse de sir H. Davy est une donnée fondamentale pour expliquer les causes et les apparences des aurores boréales. Mais il reste encore des recherches importantes à faire sur les phénomènes singuliers que présentent les courans lorsqu'ils traversent les fluides élastiques raréfiés ou les liquides conducteurs.

CHAPITRE III.

De l'action des Courans sur les Courans.

419. *Découverte de l'attraction et de la répulsion des courans parallèles.* — Après la découverte de M. OErsted, M. Ampère fut conduit par des vues théoriques particulières à essayer l'action des courans sur les courans, et il parvint bientôt à une série de phénomènes qui offrent un grand intérêt par leurs variétés, et un intérêt plus grand encore par les liaisons qu'ils établissent entre les fluides électriques et magnétiques.

L'appareil qui nous servira à exposer les recherches de M. Ampère est représenté dans la *figure* 181.

L L', tablette en bois.

V V', deux colonnes verticales en cuivre, recourbées perpendiculairement et venant se joindre par un petit cylindre d'ivoire, qui est assez mauvais conducteur pour que le courant ne passe jamais directement d'une colonne à l'autre.

m m', deux coupes *moyennes*, c'est-à-dire se trouvant dans la verticale du milieu de l'appareil.

d d', deux coupes situées à *droite*.

g g', deux coupes pareilles situées à *gauche*.

m' i', petit cylindre en métal portant la coupe *m'* et se divisant en *i'*, en deux branches qui vont donner naissance, l'une à la coupe supérieure de droite *d*, l'autre à la coupe inférieure de gauche *g'*.

m i, cylindre creux portant la coupe *m*; il semble envelopper la tige $m'i'$; mais il en est séparé, au moyen d'un tube de verre, et il se divise pareillement en deux branches : l'une qui va donner naissance à la coupe *inférieure* de droite d', et l'autre à la coupe *supérieure* de gauche g.

l, languette ou lame de cuivre flexible communiquant à la colonne V, et pouvant plonger à volonté dans le mercure de la coupe m'.

l' languette pareille communiquant à la colonne V′ et pouvant plonger à volonté dans le mercure de la coupe m.

Ainsi, le fluide qui se meut sur la colonne V′ vient aboutir aux coupes g et d', et celui qui se meut sur la colonne V vient aboutir aux coupes d et g'.

B′ bascule au moyen de laquelle on fait entrer le courant alternativement par la lame en cuivre M ou par la colonne V.

B bascule pareille, au moyen de laquelle on fait arriver le courant dans la bande b ou dans la bande b'.

o et o', deux ouvertures, ou petites cavités pleines de mercure, dans lesquelles viennent aboutir les bandes b et b'. Elles sont destinées à recevoir diverses pièces que le courant doit traverser; s'il entre dans ces pièces par o il en sort par o', et *vice versâ*. Dans l'un et l'autre cas, il peut passer de là en M′ ou en M, suivant que la bascule plonge dans un sens ou dans l'autre.

Après cette rapide description on pourra comprendre facilement les expériences par lesquelles nous allons démontrer, 1° que les courans parallèles qui vont dans le même sens s'attirent, et 2° que les courans parallèles qui vont en sens contraire se repoussent.

1°. Dans les coupes g et g' on suspend en équilibre le rectangle de la *figure* 148, sur lequel la terre ne peut exercer aucune action; et dans les ouvertures o o' on pose le rectangle de la *figure* 176. Les dimensions de ces rectangles sont tellement combinées que les côtés latéraux du premier ne puissent pas, dans leur révolution, passer au delà de la verticale des coupes mm'; et que le côté latéral du second, le seul qui doive agir, se trouve à peu près dans cette verticale.

Les choses étant ainsi disposées, on fait passer le courant en le faisant, par exemple, monter par la colonne V; il arrive successivement en *l*, en *m'*, dans la coupe *g'*, passe dans le rectangle suspendu où il se trouve ascendant, suivant les deux côtés latéraux extrêmes, et descendant par les deux côtés du milieu (ce mouvement est contraire au mouvement qui est désigné par les flèches de la *figure* 148), et revient ainsi dans la coupe *g*; de là il passe en *m* et en *l'* pour aller descendre par la colonne V' et arriver par M' à la bascule B; cette bascule penche en *avant*, le courant entre par la bande *b*, passe dans la cavité *o*, prend le côté vertical du rectangle fixe (*Fig.* 176), monte, traverse, descend et revient par le côté horizontal inférieur *z'* qui plonge dans la cavité *o'*; de là il passe en *b'*, en M, et à la bascule B', dans laquelle il achève son circuit. Alors la branche verticale *z* du rectangle fixe, et les branches latérales du rectangle mobile, traversées par des courans parallèles et ascendans, exercent l'une sur l'autre une *attraction* plus ou moins forte; quelle que soit la position que l'on donne d'abord au rectangle mobile, on le voit tourner sur lui-même pour amener l'une ou l'autre de ses branches aussi près qu'il est possible de la branche *z*. *Ainsi deux courans parallèles qui vont dans le même sens s'attirent*; on peut même, pour mieux encore s'assurer de cette vérité, rendre les courans descendans dans les branches qui agissent l'une sur l'autre, au lieu de les rendre ascendans comme nous venons de le dire. Pour cela il suffit de retourner la bascule B' en laissant la bascule B dans sa position. Alors le courant entre par M, et la bascule B étant en *avant*, comme tout à l'heure, il arrive par la bande *b'* dans la cavité *o'*, entre par le côté horizontal *z''*, fait le tour du rectangle, revient en *o*, et passe dans la bande *b''*; de là il continue son chemin par M, monte par la colonne V', arrive en *l'*, puis dans la coupe *m*, pour passer en *g*, et par conséquent pour faire le tour du rectangle mobile en descendant par les branches latérales et revenir ensuite en *g'*, en *i' m'*, en *l*, en V et à la bascule B'. Ces deux courans parallèles descendans exercent l'un sur l'autre la même attraction que les deux courans parallèles ascendans.

Maintenant, pour faire passer les courans en sens contraire, c'est-à-dire pour rendre l'un d'eux ascendant et l'autre descendant, il suffit encore de tourner convenablement les bascules sans rien déranger à l'appareil. Veut-on, par exemple, que le courant soit descendant dans le rectangle mobile? et ascendant suivant la branche *z* du rectangle fixe, on laissera la bascule B' pour que le courant entre par M, et l'on tournera seulement la bascule B pour la faire cette fois plonger en *arrière*. Alors, de M le courant passe à la branche *b*, en *o*, et monte suivant la branche *z* pour traverser, redescendre et revenir en *o'*, en *b'*, passer en M' et continuer sa route comme tout à l'heure. Veut-on, au contraire, que le courant soit descendant suivant la branche *z* et ascendant suivant les côtés latéraux du rectangle mobile? il suffira de changer la bascule B', puisque le courant devra, de cette manière, monter par la colonne V, arriver dans la coupe *g'*, revenir en *g*, et de là en *m*, en *l'*, en V', en M', et par conséquent entrer par la bande *b'* dans le rectangle fixe pour traverser le côté horizontal et venir descendre par la branche *z*. On démontre de cette manière que *deux courans parallèles et marchant en sens contraire se repoussent.*

420. *De la force qui s'exerce entre les courans rectilignes non parallèles.* — Puisque les courans parallèles s'attirent ou se repoussent, il est présumable que les courans inclinés l'un et l'autre, soit dans le même plan, soit dans des plans différens, ne doivent pas être sans action mutuelle. En effet, M. Ampère a démontré qu'ils tendent sans cesse à prendre la position de parallélisme, et que, dans cette

position, leur équilibre est stable s'ils vont dans le même sens, et instable s'il vont en sens contraire. Pour en faire l'expérience on ajuste dans l'appareil de la *figure* 181 les deux rectangles qui sont représentés dans la *figure* 175; celui d'en haut, destiné à être mobile sur ses deux pointes, se place dans les coupes *d*, *d'*, et celui d'en bas se pose sur la table L L', ses deux appendices *z*, *z'* plongeant dans les deux cavités *o*, *o'*; pour celui-ci, au lieu d'un seul contour rectangulaire, on peut en employer plusieurs isolés l'un de l'autre et faisant l'office de multiplicateur. On voit, par cette disposition, que le simple mouvement des bascules B et B' suffira pour établir les communications et pour faire passer le courant dans telle direction que l'on voudra, soit dans le côté inférieur du rectangle mobile, soit dans le côté supérieur du rectangle fixe; car ce sont les deux côtés qui doivent agir l'un sur l'autre. Or, après avoir donné primitivement au rectangle mobile une direction quelconque, on le voit, dès que le circuit est établi, tourner autour de son axe de suspension, venir se placer dans la position que représente la *figure* 175, et se diriger *toujours* de manière que dans ce parallélisme les courans marchent dans le même sens. Cette position seule donne de la stabilité à son équilibre, car il y revient par une série d'oscillations quand on l'en écarte; et lorsqu'on l'a placé d'abord dans une position diamétralement opposée, il y reste en équilibre instable, pour en sortir au moindre choc, et regagner enfin la direction de stabilité. Cette loi remarquable de l'action des courans non parallèles peut être encore exprimée d'une autre manière; bien qu'ils ne soient pas dans le même plan, on peut les regarder comme faisant entre eux un certain angle, et, considérant alors les diverses portions des courans à partir du sommet de cet angle, on peut dire : *Que deux portions de courans s'attirent quand elles vont l'une et l'autre en s'approchant ou en s'éloignant du sommet de l'angle, et qu'elles se re-*

poussent quand elles vont l'une en s'éloignant et l'autre en s'approchant de ce même sommet. Ainsi z′c′ et cz (*Fig.* 175 *bis*) étant deux courans inclinés situés dans des plans différens et faisant entre eux un angle dont le sommet est en s, les portions c′s et zs se repoussent, puisque la première s'éloigne et la seconde s'approche du sommet; il en est de même des portions sc et sz′, tandis qu'au contraire les portions sc et sc′ s'attirent comme s'éloignant l'une et l'autre du sommet, et les portions sz et sz′ s'attirent comme s'en approchant l'une et l'autre. Par conséquent, si zc est mobile, on le verra tourner pour prendre la position dans laquelle c sera correspondant à c′ et z à z′. Cet énoncé nous offrira de grands avantages pour expliquer les phénomènes de rotation que nous allons observer.

421. *De la rotation des courans par l'action des courans.* — Ces phénomènes sont produits au moyen des appareils qui sont représentés dans les *figures* 165 et 166. Dans le vase v du second l'on met un rectangle mobile semblable à celui de la *figure* 147, et dans le vase v du premier l'on met successivement les pièces mobiles représentées dans les *figures* 161, 162, 163 et 164. Mais avant de décrire les effets nous allons en indiquer la cause.

Concevons un courant rectiligne indéfini zc (*Fig.* 175 *ter*) allant de z en c, et un autre courant, ou seulement une portion de courant z′c′ allant de z′ en c′ et pouvant se mouvoir parallèlement à elle-même; z′c′ n'a aucun point de commun avec zc; mais ces deux lignes, sans se couper directement, font entre elles un angle dont nous pouvons supposer le sommet en s. Les portions sc et sc′ s'attirent comme s'éloignant toutes deux du sommet de l'angle; les portions sc′ et sz se repoussent, puisque la première s'éloigne du sommet, tandis que la seconde en approche; donc le courant z′c′, attiré dans l'angle csc′, et repoussé dans l'angle zsc′, devra se mouvoir de s vers c et prendre un mouvement progressif continu. Cette expérience serait assez difficile à tenter à cause de l'embarras que l'on éprouverait à suspendre $z'c'$ pour lui permettre cette espèce de translation parallèle. Mais, au moyen d'une légère modification qui ne change rien au raisonnement, il devient facile de réaliser ce phénomène curieux. Au lieu du courant rectiligne zc prenons un courant circulaire, et même, pour lui donner plus d'énergie, prenons un courant circulaire plusieurs fois replié sur lui-même, formant un véritable multiplicateur. Un ruban de cuivre, couvert de soie, et tourné en hélice, remplit très-bien cet objet. Dans le cercle intérieur d'une telle hélice, concevons que l'on suspende l'appareil de la *figure* 147 et que l'on fasse passer le courant dans les contours de l'hélice et dans les branches de l'appareil suspendu; il est évident que nous aurons ainsi une rotation continue dont la vitesse sera proportionnée à la force de la pile et dont la direction sera dépendante de la direction du courant dans les branches verticales vv' et dans les replis de l'hélice. Dans la disposition que représenterait alors la figure, le mouvement devrait se faire en sens inverse de la direction du courant dans l'hélice; il continuerait de se faire ainsi sans rebrousser chemin si l'on changeait à la fois les directions du courant fixe et celle du courant mobile; et, au contraire, il s'arrêterait bientôt pour recommencer en sens inverse si l'on changeait les directions du courant fixe sans changer celle du courant mobile, ou *vice versâ*.

Le ruban de cuivre ou le simple fil roulé en hélice et faisant l'office de multiplicateur est ajusté autour du vase v, *figure* 166; x est l'une de ses extrémités et z l'autre, le bord du vase est replié sur l'hélice et l'enveloppe extérieurement pour la mettre à l'abri des gouttes de liquide qui pourraient tomber et qui établiraient alors une communication entre les divers plis de l'hélice.

Les pièces de l'appareil sont disposées pour que l'on

puisse, à volonté, changer la direction du courant dans l'hélice seulement, ou dans le courant.

Il est vrai que dans cette expérience l'action de la terre s'exerce sur le courant mobile pour lui imprimer un mouvement de rotation continu, analogue à celui que l'on observe; mais si l'hélice a un assez grand nombre de tours, sa force l'emporte sur celle de la terre, comme il est facile de le voir par le sens du mouvement; car, en changeant la direction du courant dans l'hélice seule, le courant mobile se meut alors successivement dans un sens et dans l'autre, et ses vitesses sont inégales, puisque l'une d'elles est combattue et l'autre favorisée par l'action de la terre.

M. Savary a observé un autre phénomène de rotation très-remarquable dont toutes les circonstances ne sont peut-être pas expliquées par le principe précédent. Concevons un ruban de cuivre mince plié en cercle (*Fig.* 161), de manière que ses deux extrémités A et A′ ne se joignent pas tout à-fait, l'espace qui reste entre elles étant rempli par une petite bande d'ivoire ou de quelque autre substance non conductrice; près de l'extrémité A est soudé un petit fil de cuivre AH qui se replie horizontalement, pour aller rejoindre un autre fil *non conducteur* attaché au cercle en un point diamétralement opposé. Cet appareil peut être mis en équilibre par la pointe *p* du fil horizontal dans la coupe *c* du vase V de la *figure* 165, le cercle ABA′ plongeant dans l'eau acidulée de ce vase. Alors, si l'on fait passer le courant, le cercle se met à tourner comme celui de la *figure* 150; la rotation n'est pas due à un courant extérieur puisqu'il n'y a pas d'hélice autour du vase V; elle n'est pas due non plus au magnétisme terrestre, car elle se fait toujours dans le même sens, soit que le courant monte, soit qu'il descende suivant AH, avec cette seule différence que la vitesse est un peu moindre quand elle est opposée à celle que produirait la terre. Il y a donc une autre cause différente de celles que nous avons observées jusqu'à présent; M. Savary la trouve dans les courans qui sortent du cercle mobile et qui traversent l'eau acidulée pour se rendre aux parois du vase. Par exemple, quand le courant descend par la branche H A, il doit parcourir le cercle A B A′ depuis A jusqu'en A′, et sortir par chacun de ses points; G S étant l'un de ses courans sortans, il y aura dans l'angle S G T une répulsion plus grande que dans l'angle S G T′, et par conséquent un mouvement de rotation dans le sens A G B, comme on l'observe en effet. De même, quand le courant viendra de l'eau acidulée pour entrer dans le cercle mobile et monter suivant A H, il y aura encore dans l'angle S G T une répulsion un peu plus grande que dans l'angle S G T′, puisque le courant de G en A est un peu plus fort que de B en G, et par conséquent mouvement de rotation dans le même sens, c'est-à-dire suivant A G B.

La rotation se fait en sens inverse avec l'appareil de la *figure* 162, parce que la branche verticale s'y trouve soudée à l'extrémité A′

On observe les mêmes phénomènes avec les hélices planes *sinistrorsùm* et *dextrorsùm* représentées dans les *figures* 163 et 164.

Dans tous les cas, il y a des conditions à remplir relativement à la force de la pile et à la conductibilité du liquide qui environne le cercle mobile, afin que l'action répulsive des courans soit plus forte que l'action de la terre; car, dans certaines circonstances, c'est celle-ci qui l'emporte, et le mouvement change de sens quand on change la direction du courant.

422. *De l'équilibre des courans.* — Après avoir fait connaître, dans ce qui précède, les principaux phénomènes qui résultent de l'action mutuelle des courans sur les courans, nous devons essayer à présent de donner une idée des principes simples et peu nombreux sur lesquels M. Ampère a fondé une théorie mathématique de ces phénomènes qu'il appelle, en général, *phénomènes électro-*

dynamiques, parce qu'ils résultent de l'électricité en mouvement. Cette théorie est développée d'une manière complète dans le grand et beau travail qu'il a publié en 1826 (*Théorie des phénomènes électro-dynamiques uniquement déduite de l'expérience*), et nous ne pouvons mieux faire que d'en rapporter textuellement les passages suivans :

« Les divers cas d'équilibre que j'ai constatés, dit M. Ampère, par des expériences précises, donnent immédiatement autant de lois qui conduisent directement à l'expression mathématique de la force, que deux élémens de conducteurs voltaïques exercent l'un sur l'autre, d'abord en faisant connaître la forme de cette expression, ensuite en déterminant les nombres constans, mais d'abord inconnus, qu'elle renferme, précisément comme les lois de Képler démontrent d'abord que la force qui retient les planètes dans leurs orbites tend constamment au centre du soleil, puisqu'elle change pour une même planète en raison inverse du carré de sa distance à ce centre, enfin que le coefficient constant qui en représente l'intensité a la même valeur pour toutes les planètes. Ces cas d'équilibre sont au nombre de quatre :

» Le premier démontre l'égalité des valeurs absolues de l'attraction et de la répulsion qu'on produit en faisant passer alternativement en deux sens opposés le même courant dans un conducteur fixe dont on ne change ni la situation, ni la distance au corps sur lequel il agit.

» Le second consiste dans l'égalité des actions exercées sur un conducteur rectiligne mobile, par deux conducteurs fixes situés à égale distance du premier, et dont l'un est rectiligne, l'autre plié et contourné d'une manière quelconque, quelles que soient d'ailleurs les sinuosités que forme ce dernier.

» Le troisième consiste en ce qu'un circuit fermé de forme quelconque ne saurait mettre en mouvement une portion quelconque d'un fil conducteur formant un arc de cercle dont le centre est dans un axe fixe, autour duquel il peut tourner librement et qui est perpendiculaire au plan du cercle dont cet arc fait partie.

» Le quatrième a pour but de prouver que trois courans circulaires étant dans le même plan, leurs centres *o*, *o' o''* sur la même droite, leurs rayons formant une progression géométrique continue, le courant du milieu restera immobile quand les distances *o o'* et *o' o''* seront entre elles dans le même rapport que les termes consécutifs de cette proportion. »

Le *premier cas* peut se démontrer au moyen du fil de la *figure* 172, dont on pose les deux extrémités *z z'* dans les cavités *o*, *o'* de l'appareil général de la *figure* 181. Ce fil, revêtu de soie et replié sur lui-même, est tel que le courant qui monte par une des branches descend par l'autre, les actions de ces courans opposés s'exerçant sensiblement à la même distance sur les courans ou sur les aimans qu'on en approche, ne produisent plus aucun phénomène, ni de direction, ni d'attraction.

Le *deuxième cas* peut se démontrer au moyen du fil de la *figure* 173, dont on pose pareillement les deux extrémités *z*, *z'* dans les deux cavités *o*, *o'* du grand appareil de la *figure* 181. Ce fil, revêtu de soie, est encore replié sur lui-même; mais l'une des branches est rectiligne, tandis que l'autre est sinueuse, et la compensation se fait encore très-exactement entre les actions contraires des courans opposés qui parcourent ces branches.

Le *troisième cas* se démontre au moyen de l'appareil représenté dans la *figure* 179. Voici l'expérience telle que la décrit M. Ampère dans l'ouvrage cité plus haut.

« Sur un pied en bois s'élèvent deux colonnes, EF, E' F', liées entre elles par deux traverses LL', FF'; un axe GH est maintenu entre ces deux traverses dans une position verticale. Ses deux extrémités G, H, terminées en pointes aiguës, entrent dans deux trous coniques pratiqués, l'un dans la traverse inférieure L L', l'autre à l'extrémité d'une vis K Z portée par la traverse supérieure F F', et destinée à presser l'axe G H sans le forcer. En C est fixé invariablement à cet axe un support Q O dont l'extrémité O présente une charnière dans laquelle est engagé par son milieu un arc de cercle A A' formé d'un fil métallique qui reste constamment dans une position horizontale, et qui a pour rayon la distance du point O à l'axe G H. Cet arc est équilibré par un contre-poids Q, afin de diminuer le frottement de l'axe G H dans les trous coniques où ses extrémités sont reçues.

» Au dessous de l'arc A A' sont disposés deux augets M, M' pleins de mercure, de telle sorte que la surface du mercure, s'élevant au dessus des bords, vienne toucher l'arc A A' en B et B'. Ces deux augets communiquent par des conducteurs métalliques, M N, M' N', avec des coupes P, P' pleines de mercure. La coupe P et le conducteur M N qui la réunit à l'auget M sont fixés à un axe vertical qui s'enfonce dans la table de manière à pouvoir tourner librement. La coupe P', à laquelle est attaché le conducteur M' N', est traversée par le même axe, autour duquel elle peut tourner aussi indépendamment de l'autre. Elle en est isolée par un tube de verre V qui enveloppe cet axe, et par une rondelle de verre U qui la sépare du conducteur de l'auget M, de manière qu'on peut disposer les conducteurs M N, M' N' sous l'angle qu'on veut.

» Deux autres conducteurs I R, I' R' attachés à la table plongent respectivement dans les coupes P, P', et les font communiquer avec des cavités R, R' creusées dans la table et remplies de mercure. Enfin, une troisième cavité S pleine également de mercure se trouve entre les deux autres.

» Voici la manière de faire usage de cet appareil : on fait plonger l'un des rhéophores, par exemple, le réophore positif dans la cavité R, et le réophore négatif dans la cavité S, qu'on met en communication avec la cavité R' par un conducteur curviligne d'une forme quelconque. Le courant suit le conducteur RI, passe dans la coupe P, de là dans le conducteur NM, dans l'auget M, le conducteur M′ N′, la coupe P′, le conducteur I′ R′, et enfin de la cavité R′, dans le conducteur curviligne qui communique avec le mercure de la cavité s où plonge le réophore négatif.

» D'après cette disposition le circuit voltaïque total est formé :

» 1°. De l'arc BB′ et des conducteurs MN, M′ N′;

» 2°. D'un circuit qui se compose des parties RIP, P′I′R′ de l'appareil, du conducteur curviligne allant de R′ en S et de la pile elle-même.

» Ce dernier circuit doit agir comme un circuit fermé, puisqu'il n'est interrompu que par l'épaisseur du verre qui isole les deux coupes P, P′ : il suffira donc d'observer son action sur l'arc BB′ pour constater par l'expérience l'action d'un circuit fermé sur un arc dans les différentes positions qu'on peut donner à l'un et à l'autre.

» Lorsqu'au moyen de la charnière O on met l'arc AA′ dans une position telle que son centre soit hors de l'axe GH, cet arc prend un mouvement et glisse sur le mercure des augets M, M′ en vertu de l'action du courant curviligne fermé qui va de R′ en S. Si au contraire son centre est dans l'axe, il reste immobile; d'où il suit que les deux portions du circuit fermé qui tendent à le faire tourner en sens contraire autour de l'axe exercent sur cet arc des momens de rotation dont la valeur absolue est la même, et cela, quelle que soit la grandeur de la partie BB′ déterminée par l'ouverture de l'angle des conducteurs MN, M′ N′. Si donc on prend successivement deux arcs BB′ qui diffèrent peu l'un de l'autre; comme le moment de rotation est nul pour chacun d'eux, il sera nul pour leur petite différence, et par conséquent pour tout élément de circonférence dont le centre est dans l'axe; d'où il suit que la direction de l'action exercée par le circuit fermé sur l'élément passe par l'axe, et qu'elle est nécessairement perpendiculaire à l'élément.

» Lorsque l'arc AA' est situé de manière que son centre soit dans l'axe, les portions de conducteur MN, M'N' exercent sur l'arc BB' des actions répulsives égales et opposées, en sorte qu'il ne peut en résulter aucun effet; et puisqu'il n'y a pas de mouvement, on est sûr qu'il n'y a pas de moment de rotation produit par le circuit fermé.

» Lorsque l'arc AA' se meut dans l'autre situation où nous l'avions d'abord supposé, les actions des conducteurs MN et M'N' ne sont plus égales : on pourrait croire que le mouvement n'est dû qu'à cette différence; mais suivant qu'on approche ou qu'on éloigne le circuit curviligne qui va de R' en S, le mouvement est augmenté ou diminué, ce qui ne permet pas de douter que le circuit fermé ne soit pour beaucoup dans l'effet observé.

» Ce résultat ayant lieu quelle que soit la longueur de l'arc AA', aura nécessairement lieu pour chacun des élémens dont cet arc est composé. Nous tirerons de là cette conséquence générale, que l'action d'un circuit fermé, ou d'un ensemble de circuits fermés quelconques, sur un élément infiniment petit d'un courant électrique, est perpendiculaire à cet élément. »

Le *quatrième cas* se démontre au moyen de l'appareil représenté dans la *figure* 180. Voici encore la description de l'expérience telle que la donne M. Ampère.

« Sur une tablette en bois est creusée une cavité A, remplie de mercure, d'où part un conducteur fixe ABCDEFG formé d'une lame de cuivre; la portion CDE est circulaire, et les parties CBA, EFG sont isolées l'une de l'autre par la soie qui les recouvre. En G ce conducteur et soudé à un tube de cuivre GH, surmonté d'une coupe I, qui communique avec le tube par le support HI du même métal. De la coupe I part un conducteur mobile IKLMNPQRS, dont la portion MNP est circulaire; il est entouré de soie dans les parties MLK et PQR pour qu'elles soient isolées, et il est tenu horizontal au moyen d'un contrepoids *a* fixé sur une circonférence de cercle qu'un prolongement *bcg* de la lame dont est composé le conducteur mobile forme autour du tube GH. La coupe s est soutenue par une tige ST, ayant le même axe que GH, dont elle est isolée par une substance résineuse que l'on coule dans le tube. Le pied de la tige ST est soudé au conducteur fixe TUVXYZA', qui sort du tube GH par une ouverture assez grande pour que la résine l'en isole aussi complètement dans cet endroit qu'elle le fait dans le reste du tube GH, à l'égard de ST. Ce conducteur, à sa sortie du tube, est revêtu de soie pour empêcher la portion TUV de communiquer avec YZA'. Quant à la portion VXY, elle est circulaire; et l'extrémité A' plonge dans une seconde cavité A' creusée dans la table et pleine de mercure.

» Les centres O, O', O'' des trois portions circulaires sont en ligne droite; les rayons des cercles qu'elles forment sont en proportion géométrique continue, et l'on place d'abord le conducteur mobile de manière que les distances OO', O'O'' soient dans le même rapport que les termes consécutifs de cette proportion; de sorte que les cercles O et O' forment un système semblable à celui des cercles O' et O''. On plonge alors le rhéophore positif en A et le réophore négatif en A', le courant parcourt successivement les trois cercles dont les centres sont en O, O', O'', qui se repoussent deux à deux, parce que le courant va en sens opposé dans les parties voisines. »

En s'appuyant sur ces données, M. Ampère est parvenu à une équation générale qui embrasse la théorie complète de l'action des courans sur les courans; seulement, pour déterminer le signe de l'une des constantes qui entrent dans cette équation, il a recours encore à un fait bien facile à constater par l'expérience directe; savoir, qu'un conducteur rectiligne indéfini attire un circuit fermé, quand le courant électrique de ce circuit va dans le même sens que celui du conducteur dans la partie qui en est la plus voisine, et qu'il le repousse dans le cas contraire; fait très-simple qui se trouve encore confirmé par une conséquence immédiate à laquelle il conduit; savoir, que les parties rectilignes d'un même courant se repoussent. En effet, vv' (*Fig.* 174) étant un vase en terre rempli de mercure, mais séparé en deux compartimens par la cloison cc'; et $absb'a'$ étant un fil revêtu de soie, flottant sur le mercure et le touchant seulement par ses deux extrémités nues a et a'; si dans chaque compartiment on plonge l'un des pôles de la pile, le courant passe du mercure au fil, et celui-ci se trouve repoussé, ce qui est une preuve qu'il y a véritablement répulsion entre les parties du courant qui suivent les branches horizontales ab et $a'b'$, et les parties du courant qui sillonnent le mercure, soit pour affluer à l'une des extrémités, soit pour sortir par l'autre et regagner le pôle négatif de la pile.

Ainsi, M. Ampère a le double mérite d'avoir découvert tous les phénomènes essentiels qui résultent de l'action des courans sur les courans et d'avoir fondé une théorie mathématique au moyen de laquelle il résout habituellement toutes les difficultés qui se présentent, et tous les faits qui ont été observés jusqu'à présent sur les attractions et les répulsions des courans, sur leurs positions d'équilibre et sur les mouvemens de rotation qu'ils peuvent prendre sous des conditions données.

423. *Des solénoïdes et de leurs rapports avec les aimans.* — M. Ampère a essayé d'expliquer aussi, par les mêmes principes, tous les phénomènes qui résultent de l'action des aimans sur les courans et même ceux qui résultent de l'action des aimans sur les aimans et sur les substances magnétiques. Dans les applications de cette nature, il se présente toujours deux espèces de difficultés : celles

qui tiennent aux calculs et celles qui tiennent aux hypothèses physiques que l'on est obligé de faire. Pour le cas qui nous occupe, les calculs ont l'avantage d'être très-faciles : M. Ampère a donné à toutes ses formules beaucoup d'élégance et de simplicité ; mais les diverses hypothèses sur lesquelles il faut s'appuyer pour construire les aimans avec des courans, sans être en contradiction manifeste avec les phénomènes connus, ne sont pas peut-être aussi conformes à la vérité qu'elles sont ingénieuses en apparence. Il faut supposer que chaque particule des corps magnétiques est environnée d'un courant électrique qui se meut sans cesse autour d'elle, dans un plan déterminé, mais variable ; que dans les corps non aimantés, ces courans élémentaires ont toutes les directions possibles et ne peuvent par conséquent produire aucun phénomène extérieur, puisque les actions de ceux qui tournent dans un sens sont à chaque instant détruites par les actions contraires de ceux qui tournent en sens opposé ; que l'aimantation fixe des barreaux trempés résulte d'une cause extérieure qui dirige dans un sens déterminé, et d'une manière permanente, les courans de toutes les molécules ; que l'aimantation passagère produit le même effet, tant que la cause extérieure est agissante, et qu'aussitôt qu'elle cesse les courans moléculaires reprennent leurs directions diverses dont les effets se neutralisent au dehors ; que ces courans, quoique infiniment nombreux et très-énergiques, ne produisent pas de chaleur sensible, puisqu'on n'observe pas une différence de température entre les corps magnétiques et les milieux qui les environnent, etc., etc.

Ces hypothèses, cependant, ne sont pas purement gratuites ; car elles peuvent servir à déterminer et même à calculer les phénomènes dont nous avons parlé dans les deux chapitres précédens. De plus, si l'on essaie d'arranger directement des courans à peu près comme on conçoit qu'ils existent dans les aimans, on parvient à reproduire des phénomènes d'attraction et de répulsion qui paraissent très-analogues aux phénomènes magnétiques. Un fil de métal revêtu de soie et roulé sur un cylindre en spires très-serrées forme ce que M. Ampère appelle un *solénoïde ;* et, bien que cet appareil ne soit qu'une imparfaite imitation des aimans, on observe que, quand il est traversé par un courant, il se dirige sous l'influence du magnétisme de la terre, il attire ou repousse un autre solénoïde pareil selon le pôle qu'on lui présente ; enfin il est dirigé par les courans et sollicité par eux à peu près comme les aimans.

Ces expériences, et même ces analogies, sont certainement très-curieuses, et l'on peut espérer qu'elles conduiront à des phénomènes nouveaux qui serviront à établir d'une manière sûre et directe l'identité du magnétisme et de l'électricité, ou à découvrir quelque différence caractéristique entre ces deux grands agens de la nature.

CHAPITRE IV.

Des Phénomènes Thermo-électriques.

424. On appelle *phénomènes thermo-électriques* ceux qui résultent des courans électriques que l'on peut exciter dans les métaux par les seules variations de température. Le Dr Seebeck démontra l'existence de ces courans en l'année 1821, et cette observation fut une des premières et des plus ingénieuses applications de la découverte de M. Œrsted. L'appareil de M. Seebeck est représenté dans la *figure* 167; il se compose d'un cylindre a de bismuth ou d'antimoine, aux deux extrémités duquel on a soudé une lame de cuivre lml' avec de la soudure ordinaire; on peut le tenir à la main par la partie m, qui est pour cette raison enveloppée de soie ou d'étoffe. Ce circuit métallique, dans son état naturel, n'exerce aucune action sur une aiguille aimantée qu'on lui présente d'une manière quelconque; mais si l'on chauffe une des soudures s ou s', il devient à l'instant, dans tous ses points, capable d'imprimer divers mouvemens aux aiguilles et même aux substances magnétiques. Ces mouvemens indiquent d'une manière certaine la présence d'un courant électrique qui traverse tout le circuit métallique, et toujours dans le même sens, aussi long-temps que la soudure échauffée conserve son élévation de température au dessus de la soudure qui ne l'est pas. Par exemple, si c'est la soudure s qui ait été présentée quelques instans sur la flamme d'une bougie ou près d'un corps chaud, ou seulement touchée avec la main,

l'appareil exerce alors sur l'aiguille aimantée les mêmes actions que pourrait exercer un courant traversant le circuit dans le sens $s s' l' m l$. De l'identité des effets il faut bien déduire l'identité des causes, et conclure que dans ces circonstances la chaleur excite dans les métaux des courans électriques.

En laissant la soudure s revenir à son état naturel, et en chauffant la soudure s', on obtient le même effet en *sens inverse*, le courant se dirige alors suivant $s' s l m l'$.

En portant les deux soudures à la même température, ces effets opposés doivent se détruire, et c'est aussi ce que l'expérience confirme.

On démontre pareillement que refroidir l'une des soudures en laissant l'autre à son état naturel, est la même chose que chauffer celle-ci.

C'est donc la différence seule de température aux deux points de jonction, qui détermine ce singulier phénomène de circulation électrique.

La chaleur paraît n'être ici qu'une cause accidentelle et non pas une force qui donne l'impulsion à l'électricité. Nous savons que la force électro-motrice existe au contact de tous les corps, qu'elle existe par conséquent au contact de l'antimoine et du cuivre, et que, certainement, dans l'appareil de la *figure* 167, le cylindre d'antimoine possède l'un des fluides, tandis que le cuivre possède l'autre; la circulation ne peut pas s'établir, parce que, à température égale, les forces électro-motrices sont égales entre elles aux deux soudures ou aux deux contacts s et s'; mais si une cause quelconque donne à l'une de ces forces électro-motrices l'avantage sur l'autre, à l'instant la circulation s'établira comme si l'on avait remplacé, par une simple rondelle humide, le contact où se trouve la force la plus faible.

Ce changement de la force électro-motrice peut se faire de deux manières : on peut concevoir que les tensions électriques des deux métaux qui se touchent augmentent ou diminuent proportionnellement, ou bien que les tendances électriques de ces métaux éprouvent elles-mêmes quelques modifications; or, la chaleur produit ce double phénomène, car, de deux métaux qui se touchent, celui qui était positif à une certaine température peut quelquefois devenir négatif à une autre température; ainsi les courans thermo-électriques paraissent n'être qu'une conséquence de ces modifications diverses, que la chaleur imprime aux tendances électriques.

Pour étudier les corps, sous ce rapport, on peut employer, avec avantage, le multiplicateur représenté dans la *figure* 158, en disposant l'expérience de la manière suivante : 1°. On fera plonger chacune des extrémités du fil du multiplicateur dans un godet de mercure, maintenu soigneusement à la température zéro; 2°. on prendra un fil double, c'est-à-dire, composé des deux métaux que l'on veut soumettre à l'expérience; ils seront soudés bout à bout, comme on le voit dans la *figure* 168, pour l'or et le palladium; ce fil double plongera par chacune de ses extrémités *o* et *p* dans l'un des godets de mercure, où viennent déjà les extrémités du multiplicateur; 3°. Enfin, l'on portera la soudure *s* à une température constante, et l'on observera la déviation correspondante de l'aiguille. Il suffira de savoir ensuite quelle est la force correspondante à chaque déviation.

Plusieurs physiciens ont essayé d'établir entre les métaux l'ordre suivant lequel ils paraissent positifs ou négatifs dans le circuit thermo-électrique : nous nous bornerons à indiquer le tableau suivant, que l'on doit aux intéressantes recherches de M. Cumming; il suffit de le comparer à celui que nous avons rapporté (412), pour voir à quel point la chaleur change les dispositions électriques des différens corps. Dans ce tableau, chaque métal est positif avec tous ceux qui le suivent, et négatif avec ceux qui le précèdent.

1 Bismuth.	11 Rhodium.
2 Mercure.	12 Laiton.
3 Nickel.	13 Cuivre.
4 Platine.	14 Or.
5 Palladium.	15 Zinc.
6 Cobalt.	16 Charbon.
7 Manganèse.	17 Plombagine.
8 Argent.	18 Fer.
9 Étain.	19 Arsenic.
10 Plomb.	20 Antimoine.

424 bis. *Thermomètre thermo-électrique.* — Je décrirai ici sous cette dénomination un petit appareil qui montre d'une manière frappante combien les moindres changemens de température sont efficaces pour exciter des courans électriques. Les lois de la conductibilité thermo-électrique, qui m'ont conduit à la construction de cet instrument, sont développées dans le chapitre suivant.

Le thermomètre thermo-électrique est représenté dans la *figure* 169.

La *figure* 170 en représente une coupe verticale, et la *figure* 171 une vue horizontale.

BB, *figure* 171, est une lame de bismuth d'environ un centimètre d'épaisseur, de 7 ou 8 centimètres de largeur, et de 20 centimètres de longueur. A chacune de ses extrémités, en b et b', elle porte un petit cylindre d'un ou deux centimètres de diamètre, et de deux ou trois centimètres de hauteur. Ces petits cylindres sont aussi en bismuth; ils font corps avec la lame; ils ont été fondus avec elle.

$c\,d\,c'\,d'$ est une lame de cuivre recourbée, comme on le voit sur la figure, et portant deux petits appendices c et c', par lesquels elle est soudée au bismuth; elle ne doit le toucher en aucun autre point. Les appendices circulaires peuvent être dorés à leur surface supérieure.

Les deux lames de bismuth et de cuivre forment ainsi un

circuit fermé, dont les deux soudures sont en c et c'; un changement de température dans l'un de ces points doit déterminer un courant; et voici comment le courant est rendu sensible. On suspend à un fil de soie un système compensé analogue à celui de la *figure* 45; il est composé de 3 aiguilles à coudre, plantées perpendiculairement dans un brin de paille; l'aiguille inférieure $a\ b$ est entre les deux lames de cuivre et de bismuth; c'est pour cela que l'on a ménagé une fente dans la lame de cuivre, *figure* 171; l'aiguille du milieu $a'b'$ est immédiatement au dessus du cuivre; et l'aiguille supérieure $a''b''$ est plus ou moins inclinée pour achever la compensation et la rendre plus ou moins complète.

Les aiguilles sont couvertes d'une cloche, et l'on peut aussi couvrir avec de petites cloches les soudures c et c', *figure* 169.

Cet instrument est d'une telle sensibilité qu'il suffit de souffler sur l'une des soudures pour que l'aiguille marche de plusieurs degrés, et, pour lui faire faire une révolution entière, il suffit de toucher un seul instant avec le bout du doigt l'une des deux soudures.

On peut noircir l'une des deux soudures au noir de fumée, et se servir de cet instrument pour étudier les phénomènes de la chaleur rayonnante, ou pour observer les effets calorifiques de la lumière.

CHAPITRE V.

De la conductibilité.

425. *Conductibilite des métaux.* — On a depuis long-temps séparé les corps en trois grandes sections ou en trois ordres, par rapport à leur faculté conductrice; dans le premier ordre se rangent les métaux, sans exception, à l'état solide ou liquide; dans le deuxième ordre on trouve tous les liquides et les diverses dissolutions qu'ils peuvent donner, presque toutes les substances végétales et animales, et la plupart des substances minérales; enfin, dans le troisième ordre, on ne compte qu'un très-petit nombre de substances, comme le soufre, le verre et quelques pierres précieuses, les résines, la soie, la laine et plusieurs fourrures. Mais, pour établir des rapports numériques entre les conductibilités des diverses substances d'un même ordre, on éprouve de grandes difficultés. Autrefois on ne pouvait, par exemple, comparer entre eux les différens métaux que par la facilité plus ou moins grande avec laquelle ils transmettent les décharges électriques, et par les effets de chaleur qu'ils en éprouvent; mais rien n'est véritablement comparable dans ces expériences; les décharges elles-mêmes ne peuvent être graduées avec exactitude, et l'élévation de température que prennent les corps par la transmission de l'électricité, est un phénomène complexe qui dépend de leur capacité pour la chaleur, aussi-bien que de leur conductibilité électrique.

La pile de Volta donne des moyens de comparaison beaucoup plus précis; plusieurs physiciens l'ont employée à résoudre la question importante de la conductibilité des métaux; mais nous nous bornerons à rapporter ici les résultats qui ont été obtenus par sir H. Davy.

Concevons une pile de Wollaston, composée d'un grand nombre de paires, et chargée d'une eau acidulée assez faible pour qu'elle puisse conserver pendant long temps une force sensiblement constante; supposons en outre que l'on puisse employer à volonté tel nombre de paires que l'on juge convenable, soit pour décomposer de l'eau acidulée, soit pour produire d'autres phénomènes chimiques. Lorsque la pile est en activité pour produire ces phénomènes, on peut joindre ses deux pôles par un fil de métal, et il est évident qu'une partie du courant passe alors par ce fil, tandis que l'autre partie continue d'agir chimiquement, mais avec une moindre intensité. On peut donc prendre un tel nombre de paires et un fil de telles dimensions, que le phénomène chimique cesse complétement : alors on dit que le fil *décharge* la pile, et cela ne signifie pas qu'il lui enlève toute son électricité, mais seulement que, s'il lui en enlevait un peu moins, le phénomène chimique commencerait à se reproduire : c'est par ce moyen très-ingénieux que sir H. Davy est parvenu à établir deux lois fondamentales de la conductibilité des métaux, savoir :

Premièrement, que la conductibilité est proportionnelle au carré du diamètre des fils, ou en général à la surface de la section des fils ou des lames; secondement, qu'elle est en raison inverse de leur longueur.

Quant au rapport numérique de la conductibilité des divers métaux, sir H. Davy a trouvé les résultats suivans, qui sont exprimés, en supposant que la faculté conductrice du platine soit représentée par 100.

Argent.	600	Or.	400
Cuivre.	550	Plomb.	380

Étain.	109	Fer.	82
Platine.	100		

La découverte de l'électro-magnétisme a fourni des moyens de comparaison plus simples et peut-être encore plus précis; M. Becquerel en a profité pour confirmer les deux lois générales que nous venons de rapporter, et pour comparer entre eux divers métaux. Le procédé dont il a fait usage semble soumis à plusieurs causes d'erreurs; mais son habileté à expérimenter a dû sans doute l'en garantir, et nous donnons avec confiance les nombres auxquels il est parvenu. La conductibilité du platine est encore représentée par 100 (*Ann. de Phys. et de Chim.*, t. XXXII, page 420).

Cuivre.	609	Platine.	100
Or.	571	Fer.	95
Argent.	447	Plomb.	50
Zinc.	174	Mercure.	21
Étain..	94	Potassium.	8

Dans une série d'expériences que j'ai faites avec une grande pile d'un seul élément, je suis arrivé aux résultats suivans :

Argent à 0,986. . .	860	Rosette.	224
Cuivre rouge. . . .	738	Laiton.	194
Argent 1er tit. 0,948.	656	Fer.	121
Or fin..	623	Or à 18 karats. . .	109
Argent 2e tit. 0,800.	569	Platine.	100

Le courant de la pile n'avait à traverser que deux gros fils en cuivre, puis le fil dont on voulait déterminer la faculté conductrice, et un grand cercle en cuivre au centre duquel était suspendue une aiguille aimantée dont on observait les déviations.

La conductibilité m'a paru très-exactement proportionnelle à la section des fils, depuis les diamètres les plus fins que j'aie pu obtenir jusqu'aux diamètres de trois lignes environ, au delà desquels je n'ai pas poussé mes expériences.

Pour la loi de la raison inverse de la longueur, elle ne m'a paru exacte que sous une condition : dans mon appareil, les forces électro-magnétiques qui servaient de mesure à la conductibilité se trouvaient proportionnelles aux tangentes des déviations de l'aiguille; et en employant successivement des longueurs l, l', l'', etc., d'un même fil, les tangentes t, t', t'', etc., des déviations, n'étaient jamais en raison inverse de ces longueurs : mais elles étaient en raison inverse de ces longueurs augmentées chacune d'une même quantité λ; ainsi on avait

$$\frac{\lambda+l}{\lambda+l'}=\frac{t'}{t}, \quad \frac{\lambda+l}{\lambda+l''}=\frac{t''}{t}, \quad \frac{\lambda+l'}{\lambda+l''}=\frac{t''}{t'}, \text{ etc.}$$

Cette quantité λ, qui restait constante pour les diverses longueurs d'un même fil, changeait avec la nature de la substance, et pour chaque substance elle était en raison inverse de la section du fil. Il me semble par conséquent que la conductibilité est rigoureusement en raison inverse de la longueur des fils, pourvu que l'on tienne compte de la résistance qu'éprouve l'électricité à traverser le liquide qui sépare les élémens de la pile, et à parcourir les divers conducteurs qui doivent l'amener aux fils qui sont directement soumis à l'observation. Ainsi, quand on opère, par exemple, sur un fil d'argent de 1 millimètre de diamètre, il faut concevoir que tous les conducteurs dont je viens de parler réduisent la force du courant autant que pourrait la réduire un fil d'argent de 1 millimètre de diamètre, et d'une certaine longueur, par exemple, de 1 mètre; alors si l'on force le courant à passer successivement par deux fils pareils, l'un de 1 mètre et l'autre de 2 mètres, les tangentes des deux actions seront entre elles comme 2 est à 3, et non pas comme 1 est à 2, qui sont les deux longueurs véritablement soumises à l'expérience.

Sir H. Davy a démontré que la conductibilité d'une même substance diminue à mesure que la température s'élève, et qu'elle augmente au contraire à mesure que la température s'abaisse. On en peut faire l'expérience sur un fil exposé entre les deux pôles de la pile; lorsqu'il est porté au rouge par le courant, si on le chauffe artificiellement dans une partie de sa longueur, on le voit devenir moins rouge dans les points qui ne sont pas frappés par la flamme; et au contraire, si on le refroidit dans une certaine étendue, les parties voisines prennent un plus vif éclat. D'après cela, il est très-probable que le rapport de la conductibilité change aussi avec la température et que les tableaux précédens présenteraient un ordre tout différent pour des températures un peu élevées.

426. *Conductibilité des métaux pour les courans thermo-électriques.* Pour connaître la loi suivant laquelle un courant thermo-électrique s'affaiblit lorsqu'on le fait passer par des longueurs successivement croissantes d'un même fil, j'ai pris des fils de cuivre revêtus de soie, ayant un demi-millimètre de diamètre et coupés bout à bout dans la même bobine, l'un de 10 mètres de longueur et l'autre de 1 mètre seulement. Le premier a été enroulé sur le cadre d'un multiplicateur de manière à faire dix tours; la longueur excédante a été enroulée à part pour qu'elle ne puisse exercer aucune action électro-dynamique; le second fil a été enroulé sur le même cadre de manière qu'il ne fasse qu'un seul tour. Cela posé, les extrémités du premier fil ont été soudées chacune à l'extrémité d'un cylindre de bismuth de douze pouces de longueur et d'un demi-pouce de diamètre, et les extrémités du second ont été pareillement soudées aux extrémités d'un autre cylindre de bismuth, ayant une section quadruple de celle du premier et une longueur égale seulement à ses 4 dixièmes. Dans chaque circuit l'une des soudures a été mise à zéro et l'autre à 100°, mais avec cette attention, que les courans fussent dirigés

en sens contraire dans les fils : alors l'aiguille très-sensible du multiplicateur est restée immobile. Donc le courant était dix fois plus faible dans le long fil, car il agissait par dix tours dans le multiplicateur, tandis que le fil d'un mètre n'agissait que par un tour.

Donc l'intensité des courans thermo-électriques est en raison inverse de la longueur du circuit qu'ils parcourent.

Pour reconnaître si cette intensité est proportionnelle à la setcion du circuit métallique, j'ai pris le fil précédent de 1 mètre, et un autre fil pareil ayant une section dix fois plus grande et une longueur décuple. Ces fils ont été enroulés comme les précédens, mais en faisant chacun un seul tour sur le cadre du multiplicateur. Le courant a été dirigé en sens inverse dans les fils, et l'aiguille est restée encore parfaitement immobile. Donc l'intensité est bien en raison directe de la section du circuit, puisqu'un circuit dix fois plus long, mais ayant une section décuple, produit exactement le même effet.

La première conséquence qui se déduit de ces principes, c'est que pour les courans thermo-électriques le multiplicateur ne multiplie pas ; car si l'on veut, par exemple, faire cent tours sur le cadre du multiplicateur, il faut prendre une longueur de fil cent fois plus grande que pour faire un tour ; et le courant se trouve réduit par l'augmentation de longueur autant qu'il est augmenté par le redoublement des tours.

Le thermomètre thermo-électrique qui a été décrit précédemment (424 *bis*), repose sur cette donnée fondamentale : c'est pour cela que la lame de bismuth doit être large et épaisse. Si la section de ce circuit était mille fois plus grande que la section d'un autre circuit semblable et de même longueur, son effet sur l'aiguille serait aussi mille fois fois plus grand, et il conserverait cet avantage lors même que le circuit le plus mince serait cent fois multiplié, pourvu qu'il prenne alors une longueur cent fois plus grande.

Ces résultats m'ont servi à comparer les conductibilités des différens métaux. Sans entrer ici dans la description détaillée des appareils, je dirai seulement que j'employais deux courans thermo-électriques égaux; que le premier était affaibli en traversant le fil métallique soumis à l'expérience, et que le second était affaibli précisément de la même quantité en traversant des longueurs plus ou moins grandes d'un autre fil qui servait de terme de comparaison.

Voici maintenant les résultats des expériences. La conductibilité du mercure est représentée par 100, et toutes les autres sont rapportées à cette mesure, parce qu'il est très-facile d'avoir du mercure parfaitement pur.

Tableau de la Conductibilité des métaux pour les courans thermo-électriques.

Noms des substances.	Diamètre du fil.	Longueurs soumises à l'expérience.			Conductibilité, celle du mercure étant 100.
	mm	mill.	mm	mill.	
Palladium.	0,176	1900	1200	500	5791
Argent 963 de fin. .	0,174	2000	1500	200	5152
Argent 900.	0,194	id.	id.	id.	4753
Argent 857.	0,178	1200	800	400	4221
Argent 747.	0,179	1200	600	»	3882
Or pur.	0,176	1000	500	»	3975
Or 951.	0,176	600	300	»	1338
Or 751.	0,176	400	200	»	714
Cuivre pur.	0,182	2000	1000	500	3838
Id. recuit.	id.	id.	id.	id.	3842
Platine.	0,186	800	600	300	855
Laiton.	0,182	»	»	»	1200 900
Acier fondu. . . .	»	»	»	»	800 500
Fer.	»	»	»	»	700 600

Le palladium, le platine, l'or, l'argent et le cuivre ont

été purifiés à la monnaie : je les dois à la bienveillante amitié de M d'Arcet et de M. Bréant; les autres métaux ont été pris dans le commerce ou préparés directement et alliés en diverses proportions.

On voit que le palladium est le plus conducteur des métaux; viennent ensuite l'argent, l'or et le cuivre : le mercure est le plus mauvais conducteur des corps que j'ai soumis à l'expérience; sa conductibilité est presque soixante fois moindre que celle du palladium.

La présence des substances étrangères altère singulièrement la conductibilité; ce sera un excellent moyen de reconnaître la pureté des métaux.

Le laiton, l'acier et le fer ont été soumis à un grand nombre d'expériences; j'ai rapporté seulement les limites entre lesquelles tous les résultats se trouvent compris.

La température n'a qu'une faible influence sur la conductibilité de certains corps : par exemple, de 0 à 100° le mercure ne varie que de quelques centièmes : mais entre les mêmes limites le fer et l'acier éprouvent une prodigieuse variation, leur conductibilité est souvent réduite au tiers; la simple chaleur de la main produit des effets très-sensibles; et ce qui semble encore plus étonnant, c'est qu'il suffit de faire rougir une étendue de quelques millimètres sur la longueur d'un fil de fer ou d'acier pour que sa conductibilité devienne trois ou quatre fois moindre.

426 bis. *De la mesure des courans thermo-électriques.* On peut déduire de ce qui précède un moyen de comparer, d'une manière absolue, les intensités des courans thermo-électriques. En effet, concevons une source thermo-électrique constante, et supposons que le courant auquel elle peut donner naissance soit immédiatement reçu dans une colonne de mercure d'une longueur et d'une section données. Il est évident, par ce qui précède, que le courant deviendra deux fois, trois fois ou dix fois plus intense si l'on réduit la colonne de mercure à la moitié, au tiers ou à la

dixième partie de sa longueur, qu'il deviendra mille fois plus faible si l'on en augmente mille fois la longueur, et qu'il changera pareillement dans des proportions connues si l'on change la section de la colonne dans un rapport déterminé.

Ainsi dans cette hypothèse l'intensité d'un courant thermo-électrique serait définie d'une manière exacte et absolue pour tous les observateurs, dès qu'on aurait donné les dimensions de la colonne de mercure qu'il parcourt. La seule difficulté pour la mesure des courans est donc de trouver une source thermo-électrique constante, et de réduire les résultats à ce qu'ils seraient si l'électricité passait immédiatement de cette source dans la colonne de mercure. Or il résulte de toutes les expériences que j'ai faites sur ce point que le contact du bismuth et du cuivre donne une source tout-à-fait constante entre les mêmes limites de température; qu'on n'observe à cet égard qu'une différence insensible entre les différentes espèces de bismuth du commerce et des laboratoires, et entre les différentes espèces de cuivre des fabriques d'Imphy et de Romilly; que le métal soudant et l'étendue de la soudure n'apportent aucune variation dans les résultats, pourvu toutefois (et ceci est une condition essentielle), pourvu que la soudure soit bien exactement à la même température dans toutes ses parties. Au reste, il y a un moyen simple et sûr de vérifier ce fait : c'est d'observer la conductibilité du cuivre et du bismuth comparativement à celle du mercure; et les conductibilités une fois connues, on peut substituer aux fils de cuivre et aux tiges de bismuth une longueur correspondante à la colonne de mercure, et obtenir ainsi le même résultat que si le courant passait directememt de la source thermo-électrique dans la colonne de mercure, dont les dimensions caractérisent l'intensité. Au moyen de ces principes on peut facilement construire des galvanomètres comparables : en effet, prenons un fil dont la conductibilité soit connue, formons-en un galvanomètre, et observons la déviation qu'il éprouve par l'effet d'une source thermo-électrique connue; rompons le circuit pour forcer le courant à passer par des longueurs doubles, triples, et les forces deviendront deux fois, trois fois plus petites, etc. ; et l'on formera une table des déviations correspondantes, Ainsi chaque instrument sera gradué, et pour comparer ensemble deux de ces instrumens, il suffira de tenir note de l'intensité absolue de la source que l'on aura prise pour unité dans la construction de chacun d'eux.

427. *Conductibilité des liquides.* — Parmi les recherches qui ont été faites sur ce sujet, celles du professeur Marianini, de Venise, sont, à ma connaissance, les plus complètes et les plus exactes. Voici le tableau de ses résultats. Les diverses dissolutions dont il se compose sont formées de 1 partie de la substance dans 100 parties d'eau distillée. La conductibilité de l'eau de mer est représentée par 100; les expériences ont été faites à 3 et à 6° de température.

Substance	Conductibilité	Substance	Conductibilité
Hydrocyanate de soude. . .	10,96	Carbonate de soude.	69,02
Acide hydrocyanique. . . .	18,27	Acide benzoïque.	70,67
Ammoniaque liquide. . . .	26,45	Mélanate d'ammoniaque . .	71,15
Soude.	32,06	Sulfate de soude.	74,02
Phosphate de potasse. . . .	44,74	Benzoate de potasse.	78,56
Borax.	45,31	Nitrate de potasse.	78,03
Phosphate de soude.	46,00	Sulfate de potasse.	80,00
Tartrate de potasse et d'ammoniaque.	50,97	Sel marin.	84,79
Sulfate de zinc.	51,64	Sulfate acide d'alumine et de potasse.	85,00
Chlorate de baryte.	53,23	Acide citrique.	85,71
Potasse.	55,68	Acide acétique.	87,00
Chlorate de fer au *minimum*.	56,53	Tartrate de potasse.	92,00
Nitrate de chaux	57,00	Acide tartrique	98,66
Acétate de potasse	59,02	Hydrochlorate de chaux. . .	110
Nitrate de baryte.	60,00	Acide phosphorique avec un peu d'acide phosphoreux.	127
Protosulfate de fer.	62,26	Hydrochlorate d'ammoniaque ferrugineux.	136
Tartrate acide de potasse. .	62,04	Oxalate de potasse.	149
Sulfate de magnésie.	62,04	Hydrochlorate d'ammoniaque.	150
Acétate de soude.	64,09		
Carbonate de potasse. . . .	66,07		
Chlorate de potasse.	68,09		

Acétate de cuivre.	154	Protonitrate de mercure. . .	278
Acide hydrochlorique.	164	Nitrate d'argent.	298
Acide oxalique.	176	Hydrochlorate d'or.	307
Acide sulfurique.	239	Acide nitrique.	358
Deutosulfate de cuivre. . .	258	Hydrochlorate de platine. .	418

Il paraît que la conductibilité de l'eau distillée serait seulement de 1 et celle de l'alcool de 0,323 (*Bulletin des Annonces*, mars 1827, pag. 190).

428. *De l'inégale conductibilité de diverses substances pour les fluides électriques.* — On doit à M. Erman cette expérience curieuse : quand une pile est isolée et qu'on observe par des électroscopes très-sensibles les tensions égales qu'elle donne à chaque pôle, si l'on vient toucher le pôle positif avec un morceau de savon sec, la tension de ce pôle disparaît et l'électricité vitrée passe au sol; il en est de même si l'on touche le pôle négatif : mais la pile ayant repris sa charge, si l'on met le savon entre ses pôles, ni l'un ni l'autre fluide ne disparaît; elle reste chargée comme si le savon était un corps isolant : enfin, et ceci est encore plus remarquable, tandis que le savon est ainsi entre les pôles, si l'on vient le toucher avec une tige de métal, *en un point quelconque* de sa surface, le fluide *résineux seul* s'écoule dans le sol, et le fluide vitré semble alors arrêté par le savon. Donc, dans ces circonstances, le savon est *conducteur* du fluide résineux et *non-conducteur* du fluide vitré.

La flamme de l'alcool présente les mêmes phénomènes (M. Biot); seulement, pour elle, c'est le fluide résineux qui reste isolé.

429. *Propriétés que prennent les conducteurs métalliques placés, sous certaines conditions, dans le circuit de la pile.* — M. Aug. de La Rive a publié récemment (*Ann. de Phys. et de Chimie*, t. XXXVI, pag. 34) un mémoire intéressant dans lequel il fait connaître une propriété nou-

velle des conducteurs métalliques. Nous regrettons de ne pouvoir donner ici que le résumé de son travail :

« 1°. Les corps solides qui ont servi de conducteurs à l'électricité acquièrent, quand ils sont placés dans les circonstances favorables, la propriété de donner lieu à un courant, propriété que l'on peut nommer *pouvoir électro-dynamique* ;

» 2°. Ces conducteurs ne peuvent acquérir et développer ce pouvoir que lorsqu'une portion du circuit renferme un liquide conducteur non métallique ;

» 3°. Les conducteurs liquides placés dans les mêmes circonstances ne sont pas susceptibles, comme les solides, d'acquérir cette propriété ;

» 4°. Toutes les circonstances qui accompagnent la production du phénomène semblent conduire à la conséquence que le courant s'établit dans les conducteurs par une décomposition et recomposition successive du fluide naturel de chaque molécule, et qu'il existe dans les conducteurs solides une force coercitive qui peut les maintenir, pendant un temps plus ou moins long, dans l'état électrique qui leur a été imprimé par le passage du courant. »

Les expériences se disposent de la manière suivante : On termine chaque pôle de la pile par un fil en platine, et l'on fait passer le courant pendant quelques minutes dans un liquide conducteur; ensuite, on peut toucher les fils de platine, les détacher, les enlever, les laver même, les couper, ou leur faire subir diverses actions mécaniques, et après cela les mettre chacun à l'une des extrémités du multiplicateur; alors, si on les fait communiquer entre eux, *directement*, on n'observe aucun effet; si on les joint par un conducteur métallique, on n'observe rien encore; mais si on les fait plonger l'un et l'autre dans une dissolution saline, à l'instant il se détermine un courant qui traverse le multiplicateur en se dirigeant du fil qui était au pôle positif au fil qui était au pôle négatif. Cette propriété peut se conserver dans les fils pendant plusieurs heures après qu'ils ont reçu l'action de la pile.

430. *Piles secondaires de Ritter.* — La propriété dont nous venons de parler semble avoir quelque liaison remarquable avec les piles que Ritter avait construites autrefois, peu de temps après la découverte du galvanisme, et que M. Marianini vient de soumettre à de nouvelles recherches. Ces piles sont simplement composées de disques d'un *même* métal, alternant dans un ordre quelconque avec des rondelles humides de drap ou de carton. Lorsqu'on les expose pendant quelque temps entre les deux pôles d'une forte pile, elles se chargent et deviennent capables de reproduire à leur tour, mais avec une moindre intensité, tous les phénomènes des véritables piles : c'est pour cela qu'on les appelle des piles secondaires. Une fois qu'elles sont chargées, elles peuvent pendant long-temps conserver leurs propriétés ; et, suivant l'observation de M. Marianini, on peut alors intervertir l'ordre des disques, sans pour cela détruire leur activité. Le pôle positif des piles secondaires se trouve à l'extrémité qui touchait le pôle positif de la pile ; *et vice versâ*, son pôle négatif correspond au fil négatif ; cette distribution n'est pas changée par le retournement des rondelles humides ; enfin, l'intensité électrique paraît proportionnelle au nombre des alternatives du métal et du conducteur intermédiaire.

Ces phénomènes curieux sont une mine nouvelle, et puisqu'elle est exploitée par MM. de La Rive et Marianini, nous pouvons être assurés qu'elle deviendra bientôt une mine féconde pour la science.

CHAPITRE VI.

Des Phénomènes électro-chimiques.

451. *De l'influence que l'état électrique des corps exerce sur leurs affinités chimiques.* — Le docteur Wollaston a démontré depuis long-temps qu'une lame métallique plongée dans un acide, ou dans une dissolution saline, n'éprouve pas les mêmes effets, si elle reste libre, ou si elle est touchée par une autre substance métallique, qui plonge aussi dans le liquide (*Ann. de Chimie*, t. XVI, page 45). Par exemple, en tenant un fil ou une lame de zinc dans une éprouvette remplie d'acide sulfurique très-étendu, on n'observe qu'une faible action chimique; si l'on y plonge en même temps un fil de platine ou d'argent, le phénomène reste le même, et le nouveau métal n'éprouve aucun effet; mais si l'on établit *à l'extérieur* le contact entre les deux métaux plongés, l'action chimique prend à l'instant une vive intensité : les bulles d'hydrogène vont se dégager en foule sur le *platine* ou l'*argent*, et le zinc s'oxide beaucoup plus vite. On peut faire une expérience semblable avec le cuivre et le zinc; et, en général, un métal seul, même quand il n'aurait pas d'action sur le liquide dans lequel il plonge, peut souvent en prendre une, par son contact avec un autre métal.

Les espèces de végétations curieuses, connues sous les noms d'*arbre de Saturne*, d'*arbre de Diane*, etc., reposent exactement sur le même principe, comme M. Grotthuss l'a démontré dans un Mémoire très-intéressant et rempli de vues ingénieuses (*Ann. de Chim.*; t. LXIII, pag. 1). On sait que l'arbre de Saturne se forme dans une dissolution d'acétate de plomb; cette dissolution étant contenue dans un flacon à grand goulot, on fixe au bouchon du flacon une lame de zinc, qui plonge dans le liquide à une certaine profondeur; l'appareil étant ensuite abandonné à lui-même, l'opération s'accomplit *lentement*, et, *après quelques jours, on observe un arbre brillant composé de paillettes de plomb revivifié*; il semble prendre racine sur le zinc, et de là il s'étend dans le flacon en ramifications singulières. Pendant la revivification du plomb, il y a oxidation du zinc; ainsi, à l'instant où une paillette métallique se dépose à l'extrémité d'un rameau pour lui donner un nouvel accroissement, l'oxigène qu'elle a quitté va se précipiter sur le zinc pour se combiner avec lui. Le zinc et le plomb, déjà revivifiés, forment donc une véritable pile qui décompose l'acétate et l'oxide de plomb, attirant le métal au pôle négatif, et l'oxigène au pôle positif.

Les mêmes principes expliquent la formation de l'arbre de Diane, que l'on obtient en versant sur du mercure une dissolution de nitrate d'argent suffisamment concentrée. Ils expliquent pareillement les ramifications brillantes que l'on obtient aussi en plongeant une lame de zinc dans une dissolution d'hydrochlorate d'étain.

432. *Corrosion du cuivre des vaisseaux.* — Presque tous les métaux éprouvent des altérations plus ou moins profondes, lorsqu'ils sont exposés à l'influence de l'air ou de l'humidité, ou à l'influence encore plus destructive de l'eau de mer; ils sont, avec le temps, oxidés, corrodés et complètement dénaturés. Ces effets nous semblent naturels parce que nous les voyons se reproduire sans cesse; et nous disons que tout s'use et se détruit avec le temps, sans prendre garde que toute destruction est un phénomène chimique aussi-bien que toute reproduction. Il appartenait

donc à la chimie d'expliquer toutes ces altérations lentes ou rapides, auxquelles sont exposés les métaux, et nous pouvons dire aujourd'hui qu'elle fait mieux que de les expliquer, puisqu'elle donne des moyens efficaces pour les prévenir ou du moins pour les atténuer. On a remarqué souvent que des barres de fer placées dans les mêmes lieux et sous les mêmes influences se détruisent très-inégalement; qu'il en est de même des couvertures en zinc ou en plomb; et de même aussi des lames de cuivre qui forment le doublage des vaisseaux. Le Conseil de l'Amirauté ayant appelé l'attention de la Société Royale de Londres sur cette importante question, sir H. Davy est parvenu à en donner une solution qui ne paraît pas moins utile pour les arts qu'elle est féconde pour la science. Sir H. Davy attribue la corrosion du cuivre qui double les vaisseaux à l'état électrique, dans lequel ce métal se constitue par son contact avec l'eau de mer. Il s'oxide aux dépens de l'eau, et forme ensuite des carbonates ou d'autres sels; donc il agit comme le pôle positif d'une pile qui attire à lui l'oxigène; ainsi, en donnant au cuivre un état électrique négatif suffisamment énergique, il ne pourra plus s'oxider, et s'il arrive encore qu'il décompose l'eau et les sels, c'est l'hydrogène qui se portera sur lui, ou les substances alcalines résultant de la décomposition. Telle est en peu de mots la théorie de sir H. Davy. Or, rien n'est plus facile que de rendre le cuivre électro-négatif, il suffit pour cela de le toucher avec un métal qui soit électro-positif avec lui; le zinc pourrait remplir cette condition, mais le fer et la fonte la remplissent encore mieux et plus économiquement. En effet, si l'on applique sur le cuivre, à la proue et à la poupe du vaisseau, des lames de fer ou de fonte de dimensions convenables, ces lames s'oxident et peuvent être remplacées facilement; mais le cuivre est protégé, l'eau n'a plus de prise sur lui, et il peut parcourir les mers sans perdre son éclat métallique; seulement il y a une proportion à garder entre la surface totale du cuivre et la surface des lames qui le protégent; si les plaques de fonte offrent une surface trop petite, la corrosion du cuivre est seulement diminuée; si elles offrent une surface trop grande, le cuivre prend alors une trop grande puissance négative, il décompose en *sens inverse* l'eau de mer et les sels qu'elle contient, et bientôt sa surface est couverte de dépôts terreux qui deviennent un grand obstacle à la marche rapide du bâtiment, à cause des plantes et des coquillages nombreux qui viennent s'y attacher.

Après diverses expériences faites sur des vaisseaux qui ont parcouru les mers équatoriales ou les mers polaires, sir H. Davy conseille de donner aux lames de fer une surface qui soit la 250e partie ou $\frac{1}{250}$ de la surface de cuivre qu'il s'agit de protéger.

On conçoit qu'il n'est pas nécessaire que le cuivre soit en contact immédiat avec le métal protecteur; il suffit seulement qu'il n'en soit séparé que par un conducteur assez parfait. Ainsi le cuivre est préservé par du zinc dont il est séparé par un fil d'argent de 40 pieds de long et d'environ $\frac{1}{1000}$ de pouce de diamètre; il pourrait même en être séparé par du charbon, du coton ou de la filasse imprégné d'eau de mer.

Il devient facile, de cette manière, de faire une expérience curieuse qui montre bien l'origine et le développement de la force préservatrice. On prend plusieurs vases remplis d'eau de mer, que l'on fait communiquer entre eux par de la filasse dont les faisceaux ont environ $\frac{1}{5}$ de pouce d'épaisseur. Dans le premier, on met un fil de cuivre roulé en spire et attaché à un morceau de zinc; dans le second et les suivans, on met du fil pareil qui ne touche aucun autre métal, et alors on observe divers phénomènes. Le cuivre du premier vase est rapidement couvert de dépôts alcalins, de cristaux de carbonate de soude et même de paillettes de zinc revivifié; celui du deuxième est moins chargé de dépôts; celui du troisième conserve à peu près son état naturel; celui du quatrième éprouve un commencement de corrosion; et celui du cinquième vase et des vases suivans est complètement altéré; la force protectrice ne s'étend pas jusqu'à lui.

Voici une autre expérience qui est aussi très-digne d'attention. Une tige de fer et une tige de cuivre sont en communication par de bons conducteurs; on les plonge chacune dans un vase d'eau de mer, et ces deux vases communiquent entre eux par de la filasse humide; quelques gouttes de potasse versées dans le vase de fer diminuent le pouvoir négatif de l'autre vase, car le dépôt de carbonate de chaux et de magnésie devient moins abondant; quelques gouttes de plus le rendent tout-à-fait nul, et l'équilibre chimique s'établit en même temps que l'équilibre électrique. Enfin, si l'on continue de verser encore un peu de solution alcaline, c'est le fer qui devient négatif et le cuivre positif, comme on en peut juger par la teinte verte que prend l'eau du vase qui le contient, et par la rapide corrosion qu'il éprouve.

Ces résultats sont une preuve assez frappante de l'influence que l'état électrique des corps peut exercer sur leurs affinités mutuelles, et sur la nature des combinaisons qu'elles produisent; et quand on sait qu'il y a une force électro-motrice au contact de toutes les substances hétérogènes, que son intensité est sans cesse variable avec la température, et que la conductibilité peut répandre instantanément, jusqu'à de grandes distances, les fluides électriques qu'elle développe, on conçoit que dans un assemblage de corps conducteurs, tous les phénomènes électriques qui se développent en un point peuvent modifier de mille manières les affinités chimiques et les combinaisons qui doivent s'accomplir dans un autre point quelconque du système.

433. *De l'usage du multiplicateur pour découvrir l'électricité qui se développe dans les combinaisons et dans*

toutes les affinités moléculaires. — M. Avogrado est le premier, à ma connaissance, qui ait découvert, au moyen du multiplicateur, l'électricité qui se développe pendant les actions chimiques; ses expériences ont été répétées et développées par M. OErsted, et ensuite par un grand nombre de physiciens.

Lorsqu'on plonge les deux fils du multiplicateur dans un acide, ou en général dans un liquide capable d'exercer sur eux quelque action chimique, on observe dans l'aiguille une agitation qui révèle l'existence d'un courant électrique plus ou moins fort. Au premier instant, la direction du courant paraît fixe et déterminée; mais si l'expérience se prolonge un peu long-temps, on voit le pôle austral de l'aiguille se tourner tantôt à l'orient, tantôt à l'occident, et il serait difficile de reconnaître dans ces alternatives des périodes régulières. Plusieurs physiciens ont cru pouvoir assurer que la direction du courant devient constante dès qu'on établit quelque inégalité constante de température ou de surface entre les parties des fils qui plongent dans le liquide; mais, dans des expériences très-nombreuses, il m'a été impossible de reconnaître une fixité absolue dans cette loi; la circonstance qui me paraît la plus sûre et la plus décisive pour imprimer au courant une direction déterminée, est que l'un des fils soit maintenu en repos, tandis que l'autre est agité dans le liquide.

Pour étudier les effets des différens métaux, il suffit de les ajuster successivement aux deux extrémités des fils du multiplicateur, avec la précaution d'établir les contacts sensiblement de la même manière, et par des surfaces bien décapées; ainsi pour observer les effets de l'étain, on prend deux lames pareilles de ce métal, et on en attache une à chaque extrémité du multiplicateur. Dans tous les cas l'action chimique donne naissance à un courant, dont on peut facilement constater l'intensité; mais il reste souvent quelque incertitude sur sa direction.

Puisqu'il y a un courant dans le multiplicateur, il faut de toute nécessité qu'il ait son origine à l'un ou à l'autre des fils qui reçoivent l'action chimique; et puisque cette action est la même sur les deux, à l'intensité près, il est probable que ce que nous observons est seulement la différence des effets produits sur chacun d'eux. Mais cette différence est suffisante pour nous faire voir d'une manière non douteuse que les molécules ne peuvent pas se combiner sans produire ou sans absorber de l'électricité; c'est-à-dire que l'équilibre moléculaire ne peut être troublé sans que l'équilibre électrique ne le soit pareillement. Ce principe a été confirmé dans toute sa généralité par les recherches ingénieuses d'un grand nombre de physiciens, et surtout par celles de M. Becquerel et de M. Nobili.

434. *De l'électricité qui se développe dans les actions chimiques des gaz et des conducteurs imparfaits.* — Le multiplicateur est l'instrument le plus délicat pour accuser la présence de l'électricité dans les combinaisons des métaux et dans celles des liquides; mais pour les combinaisons d'une autre nature, il faut nécessairement avoir recours à d'autres appareils. Dans les recherches nombreuses que j'ai faites sur la combinaison des gaz, et sur celles des conducteurs imparfaits, j'ai toujours donné la préférence au condensateur qui est représenté dans la figure 87. MM. Lavoisier et Laplace, Volta, de Saussure et sir H. Davy avaient déjà employé le même moyen, mais à une époque où l'état de la science ne permettait pas de démêler avec certitude toutes les circonstances qui peuvent modifier les phénomènes électriques des combinaisons. Mes expériences avaient pour objet la recherche des principales causes qui peuvent donner naissance à l'électricité atmosphérique; ainsi je n'en donnerai le détail que dans les élémens de Météorologie; mais, pour me conformer à mon plan, il est nécessaire d'indiquer ici les conséquences auxquelles j'ai été conduit. Il résulte de mes expériences :

1°. Que les gaz dégagent de l'électricité lorsqu'ils se combinent, soit entre eux, soit avec les corps solides ou liquides.

2°. Que, dans ces combinaisons, l'oxigène dégage toujours l'électricité positive, et le corps combustible, quel qu'il soit, l'électricité négative.

3°. Que, réciproquement, quand une combinaison se défait, chacun des élémens, manquant alors de l'électricité qu'il avait dégagée, se trouve dans un état électrique opposé. Cette réciprocité montre en quoi l'état naissant diffère de l'état définitif d'un corps.

4°. Que l'action des végétaux sur l'oxigène de l'air est une des causes les plus permanentes et les plus puissantes de l'électricité atmosphérique; car si l'on considère, d'une part, qu'un gramme de charbon pur, en passant à l'état d'acide carbonique, dégage assez d'électricité pour charger une bouteille de Leyde, et, d'une autre part, que le charbon qui est engagé dans la constitution des végétaux ne donne pas moins d'électricité que le charbon qui brûle librement, on peut conclure, comme mes expériences directes tendent à l'établir, que sur une surface en végétation de 100 mètres carrés, il se produit en un jour plus d'électricité vitrée qu'il n'en faudrait pour charger la plus forte batterie électrique.

5°. Que le changement d'état des corps ne donne jamais la moindre trace d'électricité.

6°. Que les solutions faibles et concentrées des alcalis solides, tels que la strontiane, la chaux, la baryte, etc., donnent de l'électricité par la séparation chimique qui accompagne l'évaporation. La vapeur d'eau qui s'exhale prend l'électricité résineuse, et la solution restante, ou le dépôt d'alcali, prend l'électricité vitrée.

7°. Que les solutions faibles ou concentrées des gaz, des acides, ou des sels, donnent pareillement de l'électricité par la ségrégation chimique qui accompagne l'évaporation ; mais pour ces corps, c'est, au contraire, la vapeur d'eau qui prend l'électricité vitrée, et la solution restante l'électricité résineuse.

8°. Que les eaux qui couvrent la surface de la terre, qui humectent le sol, ou qui imbibent les plantes, portant toujours en dissolution quelques substances étrangères qu'elles abandonnent par l'évaporation, toutes les vapeurs qu'elles produisent sont constituées dans un état électrique vitré ou résineux, à l'instant même où elles prennent naissance, et en s'élevant elles répandent et dispersent dans toute la masse atmosphérique les électricités dont elles sont chargées.

Si ces causes ne sont pas les seules qui agissent pour renouveler sans cesse l'électricité de l'atmosphère, elles sont du moins les causes les plus influentes, puisqu'elles sont par leur intensité en rapport avec la grandeur des phénomènes que l'on observe.

CHAPITRE VII.

Des Poissons électriques.

435. Il existe plusieurs poissons qui ont la propriété singulière de produire une vive secousse et un engourdissement profond dans la main qui les touche : la *torpille*, qui se trouve abondamment dans la mer Méditerranée, sur les côtes occidentales de France, et même sur les côtes d'Angleterre, est, sous ce rapport, l'un des poissons les plus énergiques de nos climats. Lorsqu'on veut la prendre avec la main, on reçoit un choc violent, sans qu'elle paraisse se donner aucun mouvement, et quelquefois le bras est frappé jusqu'à l'épaule d'une paralysie douloureuse qui dure plusieurs minutes, ou plutôt d'un frémissement pareil à celui qu'on éprouve quand on se frappe le coude. C'est ainsi du moins que s'expliquent les observateurs qui ont par eux-mêmes éprouvé ces effets, et ils ajoutent qu'après un premier choc on n'est pas tenté d'en recevoir immédiatement un second, quelque zèle que l'on ait pour la recherche de la vérité. Aussi la torpille est l'effroi des pêcheurs, et l'on juge aisément que, si elle a été pour eux l'objet d'une foule de traditions merveilleuses, elle a dû être aussi pour les naturalistes et pour les physiciens un sujet d'étude fort intéressant. Autrefois on expliquait les propriétés de la torpille en disant qu'elle était douée d'une propriété *torporifique* ; plus tard on a supposé qu'elle lançait des *molécules engourdissantes*; cependant Réaumur, dans un mémoire curieux sur ce sujet (*Acad. des Sciences*, 1714), essaie de réfuter cette explication et

de démontrer que l'organe de la torpille se débande comme un ressort et produit des effets pareils à ceux que l'on recevrait en touchant un corps sonore qui vibre violemment. A cette époque, la bouteille de Leyde n'était pas inventée; et dès que Muschenbroek en eut ressenti les effets, il eut l'heureuse idée de comparer la secousse que donne la torpille à une véritable commotion électrique, et de l'attribuer à la même cause. C'est alors que la torpille et les autres poissons analogues, que l'on appelait en général des *trembleurs*, furent appelés des *poissons électriques*. Maintenant on connaît avec certitude sept poissons électriques : *Torpedo narke risso*, *T. unimaculata*, *T. marmorata*, *T. Galvanii*, *Silurus electricus*, *Tetraodon electricus*, *Gymnotus electricus*. M. Geoffroy-Saint-Hilaire, qui a publié un travail important sur les poissons électriques (cinquième cahier des *Annales du Muséum d'histoire naturelle*), pense qu'ils appartiennent tous à des genres différens et qu'ils offrent chacun dans leur genre l'organisation la plus complète, sans blesser en rien l'ordre des rapports naturels. Nous nous bornerons ici à indiquer les principales propriétés de la torpille et du gymnote, qui sont, parmi les poissons électriques, ceux qui ont été l'objet du plus grand nombre de recherches.

436. *Propriétés de la torpille.* — C'est à Walsh que nous devons les premières recherches un peu précises sur les effets de la torpille; ses expériences furent faites à La Rochelle en 1772 et à l'île de Ré (*Journal de Physique*, t. IV, pag. 205); et il en tire les conséquences suivantes :

Quand la torpille est dans l'air, on reçoit la commotion en touchant directement une partie quelconque de sa peau, soit par un seul doigt, soit par toute la largeur de la main.

On reçoit pareillement les commotions lorsqu'on la touche avec un bon conducteur; par exemple, avec une tige de métal de plusieurs pieds de longueur.

La commotion est arrêtée par tous les mauvais conducteurs; ainsi, on peut toucher impunément la torpille avec du verre, de la résine, etc.

On peut même la toucher sans danger avec une petite bande d'étain collée sur du verre, pourvu qu'il se trouve dans l'étain une solution de continuité aussi petite qu'on puisse la faire avec la pointe d'un canif.

Quand plusieurs personnes *non isolées* se tiennent par la main, et que la première, seule, touche la torpille, la commotion se fait sentir à la seconde et même à la troisième, mais elle diminue d'intensité.

La commotion se fait sentir dans un cercle de vingt personnes non isolées qui se tiennent par la main, quand la première personne touche la torpille sous le ventre, tandis que la dernière la touche sur le dos, ou *vice versâ*.

Voilà les principaux résultats que l'on obtient dans l'air; la dernière expérience réussirait peut-être en touchant deux points quelconques qui ne soient pas opposés, comme Walsh semble l'exiger, sans doute à cause de l'analogie qu'il cherche à établir entre les bouteilles de Leyde et les torpilles. Dans l'eau, les commotions ont toujours moins d'intensité que dans l'air; mais elles se produisent encore de la même manière et sous les mêmes conditions. L'eau étant un assez bon conducteur, on conçoit qu'une torpille vive et énergique puisse agir à distance, et qu'alors il ne soit pas nécessaire de la toucher directement. Walsh a en effet observé qu'elle *foudroie* à distance de petits poissons, ou au moins qu'elle les étourdit ou les enivre.

Dans tous les cas, la commotion que lance la torpille est pour elle un phénomène volontaire; il arrive souvent qu'on la touche à plusieurs reprises sans rien obtenir; mais lorsqu'on l'irrite en lui pinçant les nageoires, ou de quelqu'autre manière, on est à peu près assuré de recevoir des coups redoublés; Walsh a compté jusqu'à cinquantes décharges en une minute. A chaque coup son corps reste parfaitement immobile ; mais on observe dans ses yeux et dans les nageoires pectorales un mouvement particulier, et dans l'organe électrique lui-même une sorte de compression, qui sont des marques sûres qu'elle est au moment d'agir.

Il était curieux d'essayer les effets de la torpille sur le multiplicateur de Schweiger, afin de constater encore d'une manière plus certaine les rapports de ces phénomènes avec les décharges électriques. Au mois d'août 1828, M. de Blainville a fait à La Rochelle, avec M. Fleuriau de Bellevue, quelques expériences de cette nature, et l'aiguille a pirouetté de plus d'une demi-circonférence quand on a planté dans l'organe électrique les deux aiguilles qui terminaient les fils du multiplicateur.

437. *Propriétés du gymnote.* — Le gymnote électrique, que l'on appelle aussi l'*anguille de Surinam*, est doué d'une puissance électrique encore plus grande que celle de la torpille. Walsh fit venir de Surinam des gymnotes, sur lesquels il confirma les résultats qu'il avait obtenus de la torpille quelques années auparavant ; mais, de plus, il fit cette observation curieuse, que la commotion du gymnote peut se transmettre d'un conducteur à un autre au travers d'une petite lame d'air, et qu'alors on voit briller une étincelle électrique. (*Journ. de Phys.*, t. VIII, p. 305.)

M. de Humboldt a fait, en Amérique, avec M. Bonpland, un grand nombre d'expériences importantes sur le gymnote. Voici ce qu'il rapporte, dans son ouvrage, des habitudes de ce poisson singulier et des moyens de le pêcher.

« Nous partîmes, le 9 mars, de grand matin, pour le petit village de *Rastro de Abaxo* : de là, les Indiens nous conduisirent à un ruisseau qui, dans le temps des sécheresses, forme un bassin d'eau bourbeuse entouré de beaux arbres, de clusia, d'amyris et de mimoses à fleurs odoriférantes. La pêche des gymnotes avec des filets est très-difficile, à cause de l'extrême agilité de ces poissons, qui s'enfoncent dans la vase comme des serpens. On ne voulut point employer le *barbasco*, c'est-à-dire les racines du *piscidia erithryna*, du *jacquinia armillaris* et de quelques espèces de *phyllanthus* qui, jetées dans une mare, enivrent ou engourdissent les animaux : ce moyen aurait affaibli les gymnotes. Les Indiens nous disaient qu'ils allaient *pêcher avec des chevaux*. Nous eûmes de la peine à nous faire une idée de cette pêche extraordinaire; mais bientôt nous vîmes nos guides revenir de la savane, où ils avaient fait une battue de chevaux et de mulets non domptés. Ils en amenèrent une trentaine qu'on força d'entrer dans la mare.

» Le bruit extraordinaire causé par le piétinement des chevaux, fait sortir les poissons de la vase et les excite au combat. Ces anguilles, jaunâtres et livides, semblables à de grands serpens aquatiques, nagent à la surface de l'eau, et se pressent sous le ventre des chevaux et des mulets. Une lutte entre des animaux d'une organisation si différente offre le spectacle le plus pittoresque. Les Indiens, munis de harpons et de roseaux longs et minces, ceignent étroitement la mare; quelques-uns d'entre eux montent sur les arbres, dont les branches s'étendent horizontalement au dessus de la surface de l'eau. Par leurs cris sauvages et la longueur de leurs joncs, ils empêchent les chevaux de se sauver, en atteignant la rive du bassin. Les anguilles, étourdies du bruit, se défendent par la décharge réitérée de leurs batteries électriques. Pendant long-temps elles ont l'air de remporter la victoire. Plusieurs chevaux succombent à la violence des coups invisibles qu'ils reçoivent de toute part dans les organes les plus essentiels à la vie; étourdis par la force et la fréquence des commotions, ils disparaissent sous l'eau. D'autres, haletant, la crinière herissée, les yeux hagards, et exprimant l'angoisse, se relèvent et cherchent à fuir l'orage qui les surprend. Ils sont repoussés par les Indiens au milieu de l'eau : cependant un petit nombre parvient à tromper l'active vigilance des pêcheurs. On les voit gagner la rive, broncher à chaque pas, s'étendre dans le sable excédés de fatigue et les membres engourdis par les commotions électriques des gymnotes.

» En moins de cinq minutes, deux chevaux étaient noyés. L'anguille, ayant cinq pieds de long et se pressant contre le ventre des chevaux, fait une décharge de toute l'étendue de son organe électrique. elle attaque à la fois le cœur, les viscères et le *plexus cœliacus* des nerfs abdominaux. Il est naturel que l'effet qu'éprouvent les chevaux soit plus puissant que celui que le même poisson produit sur l'homme lorsqu'il ne le touche que par une des extrémités. Les chevaux ne sont probablement pas tués, mais simplement étourdis. Ils se noient, étant dans l'impossibilité de se relever, par la lutte prolongée entre les autres chevaux et les gymnotes.

» Nous ne doutions pas que la pêche ne se terminât par la mort successive des animaux qu'on y emploie; mais peu à peu l'impétuosité de ce combat inégal diminue; les gymnotes, fatigués, se dispersent. Ils ont besoin d'un long repos et d'une nourriture abondante pour réparer ce qu'ils ont perdu de force galvanique. Les mulets et les chevaux parurent moins effrayés; ils ne hérissaient plus la crinière; leurs yeux exprimaient moins d'épouvante. Les gymnotes s'approchaient timidement du bord des marais, où on les prit au moyen de petits harpons attachés à de longues cordes. Lorsque les cordes sont bien sèches, les Indiens, en soulevant le poisson dans l'air, ne ressentent peint de commotions. En peu de minutes nous eûmes cinq grandes anguilles, dont la plupart n'étaient que légèrement blessées. D'autres furent prises vers le soir par le même moyen.

» La température des eaux dans lesquelles vivent habituellement les gymnotes est de 26° à 27°. On assure que leur force électrique diminue dans les eaux plus froides; et il est assez remarquable, en général, comme l'a déjà observé un physicien célèbre, que les animaux doués d'organes électromoteurs, dont les effets deviennent sensibles à l'homme, ne se rencontrent pas dans l'air, mais dans un fluide conducteur de l'électricité. Le gymnote est le plus grand des poissons électriques; j'en ai mesuré qui avaient cinq pieds à cinq pieds trois pouces de long. Les Indiens assuraient qu'ils en avaient vu de plus grands encore. Nous avons trouvé qu'un poisson qui avait trois pieds dix pouces de long pesait douze livres. Le diamètre transversal du corps était (sans compter la nageoire anale, qui est prolongée en forme de carène) de trois pouces cinq lignes. Les gymnotes du *Cano* de Bera sont d'un beau vert d'olive. Le dessous de la tête est jaune, mêlé de rouge. Deux rangées de petites taches jaunes sont placées symétriquement le long du dos, depuis la tête jusqu'au bout de la queue. Chaque tache renferme une ouverture excrétoire : aussi la peau de l'animal est constamment couverte d'une matière muqueuse, qui, comme Volta l'a prouvé, conduit l'électricité vingt à trente fois mieux que l'eau pure. Il est, en général, assez remarquable qu'aucun des poissons électriques découverts jusqu'ici dans les différentes parties du monde ne soit couvert d'écailles. »

En opérant sur ces poissons, dont les batteries sont si puissantes, M. de Humboldt n'a pu découvrir aucune action directe sur les électromètres les plus sensibles, et aucun phénomène de lumière électrique.

438. *De l'organe électrique.* — Dans les divers poissons électriques, l'organe qui développe l'électricité a sensiblement la même texture et les mêmes apparences, quoique différent par sa forme, par sa grandeur et par sa disposition. Nous essaierons seulement de donner une idée de l'organe de la torpille, qui a été l'objet des recherches les plus précises. Cet organe se divise en deux parties symétriquement placées de chaque côté de la tête et appuyées contre les branchies; elles occupent l'une et l'autre toute l'épaisseur qui sépare les deux plis de la peau. Lorsqu'on

en fait la dissection, on voit qu'il est composé d'un tissu cellulaire extrêmement lâche, à grandes mailles, qui affecte la forme d'un cylindre ou plutôt d'un prisme à cinq à six pans. On en fait une comparaison sensiblement exacte, en disant qu'il ressemble aux alvéoles d'un rayon de miel, seulement les cloisons ne sont pas de minces membranes, mais plutôt des fibres, séparées et tendues dans des sens différens.

On compte ordinairement dans chaque organe quatre à cinq cents de ces petits prismes, et il paraît que Hunter en a compté une fois jusqu'à onze cent quatre-vingt-deux. Ils sont à peu près perpendiculaires à la direction de la peau, à laquelle ils sont fortement adhérens par leurs deux extrémités. Si l'on observe en détail la structure de chacun de ces prismes, on y distingue une foule de lames minces perpendiculaires aux arêtes, séparées l'une de l'autre et ajustées enfin comme les divers élémens d'une pile. Ces petits feuillets distincts, tantôt plans, tantôt ondulés, sont séparés par des couches muqueuses très-adhérentes; mais en pressant un organe on ne peut faire sortir aucune quantité sensible de fluide.

Quatre faisceaux nerveux d'un grand volume viennent se distribuer dans l'organe; le premier venant de la cinquième paire, et les trois autres de la huitième; en outre, on observe un appareil qui suppose une très-active circulation.

Cette organisation a certainement des rapports frappans avec les piles de Volta; mais il faudrait des observations anatomiques plus précises, des expériences physiques et physiologiques plus nombreuses, pour porter jusqu'à l'évidence ces analogies qui se présentent d'une manière si séduisante.

FIN DE LA DEUXIÈME PARTIE
DU TOME PREMIER.

ERRATA DU PREMIER VOLUME.

DEUXIÈME PARTIE.

Page 5, lig. 21, tamis par des chocs, *lisez* tamis. Par des chocs.
6, 19, nos sommes, *lisez* nous sommes.
7, 3, des noms, *lisez* de noms.
8, 18, matièree, *lisez* matière.
18, 28, (292), *lisez* (291).
27, 22, et de la peser, *lisez* et à la peser.
30, 26, en a et b_1, *lisez* en a et b.
31, 28, dont l'en, *lisez* dont l'un.
32, 16, l'angle vertical, *lisez* l'angle du vertical.
Ib., 22, qu'éprouvent, *lisez* qu'éprouve.
36, 10, Nassau, *lisez* de Nassau.
39, 3 *de la note*, est en CA, *lisez* est en C.
44, 10, on le nomme, *lisez* on les nomme.
Ib., 12, ils se composent, *lisez* ils composent.
Ib., 25, a durée, *lisez* la durée.
45, 13, en géruéral, *lisez* en général.
47, 15, cc, lisez cc'.
51, 10, foire osciller, *lisez* faire osciller.
68, 16, $\frac{N''2 - N2}{N}$, *lisez* $\frac{N''2 - N2}{N^2}$.
70, 19, quelconque, *ajoutez* passant par le fil.
71, 19, 15_o, *lisez* 15°.
72, 5, un fin de cocons, *lisez* un fil de cocon.
74, 10, magétisme, *lisez* magnétisme.
75, 1, a et b, lisez a' et b'.
83, 32, ou en 40", *supprimez* ou.
87, 28, corps interne, *lisez* corps inerte.
91, 22, leurs boîtes, *lisez* des boîtes.
92, 8, cc', lisez CC'.
93, 29, un aimait, *lisez* un aimant.
96, 16, p, lisez P.
110, 11, remarquabble, *lisez* remarquable.
114, 2, conductibilé, *lisez* conductibilité.
114, 29, communiique, *lisez* communique.
116, 3, il n'en résulte, *lisez* il ne résulte.
119, 27, électricité, *lisez* électrisé.
120, 2, cc', lisez cc.
Ib., 6, mélal, *lisez* métal.
126, 1, (365 et 366), *lisez* (335 et 336).
127, 9, Volta, *lisez* Wilck.
133, 20, la perte de l'air, *lisez* la perte par l'air.
134, 14, a lieu, *lisez* a eu lieu.
138, 7, au dessus, *lisez* au dessous.
145, 28, épouvent, *lisez* éprouvent.
154, 26, avec l'intérieur, *lisez* avec l'extérieur.
173, 12, (350), *lisez* (373).
176, 8, priuciques, *lisez* principes.
198, 21, ne pourront pas, *lisez* pourront ne pas.

TABLE
DES MATIÈRES

CONTENUES DANS LA DEUXIÈME PARTIE DU PREMIER VOLUME.

LIVRE TROISIÈME.

DU MAGNÉTISME.

CHAPITRE I. — De l'Action des Aimans sur eux-mêmes et sur les substances magnétiques 1
CHAP. II. — De l'Action magnétique de la Terre. 20
CHAP. III. — Des Lois et de la Théorie du Magnétisme. . . 65
CHAP. IV. — Des Procédés d'aimantation, et des Causes qui modifient la Force coercitive. 81
CHAP. V. — Du Magnétisme en mouvement, et de quelques Phénomènes singuliers d'attraction et de répulsion. . . . 95

LIVRE QUATRIÈME.

DE L'ÉLECTRICITÉ.

CHAP. I. — Des Actions électriques. 104
CHAP. II. — De l'Électricité par influence. 118
CHAP. III. — Des Forces électriques. 130
CHAP. IV. — De l'Électricité dissimulée. 147
CHAP. V. — De la Lumière électrique. 164
CHAP. VI. — Du Mouvement des corps électrisés. 171
CHAP. VII. — Des diverses Causes qui développent de l'électricité. 176

Chap. VIII. — *Électricité galvanique.* — De l'électricité développée au contact 183
Chap. IX. — De la Pile de Volta. 193
Chap. X. — Des Piles sèches. 227

LIVRE CINQUIÈME.

DE L'ÉLECTRO-MAGNÉTISME.

Chap. I. — De l'Action des Courans sur les Aimans. 236
Chap. II. — Des l'Action de la Terre et des Aimans sur les Courans 274
Chap. III. — De l'Action des Courans sur les Courans. . . . 290
Chap. IV. — Phénomènes thermo-électriques 308
Chap. V. — De la Conductibilité. 313
Chap. VI. — Des phénomènes électro-chimiques. 326
Chap. VII. — Des Poissons électriques. 335

FIN DE LA TABLE DE LA DEUXIÈME PARTIE DU PREMIER VOLUME.

Planche 1.

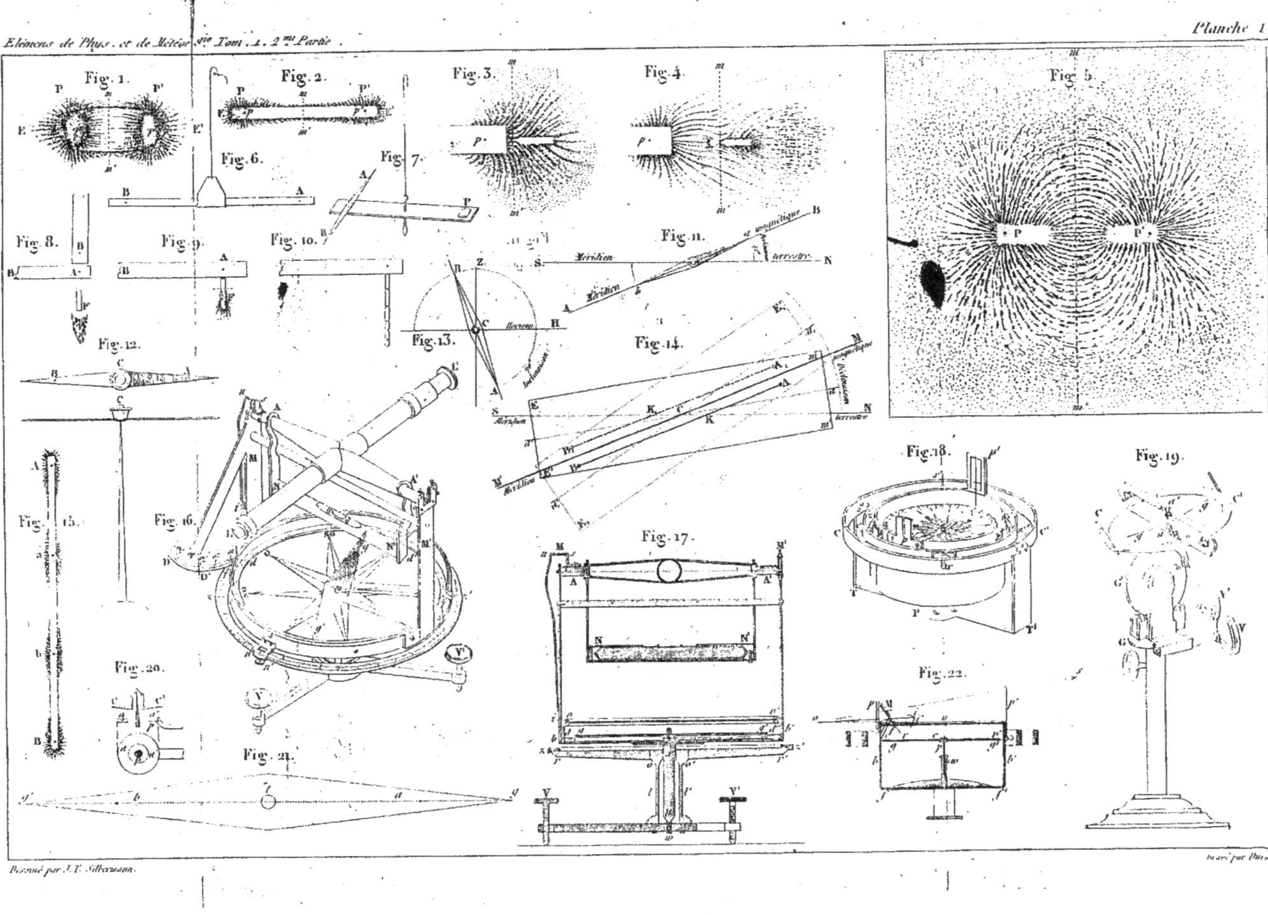

Dessiné par J. T. Silbermann.

Gravé par Duran

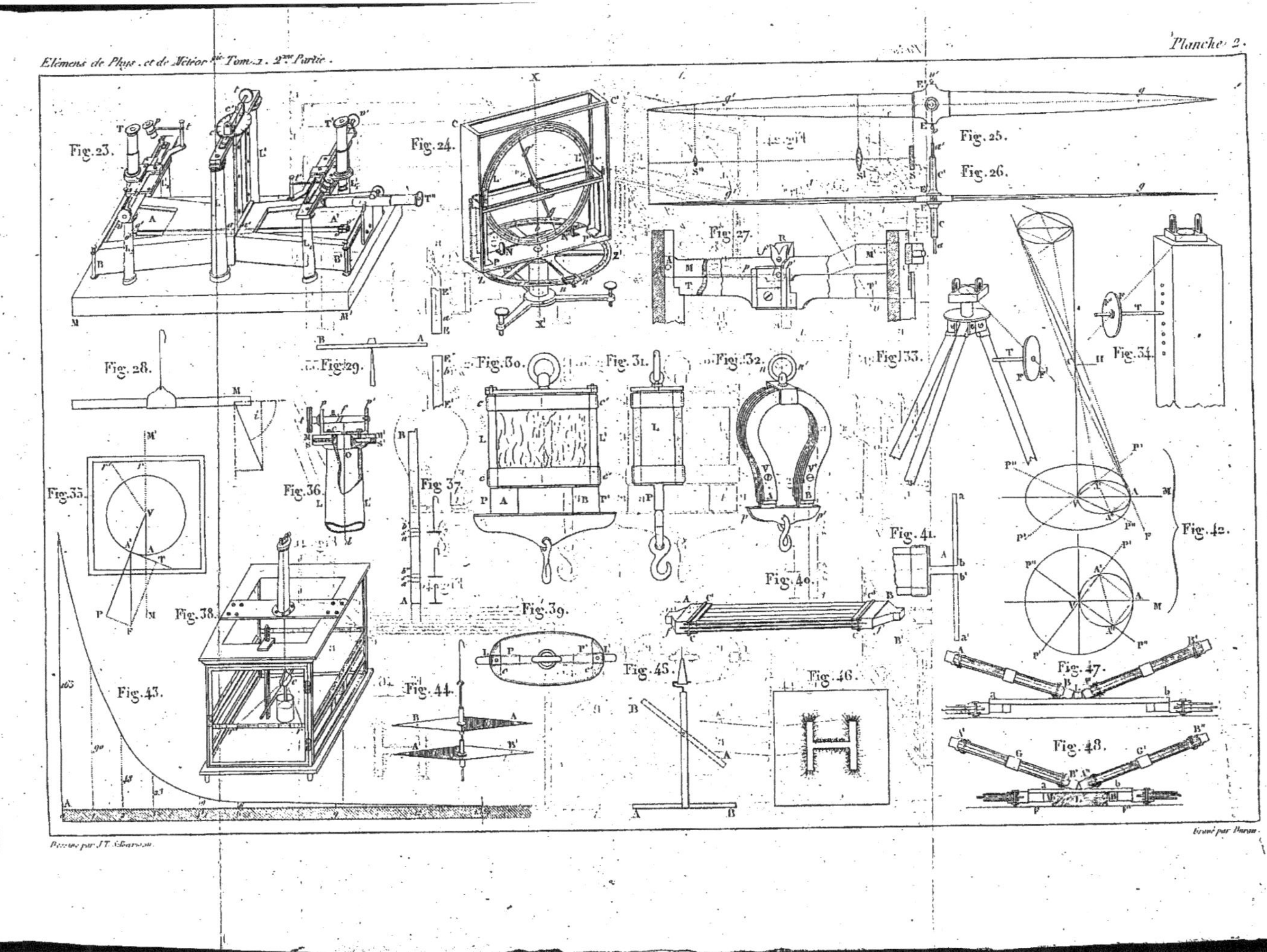
Elémens de Phys. et de Météor. Tom. 2. 2me Partie.
Planche 2.
Fig. 23.
Fig. 24.
Fig. 25.
Fig. 26.
Fig. 27.
Fig. 28.
Fig. 29.
Fig. 30.
Fig. 31.
Fig. 32.
Fig. 33.
Fig. 34.
Fig. 35.
Fig. 36.
Fig. 37.
Fig. 38.
Fig. 39.
Fig. 40.
Fig. 41.
Fig. 42.
Fig. 43.
Fig. 44.
Fig. 45.
Fig. 46.
Fig. 47.
Fig. 48.

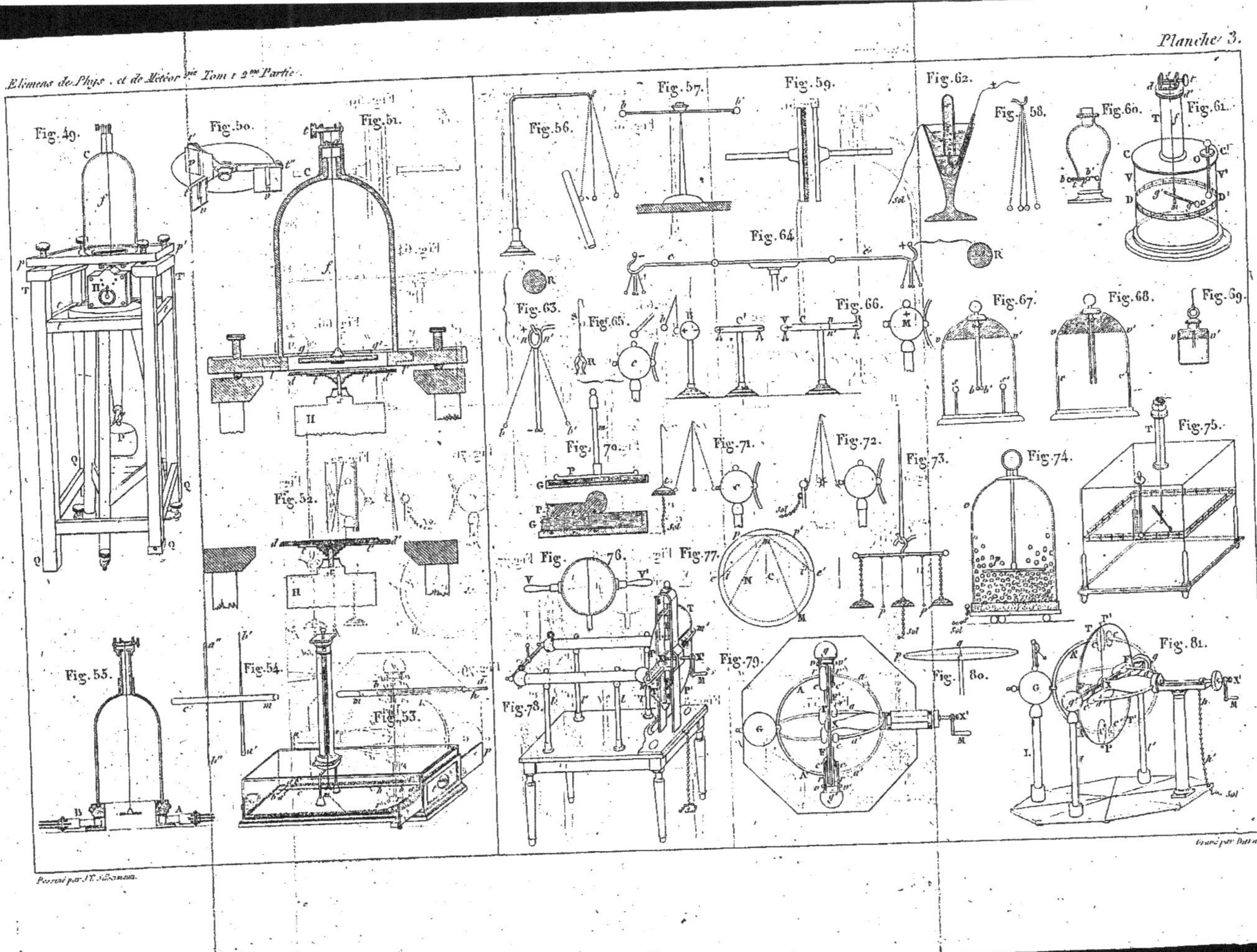
Planche 3.
Élémens de Phys. et de Météor. 3e Tom. 1 2me Partie.
Fig. 49.
Fig. 50.
Fig. 51.
Fig. 52.
Fig. 53.
Fig. 54.
Fig. 55.
Fig. 56.
Fig. 57.
Fig. 58.
Fig. 59.
Fig. 60.
Fig. 61.
Fig. 62.
Fig. 63.
Fig. 64.
Fig. 65.
Fig. 66.
Fig. 67.
Fig. 68.
Fig. 69.
Fig. 70.
Fig. 71.
Fig. 72.
Fig. 73.
Fig. 74.
Fig. 75.
Fig. 76.
Fig. 77.
Fig. 78.
Fig. 79.
Fig. 80.
Fig. 81.

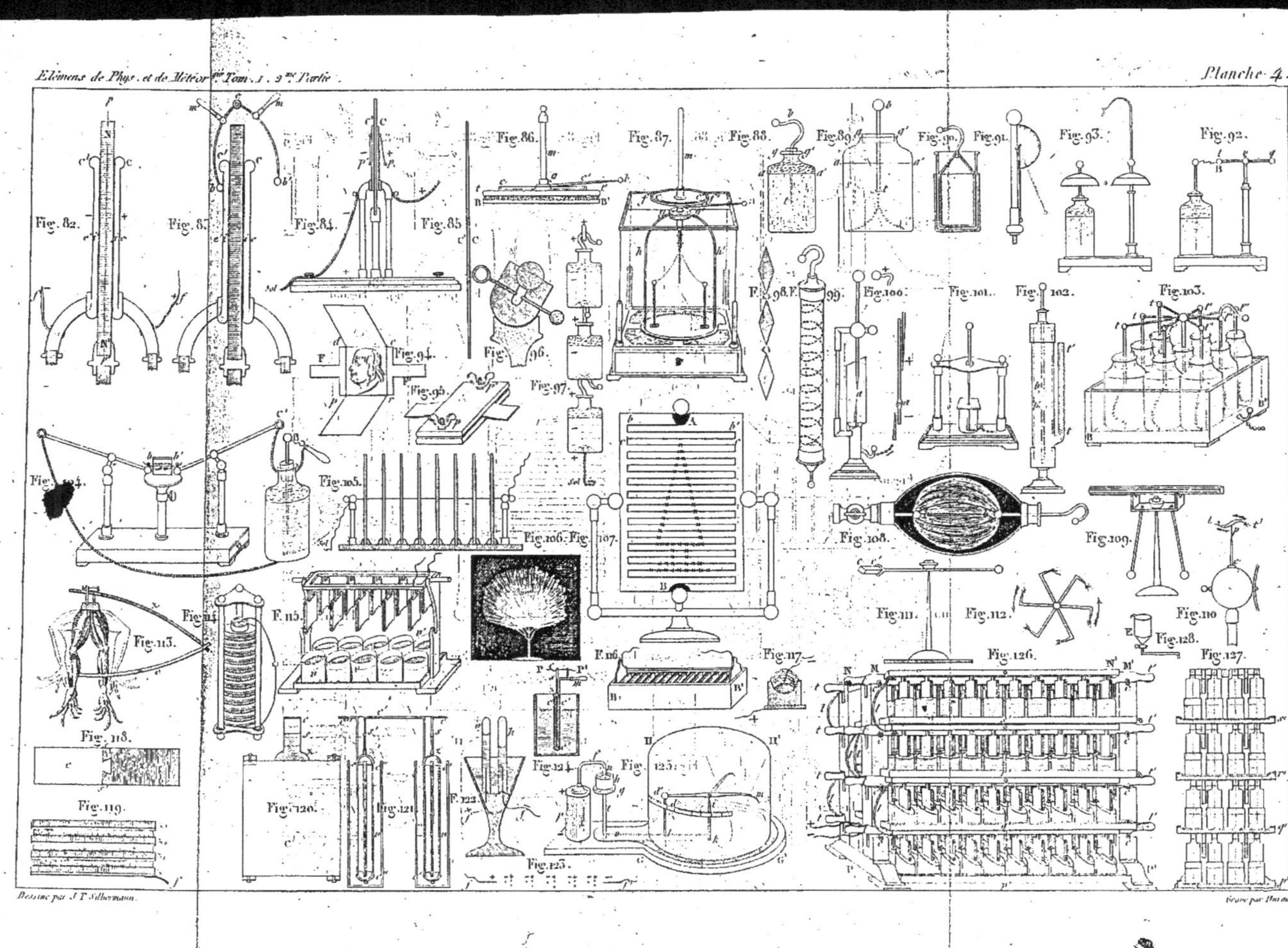

Dessiné par J. T. Silbermann.

Gravé par Dumu.

Planche 5.

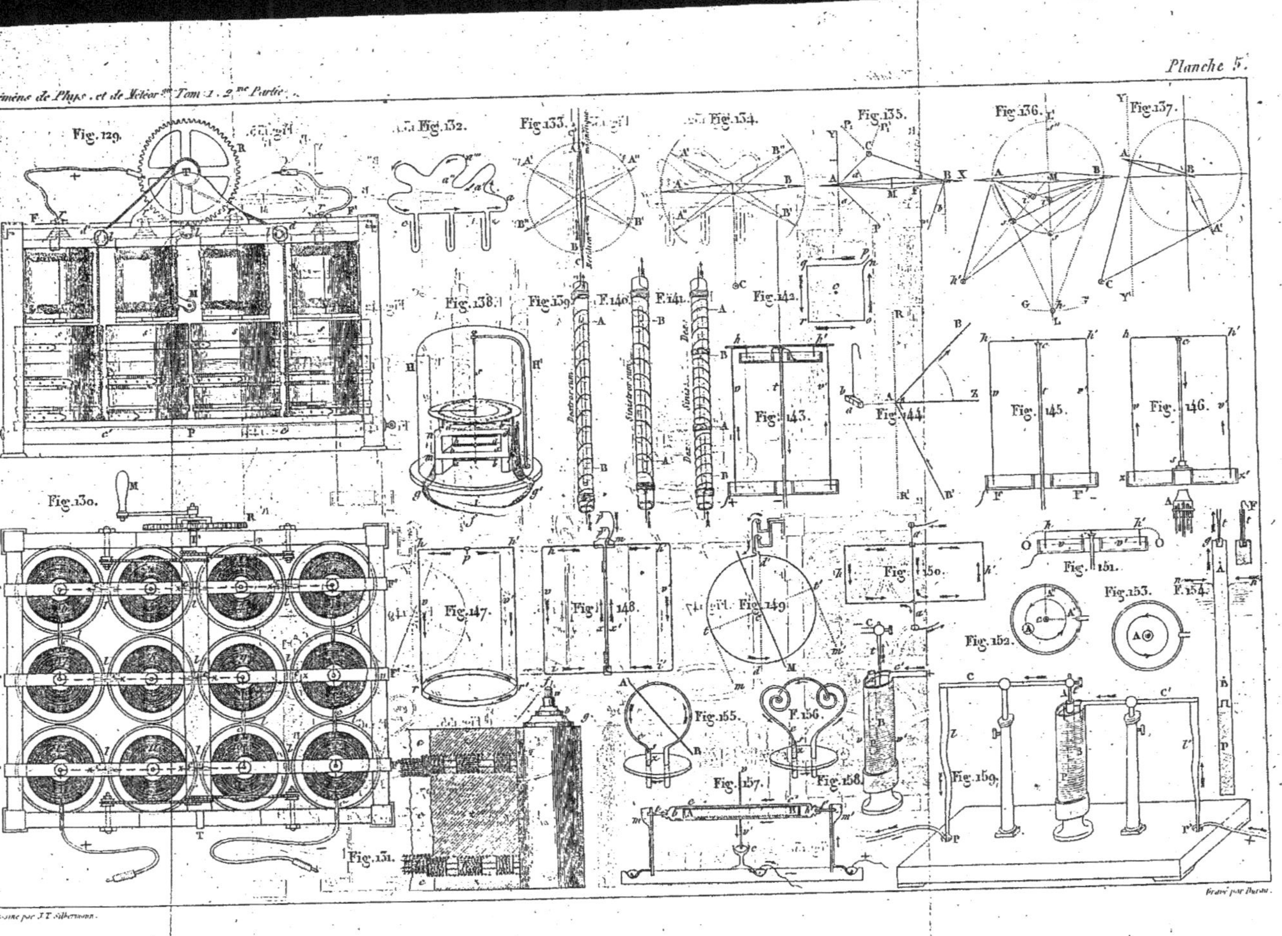

Dessiné par J. T. Silbermann.

Gravé par Dursu.

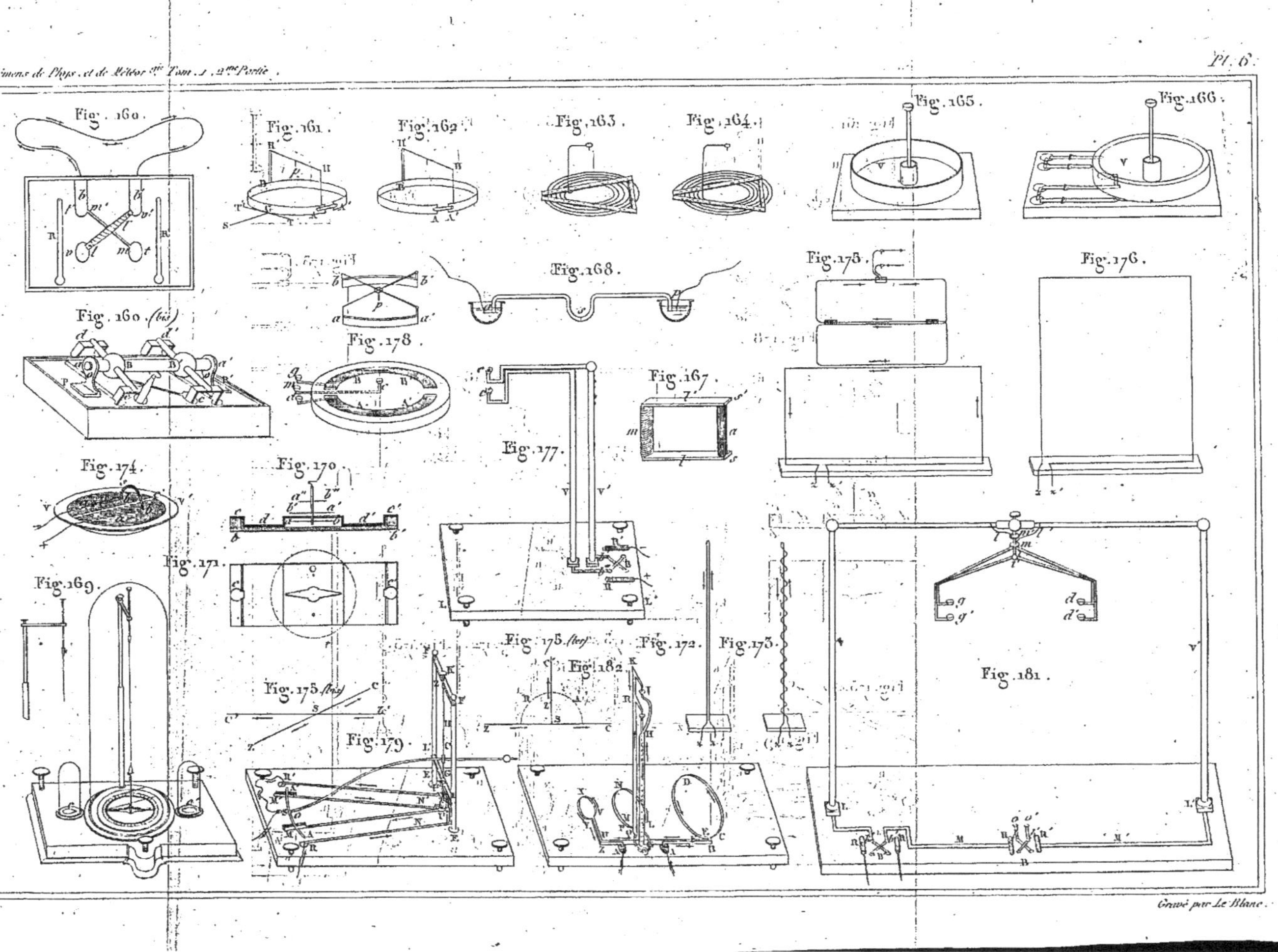

Gravé par Le Blanc.

www.ingramcontent.com/pod-product-compliance
Ingram Content Group UK Ltd.
Pitfield, Milton Keynes, MK11 3LW, UK
UKHW020605230726
13926UKWH00005B/2201